JN081123

Raspberry PiとPythonで
基礎から学ぶ

電子工作と電子デバイス

超詳説！ Lチカから各種センサ制御、歩行ロボットまで

鈴木 美朗志 著

電波新聞社

● 著者プロフィール

鈴木　美朗志（すずき　みおし）

学歴　関東学院大学工学部第二部　電気工学科卒業（1969 年）
　　　関東学院大学工学専攻科　電気工学専攻修了（1973 年）
　　　日本大学大学院理工学研究科　電気工学専攻修士課程修了（1978 年）
職歴　浦賀船渠株式会社浦賀工場　（1961 年 4 月～ 1967 年 8 月）
　　　川崎市立工業高等学校定時制　電気科教諭（1969 年～ 1984 年）
　　　横須賀市立工業高等学校全日制　機械科教諭（1984 年～ 1990 年）
　　　横須賀市立工業高等学校定時制　機械科教諭（1990 年～ 2003 年）
　　　横須賀市立横須賀総合高等学校定時制　教諭（2003 年～ 2009 年）
　　　横浜システム工学院専門学校マイコン・ロボット科　非常勤講師（2007 年～ 2016 年）
　　　プロテック倶楽部「プログラミング×ものづくり」横浜教室　非常勤講師
　　　（2016 年 10 月～ 2019 年 3 月）
　　　横須賀市立横須賀総合高等学校定時制　非常勤講師（2012 年～）

著書　「Arduino でロボット工作をたのしもう！第 2 版」秀和システム　2017 年
　　　「XBee による Arduino 無線ロボット工作」東京電機大学出版局　2016 年
　　　「たのしくできる PIC12F 実用回路」東京電機大学出版局　2013 年
　　　「たのしくできる Arduino 実用回路」東京電機大学出版局　2012 年
　　　「PIC ではじめる！RC サーボロボット製作入門」オーム社　2012 年
　　　「ブレッドボードによる電子回路実験」工学社　2011 年
　　　「PIC & C 言語でつくる赤外線リモコン」電波新聞社　2007 年
　　　「たのしくできる単相インバータの製作と実験」東京電機大学出版局 2000 年 ほか

まえがき

この本は、Raspberry Pi（ラズベリー・パイ）の最新版 Raspberry Pi 4 Model B と旧版の Raspberry Pi 3 Model B のどちらでも利用できます。

本書の内容は、Raspberry Pi と電子部品、ブレッドボードなどを使った実用回路の製作とプログラミング言語 Python による制御実習です。

GPIO の制御ライブラリには、主に Python による「WiringPi」と「RPi.GPIO」が使われます。本書では、通信規格でもある I2C や SPI にも対応し、ハードウェア PWM 制御もできる「WiringPi」を用いてプログラミングをします。

基本的な LED やトランジスタを使った回路から始め、各種センサ回路・モータ回路、A-D コンバータの SPI 通信、I2C 通信による温度計測、赤外線リモコンとカメラによるによる写真撮影、そして、ロボット工作を取り上げます。

Raspberry Pi による電子回路を基礎から実用レベルまで習得できるように、以下の点を留意してまとめました。

① 「Raspberry Pi Imager」という Raspberry Pi OS のインストーラのダウンロードとインストールについて解説します。

② ロボット工作などの一部を除き、ブレッドボード BB-801 とジャンパー線を使い配線します。ロボット工作など、一部ハンダごてを使った配線があります。

③ fritzing という回路図作成ソフトウェアがありますが使いません。これは、Raspberry Pi の GPIO 端子とブレッドボード上の電子部品との接続がわかりにくいからです。本書では、GPIO 端子テンプレートを Raspberry Pi の GPIO 端子に挟み、視覚的にも電子部品との接続をわかりやすくしています。

④ 回路およびモータや電子部品の動作原理や働きを詳しく述べます。製作回路は、回路図とともにブレッドボードによる実体配線図を用意します。

⑤ 実体配線図は、わかりやすくするため、抵抗・コンデンサ・LED などは図記号のまま記述します。

⑥ プログラムの記述は、その行の右横に説明文を入れます。重要な個所は行の右横に番号をふり、プログラムの記述の後で、「プログラムの説明」で詳解します。

この本が大学・工業高等専門学校・専門学校等での Raspberry Pi 制御実習や工作好きな方々の Raspberry Pi 利用技術の向上に貢献できれば幸いです。

刊行にあたり、終始多大な御尽力をいただいた電波新聞社の太田孝哉氏をはじめ、関係各位に心から御礼を申し上げます。

令和３年　７月吉日

著者しるす

Raspberry Pi と Pythonで基礎から学ぶ

電子工作と電子デバイス

超詳説！ Lチカから各種センサ制御、歩行ロボットまで

鈴木 美朗志 著

Contents

第0章

Raspberry Pi の初期設定

0.0 はじめに Raspberry Pi について

本書は、「Raspberry Pi 3 Model B」と「Raspberry Pi 4 Model B」に対応しています。

Raspberry Pi はシングルボードコンピュータの一種です。

Raspberry Pi 3 と Raspberry Pi 4 の周辺端子の大きな違いは、電源端子と HDMI 端子にあります。

電源端子は、 Raspberry Pi 3 ⇒ USB micro-B ポート
Raspberry Pi 4 ⇒ USB Type-C ポート

HDMI 端子は、Raspberry Pi 3 ⇒ 通常の大きな HDMI 端子 × 1
Raspberry Pi 4 ⇒ micro-HDMI 端子 × 2

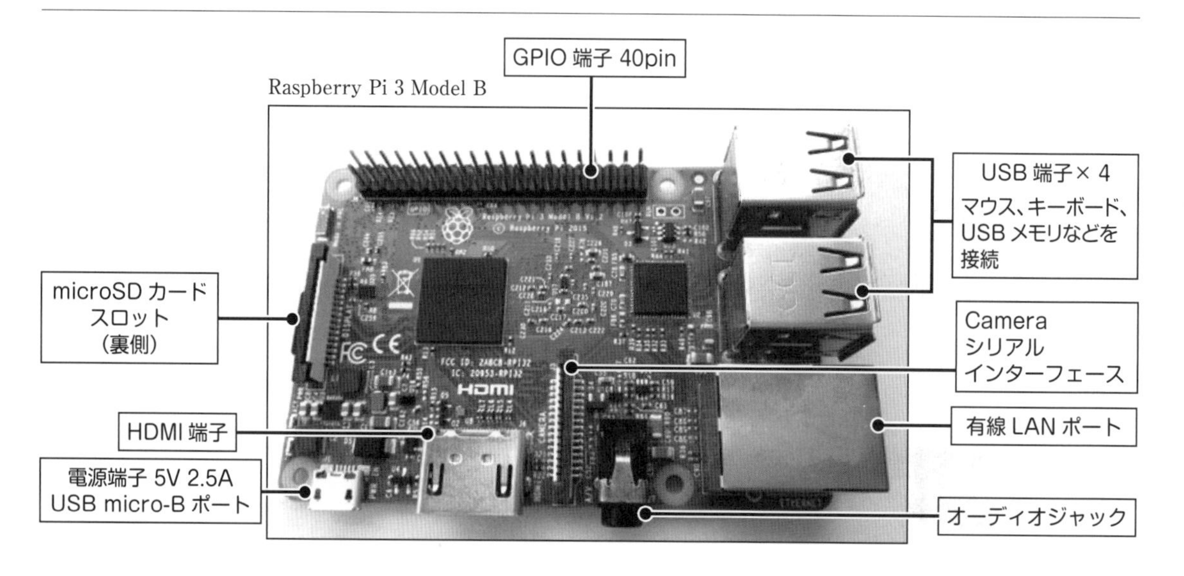

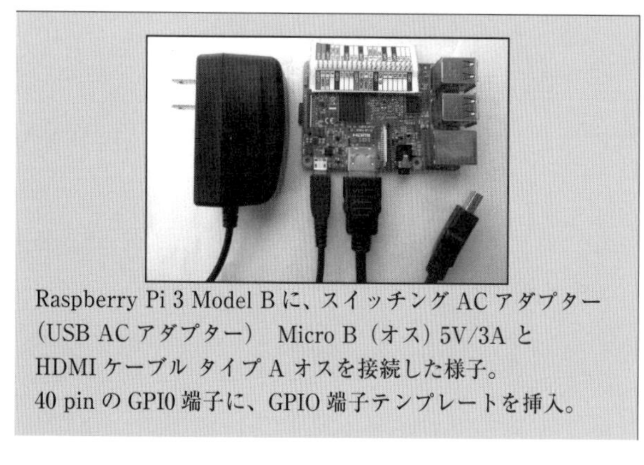

Raspberry Pi 3 Model B に、スイッチング AC アダプター（USB AC アダプター） Micro B（オス）5V/3A と HDMI ケーブル タイプ A オスを接続した様子。
40 pin の GPIO 端子に、GPIO 端子テンプレートを挿入。

● Raspberry Pi 3 Model B

・Raspberry Pi 3 Model B 本体
4800 円／秋月電子通商

・電源 スイッチング AC アダプター（USB AC アダプター）
Micro B（オス）5V/3A
700 円／秋月電子通商

・HDMI ケーブル タイプ A オス 1.5 m
230 円／秋月電子通商

Raspberry Pi 4 Model B

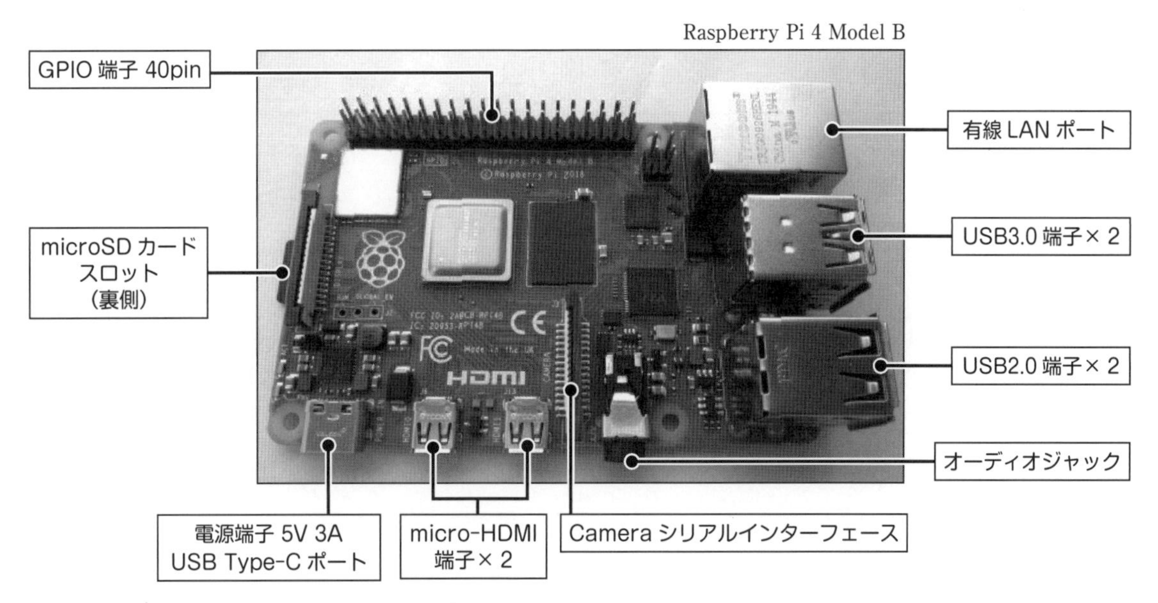

Raspberry Pi 4 Model B に、AC アダプター　5.1V / 3.0A（USB Type-C コネクタ出力）と HDMI（オス）- Micro-HDMI（オス）ケーブルを接続した様子。

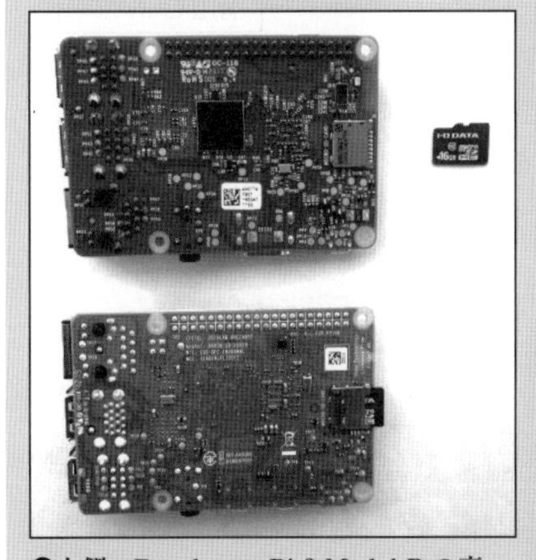

●上側　Raspberry Pi 3 Model B の裏
micro SD カードスロットに micro SD カードを入れる前
●下側　Raspberry Pi 4 Model B の裏
micro SD カードスロットに micro SD カードを入れた後

● **Raspberry Pi 4 Model B**

・Raspberry Pi 4 Model B/2GB　本体
5200 円／秋月電子通商
5225 円／スイッチサイエンス
・電源　スイッチング AC アダプター
（USB Type-C オス）5.1V / 3.8A
900 円／秋月電子通商
または
・AC アダプター　5.1V / 3.0A
(USB Type-C コネクタ出力) 1 m
1430 円／スイッチサイエンス
・HDMI（オス）– Micro-HDMI(オス) ケーブル 1 m
770 円／スイッチサイエンス

● **Raspberry Pi 3 、
Raspberry Pi 4 に共通のもの**

・microSD カード　16 GB ／ 32GB
・キーボード　・ディスプレイ　・マウス
・ディスプレイの電源 AC アダプター

micro SD カード　16GB

0.1 Raspberry Pi OS の microSD カードへの書き込み

「Raspberry Pi Imager」という新しいソフトウェアを Windows 用にダウンロードし、このソフトウェアを使って、microSD カードに Raspberry Pi OS をインストールします。このため、microSD カードを microSD カードアダプタに入れたもの、あるいは直接 microSD カードをパソコンのふさわしい SD メモリカードスロットに入れます。Wi-Fi 接続にしておきます。本書の開発環境は Windows10 です。

従来から使われている Raspberry Pi OS のインストーラは NOOBS ですが、NOOBS のダウンロードは 3 時間ほどかかります。そして、NOOBS をコピーした microSD カードを、Raspberry Pi の microSD カードスロットに入れ、Raspberry Pi を起動させます。ここから NOOBS で Raspberry Pi OS をインストールします。インストールの時間は 60 分ほどかかります。

「Raspberry Pi Imager」を使えば、他のソフトウェアは必要なく、microSD カードのフォーマット（Erase 機能）や Raspberry Pi OS のインストールができます。インターネット経由でデータをダウンロードしながら書き込むので、環境に依存しますが、数十分程度でインストールができます。

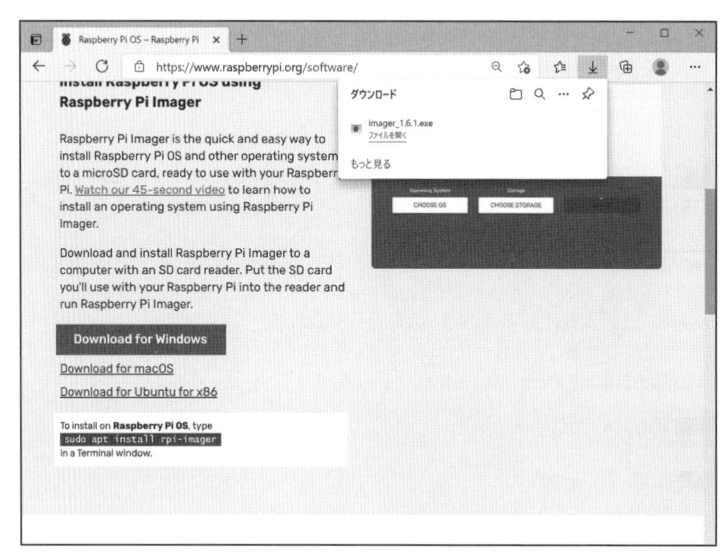

図 0.1 Download for Windows の選択

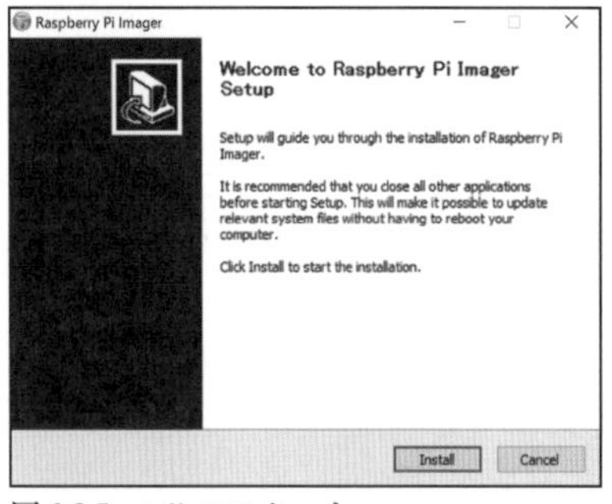

図 0.2 Install のスタート

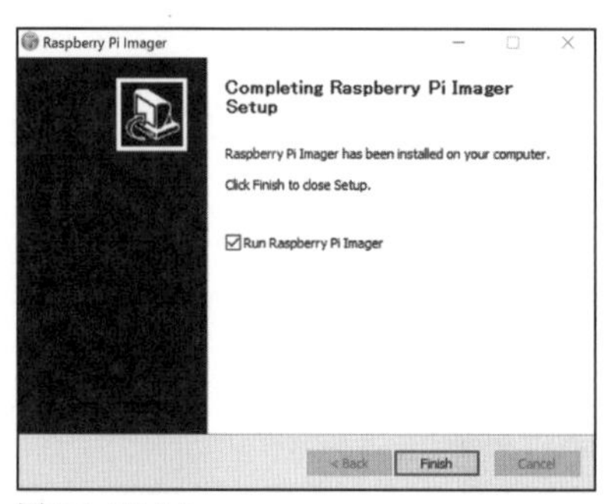

図 0.3 Finish

「Raspberry Pi Imager」のダウンロードとインストールについて、図 0.1 ～図 0.12 で説明します。

① 「Raspberry Pi Imager」で web 検索をします。

② 「Raspberry Pi OS-Raspberry Pi」をクリックします。

③ Raspberry Pi OS の画面で、図 0.1 の「Download for Windows」をクリックします。
本書の開発環境は Windows10 なので、Windows を選びます。ダウンロードします。

④ すると、図 0.1 の右上にダウンロード「ファイルを開く」が出ます。これをクリックします。

⑤ 「このアプリがデバイスに変更を加えることを許可しますか？」と出ますので「はい」をクリックします。

⑥ 図 0.2 で「Install」をクリックします。インストールが始まります。

⑦ 図 0.3 で「Finish」をクリックします。

⑧ 図 0.4 で「CHOOSE OS」をクリックします。

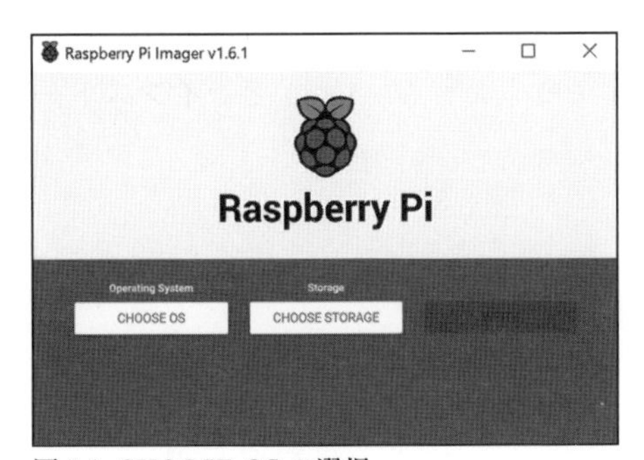

図 0.4　CHOOSE OS の選択

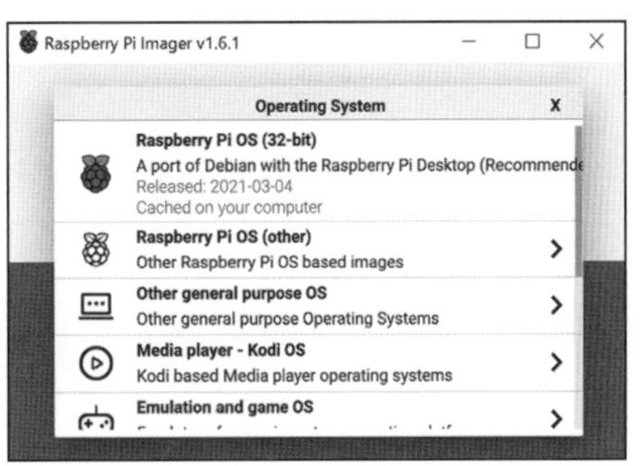

図 0.5　Raspberry Pi OS（32-bit）の選択

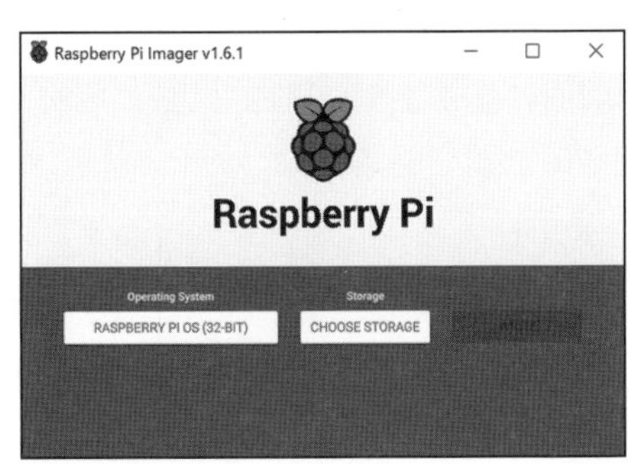

図 0.6　CHOOSE STORAGE

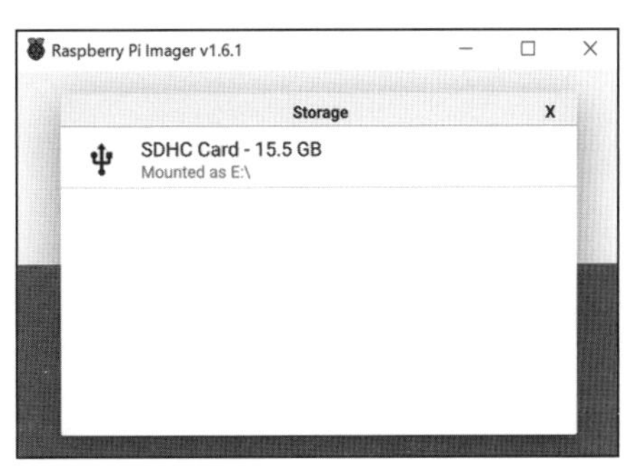

図 0.7　SDHC Card

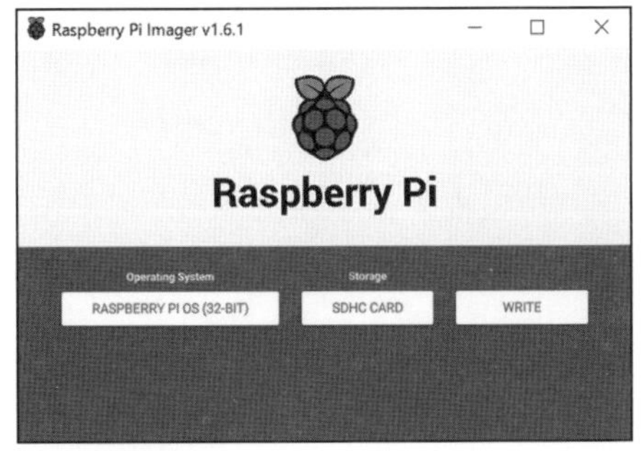

図 0.8　WRITE

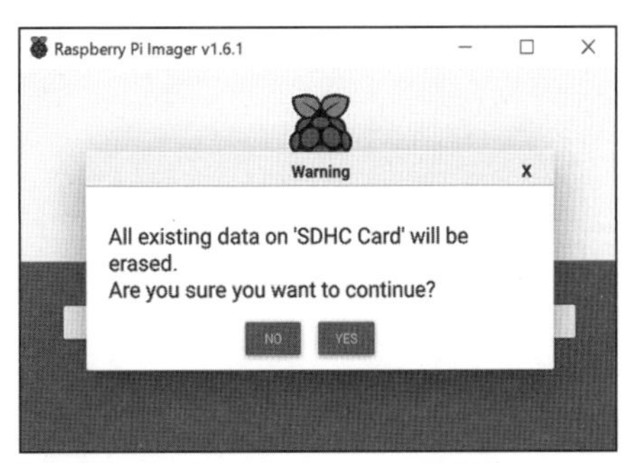

図 0.9 SDHC Card フォーマットの直前

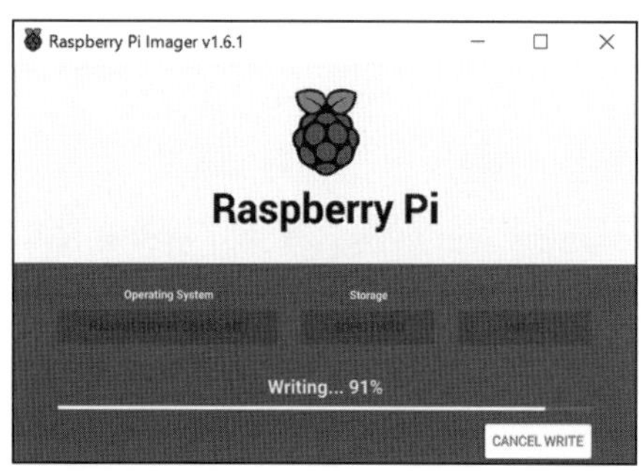

図 0.10 Writing

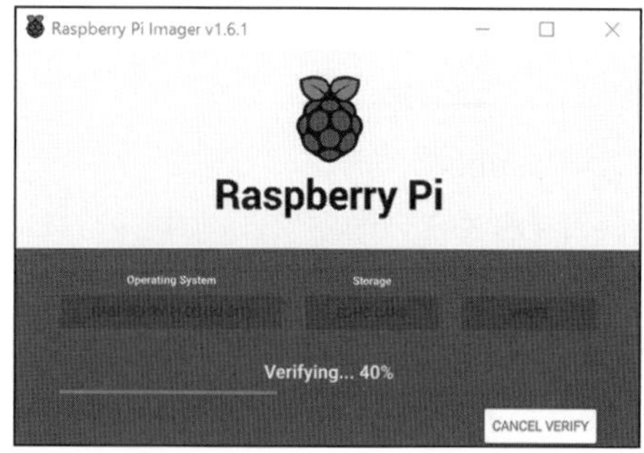

図 0.11 Verifying

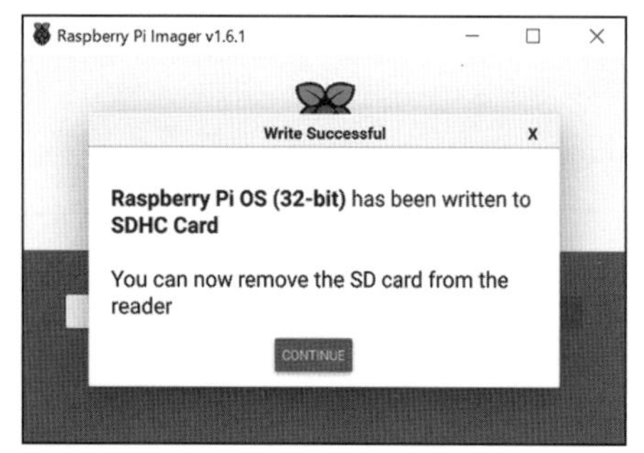

図 0.12 Raspberry Pi OS の書き込み完了

⑨ 図 0.5 の Operating System で「Raspberry Pi OS (32-bit)」をクリックします。

⑩ 図 0.6 で「CHOOSE STORAGE」をクリックします。

⑪ 図 0.7 のように microSD カードが表示されます。ここをクリックします。

⑫ 図 0.8 で「WRITE」をクリックします。

⑬ 図 0.9 のように、SDHC Card フォーマットの画面になります。「YES」をクリックすると、microSD カードのフォーマットが始まり、図 0.10 の書き込み画面「Writing」になります。開発環境によりますが、ある程度時間がかかります。

⑭ 図 0.11 の検証画面「Verifying」になります。「Writing」と合わせて、数十分程度でインストールができます。

⑮ 図 0.12 で Raspberry Pi OS の書き込み完了です。

0.2 Raspberry Pi の初期設定

図 0.13 は、Raspberry Pi にディスプレイ、マウス、キーボードをセットした様子です。Raspberry Pi OS をインストールした microSD カードを、パソコンの SD メモリカードスロットから取り出し、Raspberry Pi の SD カードスロットに入れます。

図 0.13 において、Raspberry Pi の電源を入れると Raspberry Pi が起動し、しばらくすると、Raspberry Pi の初期設定画面になります。

Raspberry Pi の初期設定について、図 0.14 ～図 0.21 で説明します。

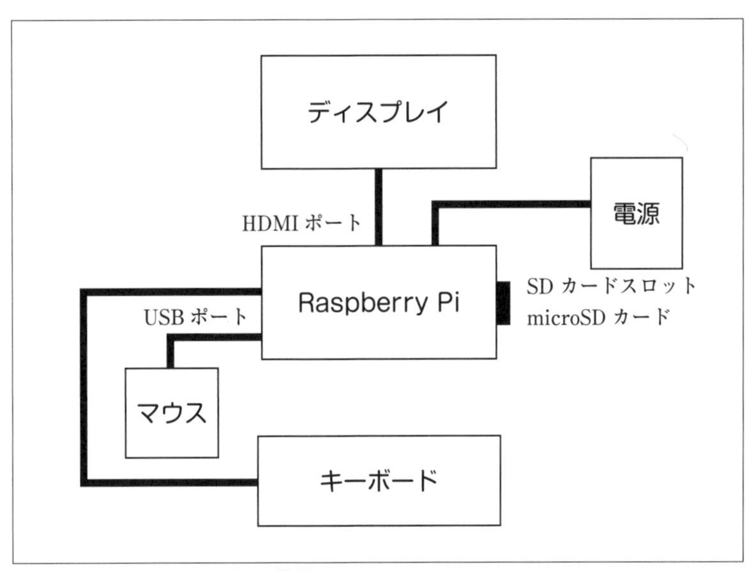

図 0.13　Raspberry Pi の周辺機器のセット

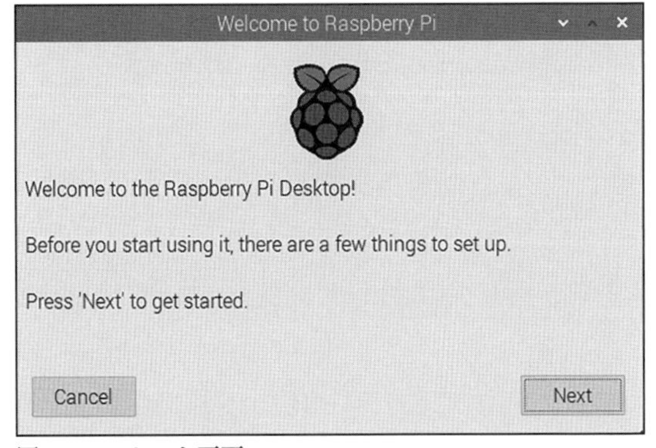

図 0.14　スタート画面

図 0.15　国・言語・タイムゾーンの設定

図 0.16 パスワードの変更

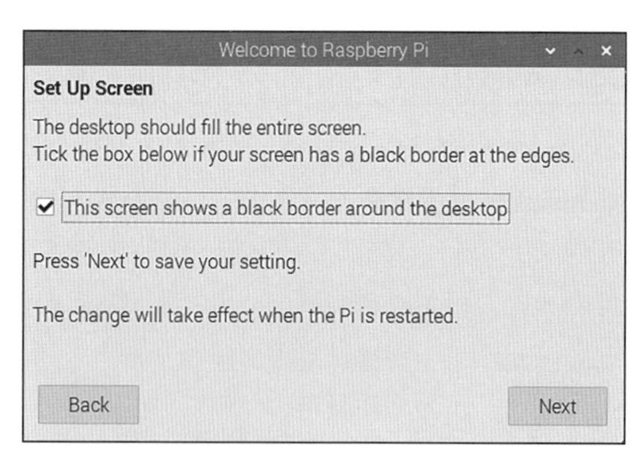

図 0.17 画面の黒枠消去設定

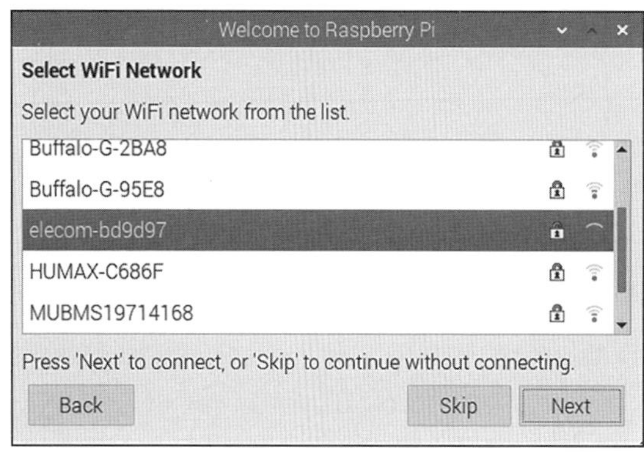

図 0.18 Wi-Fi ネットワークの選択

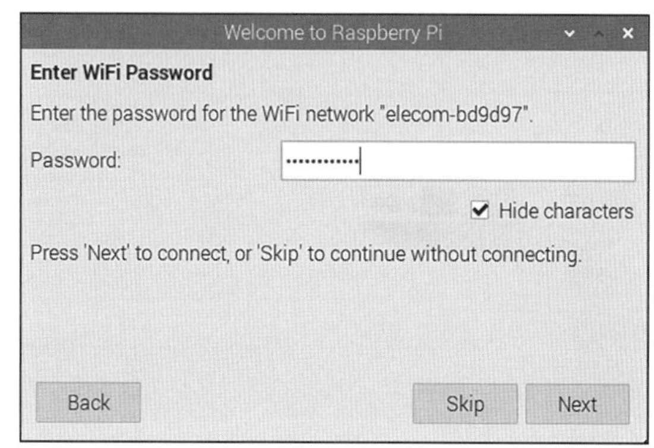

図 0.19 Wi-Fi パスワードの入力

① 図 0.14 で「Next」をクリックします。

② 図 0.15 で Country に「Japan」を選びます。すると、Language は「Japanese」、Timezone は「Tokyo」になります。「Next」をクリックします。

③ 図 0.16 はパスワードの変更です。初期状態（デフォルト）のパスワードは「raspberry」になっています。パスワードは後で変更しますので、ここは空欄のまま「Next」をクリックします。

④ 図 0.17 は画面の黒枠消去設定です。ディスプレイに映っている画面がフルスクリーンでなく、周辺が黒枠になっていた場合、チェックボックスにチェックを入れ、「Next」をクリックします。すべての初期設定後の再起動で黒枠はなくなります。

⑤ 図 0.13 の Raspberry Pi を無線 LAN につなぎます。図 0.18 において、使っている SSID を選択し、「Next」をクリックします。

⑥ 図 0.19 は、パスワード（ルータの暗号化キー）の入力画面です。暗号化キーを Password の空欄に入力します。「Next」をクリックします。

⑦ すると、図0.20のソフトウェアの更新になります。Raspberry Pi の画面右上に、無線LANアクセスポイントに接続されたことを示すアイコン が出ます。「Next」をクリックすると、ソフトウェアの更新が始まります。20分ほどの時間がかかります。

⑧ 図0.21は設定完了画面です。「Restart」をクリックし、再起動させます。

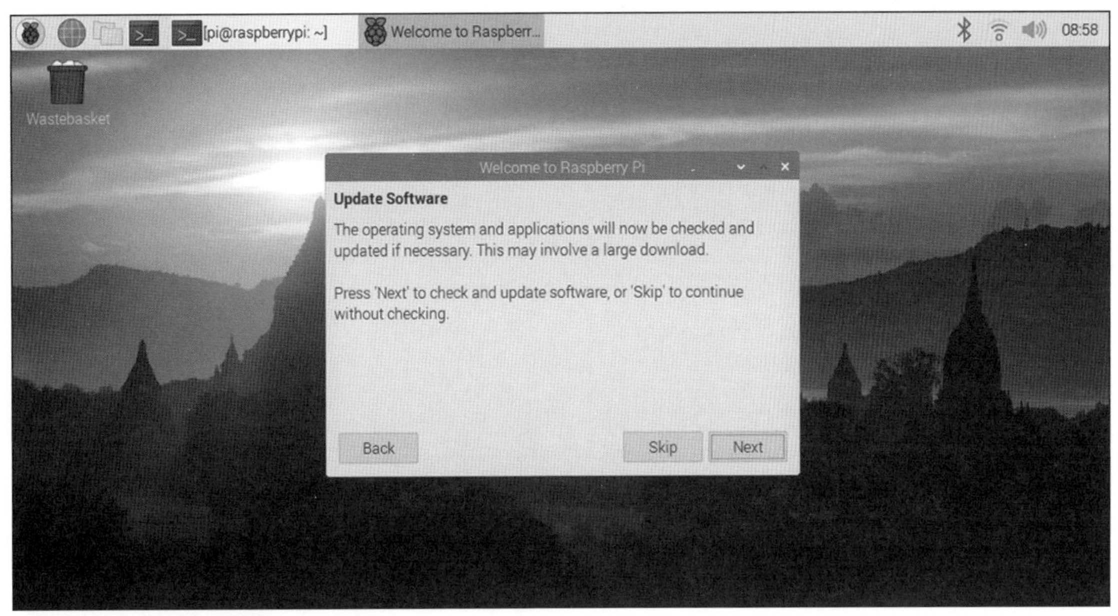

図0.20　ソフトウェアの更新

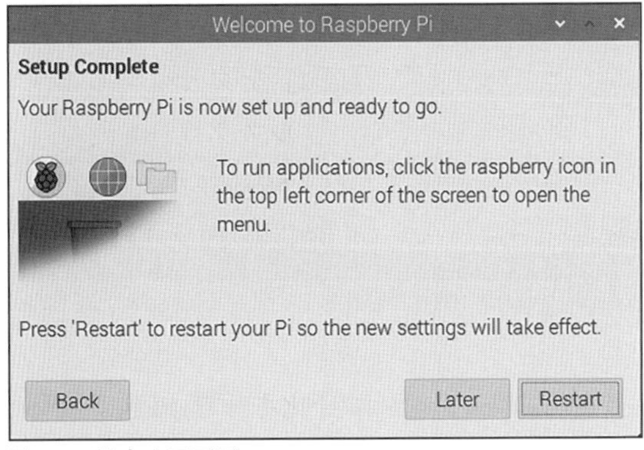

図0.21　設定完了画面

0.3 Python3（IDLE）の起動

図 0.22 のように、Raspberry Pi のデスクトップ画面で、画面左上のメニューアイコン（ラズパイマーク）をクリックします。プログラミングメニューに、「Python3（IDLE）」がありません。

本書では、従来からよく使われている Python 用の統合開発環境「Python3（IDLE）」を利用します。

次のように、「Pyton3（IDLE）」をインストールします

アプリケーションメニューの「アクセサリ」→「LXTerminal」を選択すると、黒いターミナル画面が出てきます。画面左上にある「LXTerminal」、ターミナルアイコンをクリックしても、同じターミナル画面になります。

LAN 接続の LXTerminal（ターミナル）画面で、

```
$ sudo apt update Enter
$ sudo apt install idle-python3.7 Enter
```

※ここで、$ は入力可能を示すもので、実際には入力しません。

※ 3.7 は最新のバージョンです。

※ sudo は管理者権限での実行、apt は update およびパッケージをインストールする際に利用するコマンドです。

※ dpkg は中断されました…というエラーメッセージが出た場合

```
$ sudo dpkg - - configure - a Enter
```
とします。

すると、図 0.23 のようにプログラミングメニューに、「Python3（IDLE）」が表示されます。

図 0.22 Python3（IDLE）なし

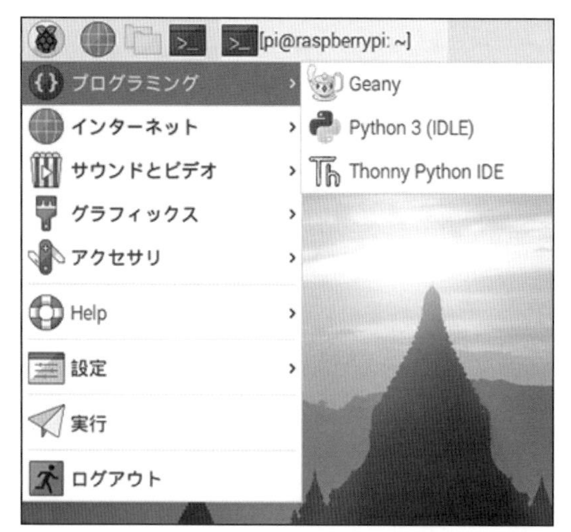

図 0.23 Python3（IDLE）あり

「Python3（IDLE）」の代替として、デフォルトでインストールされている「Thonny Python IDE」を用いる方法もあります。

0.4 Raspberry Pi OS の設定

「Raspberry Pi OS」のインストール後、再起動するとデスクトップ画面が出てきます。画面左上のメニューアイコン（ラズパイマーク）をクリックします。図0.24のアプリケーションメニューの「設定」→「Raspberry Pi の設定」を選択すると、Raspberry Pi の設定画面になります。

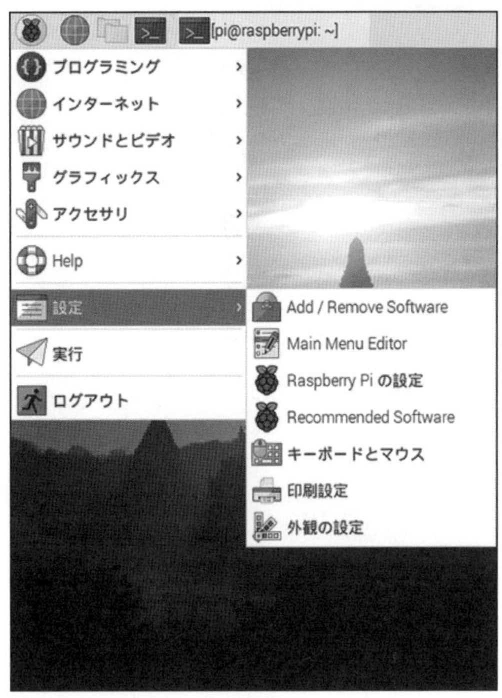

図0.24 Raspberry Pi の設定

◆ パスワードの変更

Raspberry Pi の初期状態では、パスワードは「raspberrypi」になっています。このままでもいいのですが、パスワードの設定を変更することができます。

図0.25において、右上にある「パスワードの変更」をクリックします。すると、画面中央にあるパスワードの変更画面になり、任意のパスワードを2回入力し、OKボタンをクリックします。

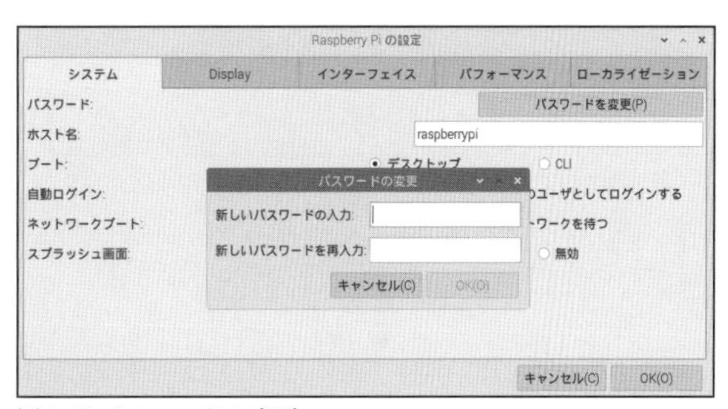

図0.25 パスワードの変更

◆ ロケール、タイムゾーン、keyboard、無線LANの国コードの変更

図0.26の Raspberry Pi の設定画面で、「ローカライゼーション」、「ロケールの設定」をクリックします。すると、画面中央にあるロケール画面になります。インストール時に「日本語」を選択していれば、言語「ja（Japanese）」、国「JP（Japan）」、文字セット「UTF-8」に設定されています。OKボタンをクリックします。

図0.27において、「タイムゾーンの設定」をクリックします。タイムゾーン画面で、地域「Asia」、位置「Tokyo」を選択し、OKボタンをクリックします。

図0.28において、「キーボードの設定」をクリックします。Keyboard画面で、Layout「Japanese」、Variant「Japanese」を選択し、OKボタンをクリックします。

図0.29において、「無線LANの国設定」をクリックします。無線LANの国コード画面で、国「JP Japan」を選択し、OKボタンをクリックします。

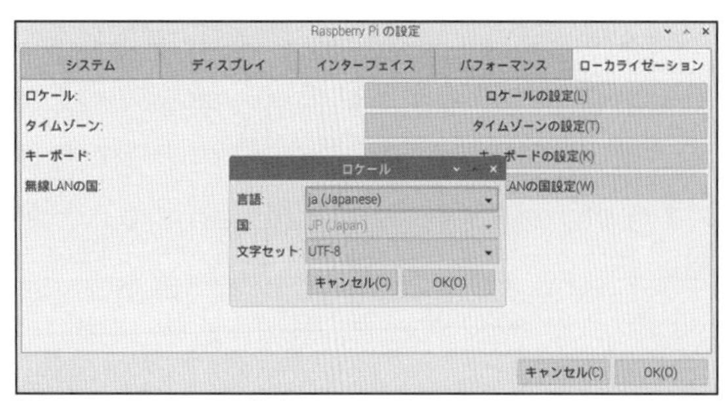

図 0.26 ロケールの設定

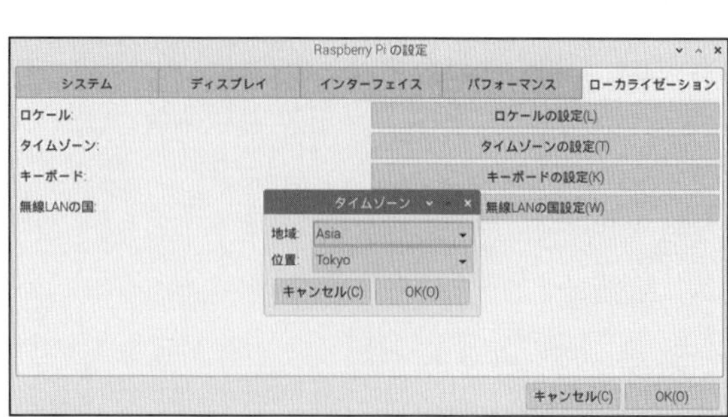

図 0.27 タイムゾーンの設定

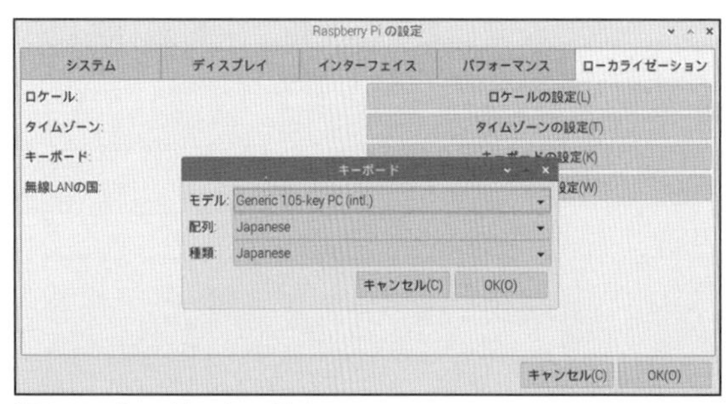

図 0.28 キーボードの設定

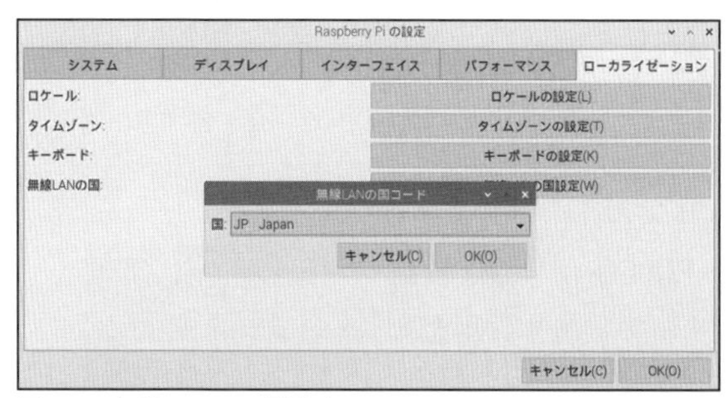

図 0.29 無線 LAN の国設定

◆　**インターフェイスを有効にする**

Raspberry Pi の設定画面において、「インターフェイス」をクリックします。これから扱う本書のプログラミングにおいて、必要なインターフェイスを前もって有効にします。図 0.30 のように、「カメラ」、「VNC」、「SPI」、「I2C」を有効に変更し、OKボタンをクリックします。「再起動」が要求されたら、はいをクリックします。

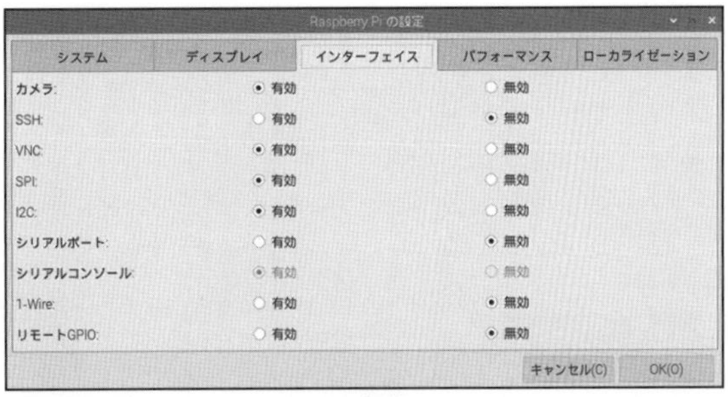

図 0.30　インターフェイスの有効

◆　**解像度の設定**

Raspberrt Pi 3 において、図 030 の Raspberry Pi の設定画面で、「ディスプレイ」をクリックします。図 0.31 のように、画面右上にある「解像度を設定」をクリックすると、解像度を変更できます。解像度を変えると文字を大きく、横長の画面にできます。ここでは一例として「CEA mode 2 720 × 480 60Hz 4:3」を選択し、OKボタンをクリックします。「再起動」をすることによって、解像度が変わります。

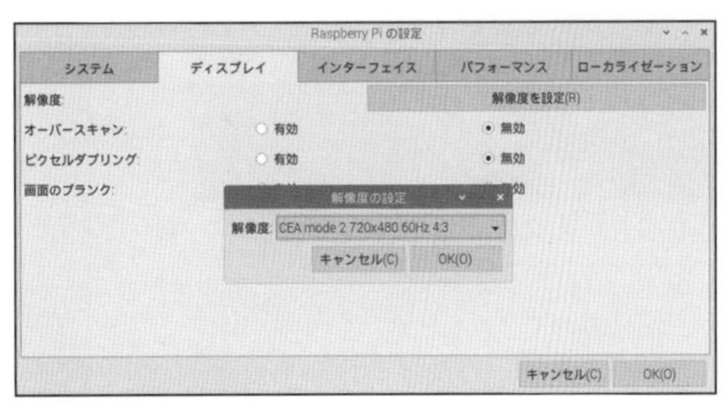

図 0.31　解像度の設定

Raspberrt Pi 4 では、「解像度の設定」画面が出てきません。次のように解像度の設定をします。

◆　**Raspberry Pi 4 の解像度の設定**

①　デスクトップ画面の左上のラズパイマークをクリックします。

②　図 0.32 のように、アプリケーションメニューの「設定」→「Screen Configuration」を選択すると、図 0.33 の「Screen Layout Editor」が出てきます。

③　図 0.33 で「HDMI-1」を右クリックします。

④　図 0.34 の解像度の選択で、例えば、「720 × 480」をクリックします。

⑤　出てきた画面上の「Configure」をクリックし、図 0.35 の「適用」をクリックします。

⑥　図 0.36 の Screen updated でOKをクリックします。

図 0.32「設定」→「Screen Configuration」

図 033 「Screen Layout Editor」

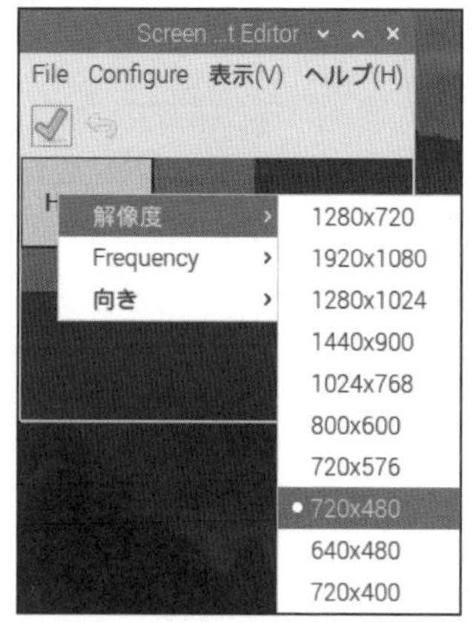

図 0.34　解像度の選択

図 0.35 「適用」

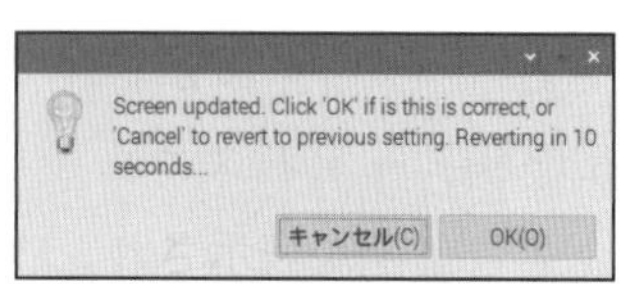

図 0.36　Screen updated

◆　シャットダウンと再起動

デスクトップ画面左上のメニューアイコン（ラズパイマーク）をクリックします。図 0.37 のアプリケーションメニューの「ログアウト」をクリックすると、図 0.38 の「Shutdown options」画面になります。「Shutdown」をクリックするとシャットダウン、「Reboot」をクリックすると再起動します。

図 0.37　ログアウト

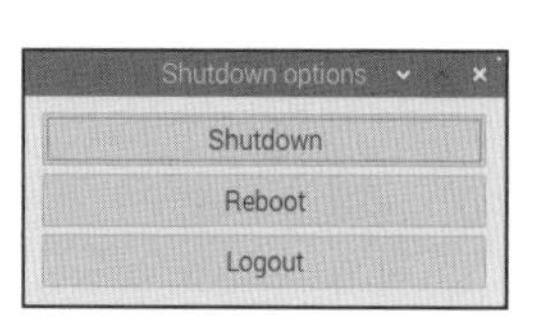

図 0.38　Shutdown options

0.5　日本語入力の設定

「Raspberry Pi OS」の初期状態では、日本語入力のソフトウェアがインストールされていません。そこで、「iBus」というフレームワーク（枠組み）の中の [ibus-mozc] という日本語入力ソフトウェアをインストールします。ここは必要に応じてインストールしてもいいです。

① ターミナル画面で、

```
$ sudo apt-get -y install ibus-mozc
```
Enter

② すると、インストールが始まります。5 分ほど時間がかかります。

インストールが終了したら Raspberry Pi を再起動します。

③ 画面右上のメニューバーに、図 0.39 のような iBus のアイコンが表示されます。

このアイコンをクリックし、出てきた図 0.40 の画面の「日本語 -Mozc」をクリックします。

図 0.39　iBus アイコン

図 0.40　日本語 -Mozc

④ 右上に出てきた iBus のアイコンAをクリックすると、入力モードが変更できるようになります。図 0.41 の入力モードを選択し、ひらがなを指定します。このとき、iBus のアイコンはAの直接入力のままです。

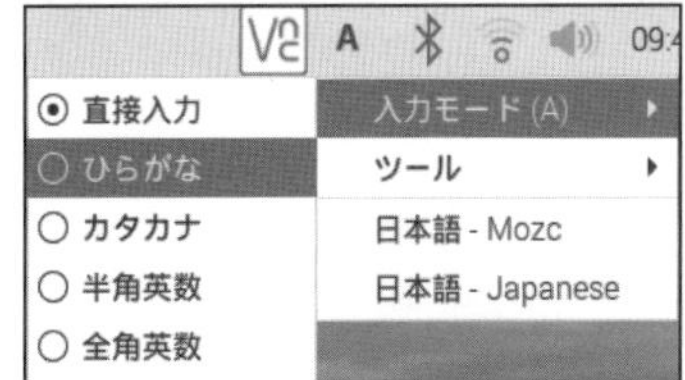

図 0.41　入力モードの選択

⑤「ひらがな」をクリックすると、図 0.42 のように iBus のアイコンはあのひらがなに変わります。入力モードの画面は消えます。

図 0.42　アイコンはあ

⑥ アプリケーションメニューの「アクセサリ」→「Text Editor」を選択すると、図 0.43 のエディタ画面になります。

ひらがなを入力し、スペースキーを押すと漢字に変換することができます。

⑦ 直接モードに戻すには、図 0.43 のアイコンあをクリックし、入力モードを直接入力に変更します。iBus のアイコンはAの直接入力になります。

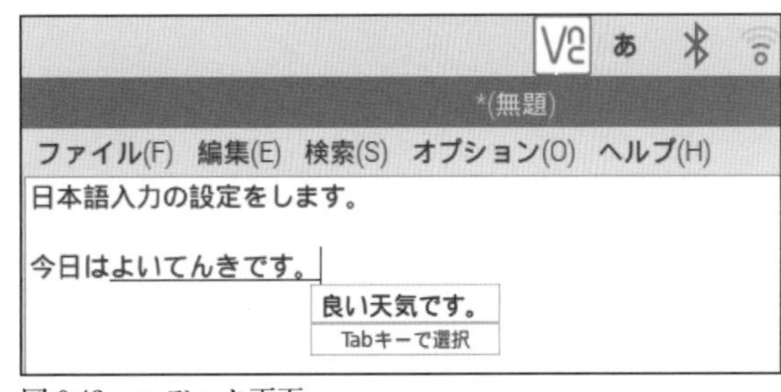

図 0.43　エディタ画面

0.6　Raspberry Pi の画面を保存するスクリーンショットの撮り方

Raspberry Pi の画面を画像ファイルにして書類に貼り付け、テキストを作りたいときなどに使います。「パソコンや Raspberry Pi の画面を画像ファイルとして保存したもの」のことを「スクリーンショット」といいます。

図 0.44 のように、Raspberry Pi の画面を画像にしてファイルに保存する方法です。

① デスクトップ画面の左上の「ラズパイマーク」をクリックします。
② アプリケーションメニューの「アクセサリ」→「LXTerminal」を選択すると、黒いターミナル画面が出てきます。画面左上にある「LXTerminal」、ターミナルアイコンをクリックしても、同じにターミナル画面になります。
③ Raspberry Pi で使われるスクリーンショットのソフトウェアに scrot があります。すでに scrot はインストールされています。
④ いま、図 0.44 の画面の画像がほしいとします。まず、ターミナル画面だけを表示させます。`$ scrot -d10` Enter とします。その後、すばやく、図 0.44 の画面を表示させます。ここで、`-d10` の 10 は 10 秒後に画像ファイルができます。`-d15` とすれば 15 秒後になります。
⑤ ターミナル画面が必要でなければ、`$ scrot -d10` Enter 直後に、画面左上にある「LXTerminal pi@raspberrypi: ~」アイコンをクリックすれば、画面上からターミナル画面は消えます。その後、図 0.45 の画面を表示させます。
⑥ 保存された画像ファイルは、アプリケーションメニューの「アクセサリ」→「ファイルマネージャ」で見ることができます。「ファイルマネージャ」は画面上のアイコンにもあります。
⑦ 図 0.46 から「パスワードの変更」のみを必要とするならば、次のようにします。ターミナル画面において、`$ scrot -d10 -bu&` Enter
画面左上にある「LXTerminal pi@raspberrypi: ~」アイコンをクリックして、ターミナル画面を消します。すぐさま、必要なスクリーンショットである「パスワードの変更」をクリックしてフォーカスしておきます。このとき、画面に変化はありません。
⑧ 図 0.47 のように、「ファイルマネージャ」の画像ファイルに「パスワードの変更」のみが表示されます。

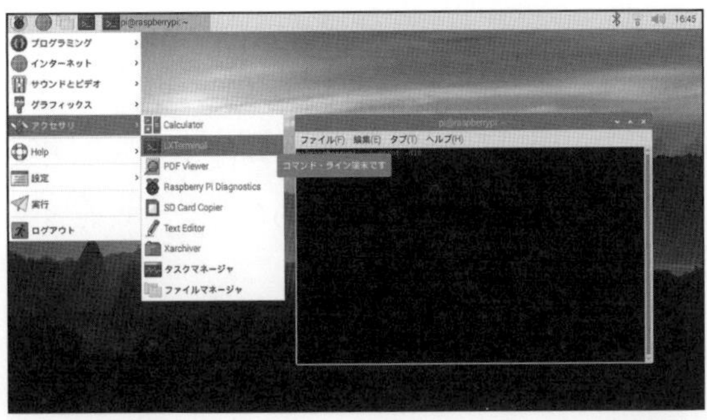

図 0.44　画像 1

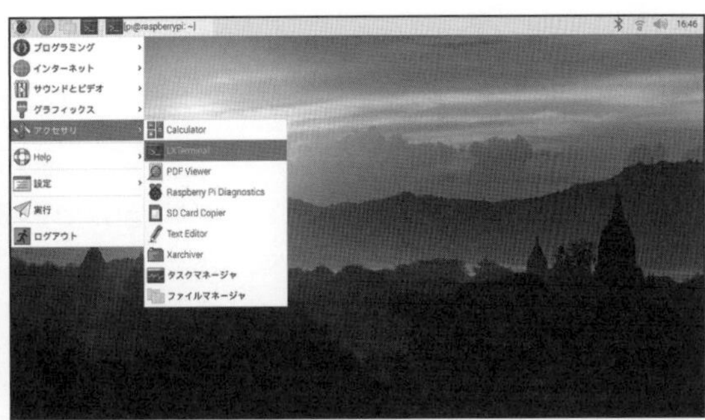

図 0.45　画像 2

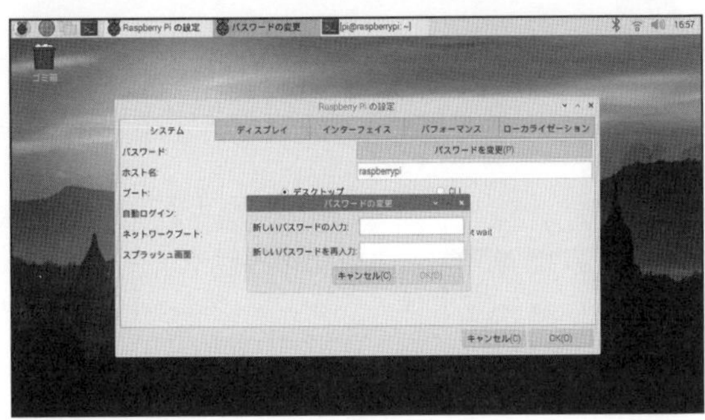

図 0.46　画像 3

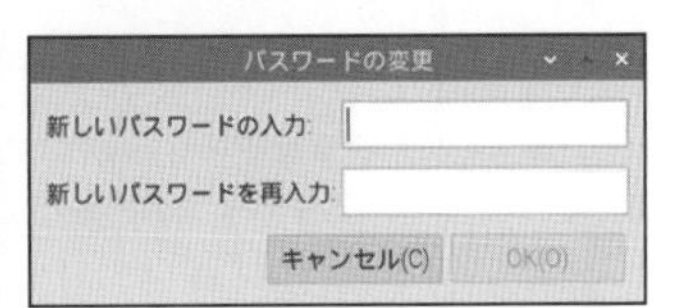

図 0.47　画像 4

0.7 パソコンによる Raspberry Pi の遠隔操作

Raspberry Pi の起動には、通常、図 0.48 のような周辺機器を接続します。各種のソフトウェアをダウンロード・インストールするため、ブロードバンドルータを介してインターネットにつないでおきます。ここでは、Raspberry Pi を直接操作して電子回路の制御などをします。

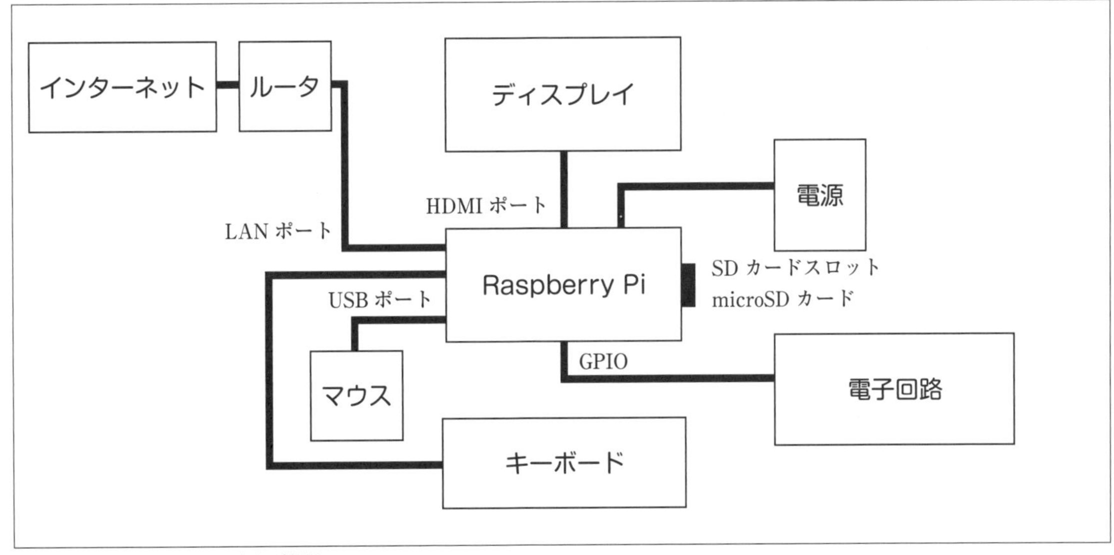

図 0.48　Raspberry Pi の周辺機器

近くにあるパソコンから Raspberry Pi を遠隔操作することができれば便利です。 図 0.49 は、操作するパソコンと Raspberry Pi が無線環境を含んだ同一 LAN につながっています。すると、図 0.48 のように、ディスプレイ、キーボード、マウスを Raspberry Pi につなげなくとも、パソコンで Raspberry Pi の遠隔操作が可能になります

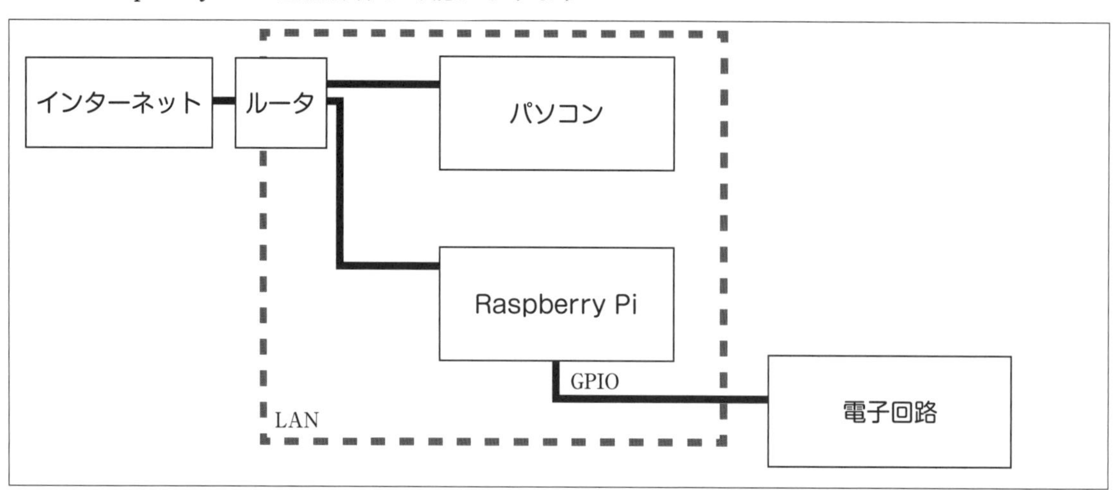

図 0.49 パソコンによる Raspberry Pi の遠隔操作

パソコンで Raspberry Pi の遠隔操作をするために、次のことをします。

① 本章の 0.4 節「◆ インターフェイスを有効にする」で述べた「VNC」を有効にします。
② パソコンに、遠隔操作をするためのソフトウェア VNC をインストールします。
③ 図 0.49 のように、パソコンと Raspberry Pi を同一の LAN に接続します。

◆ VNC（Virtual Network Computing）のインストール

RealVNC のインストール

https://www.realvnc.com/download/viewer/

① 上記 URL より、[Download VNC Viewer | VNC® Connect-RealVNC] を選択します。
② 図 0.50 のような画面になります。Windows や macOS など使っているパソコンの OS を選びます。ここでは Windows とします。
③ 図の画面にある「EXE x 86/x64」の個所から「MST installers」を選択します。
④ Download VNC Viewer をクリックします。
⑤ 図 0.51 のダウンロード画面で、「VNC-Viewer-6.21.406-Windows-msi.zip」ファイルを開くをクリックします。
⑥ 図 0.52 において、「VNC-Viewer」の 32bit、64bit の選択をします。ここでは、64bit をダブルクリックします。
⑦ 図 0.53 の Setup Wizard の画面で、Next をクリックします。
⑧ 図 0.54 の「Change,repair,or remove installation」では、Remove を選択して⑥からやり直します。

図 0.50　Download VNC Viewer

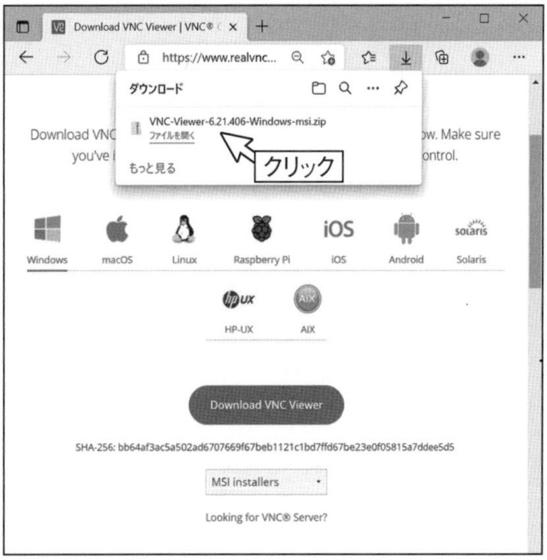

図 0.51　ダウンロード画面

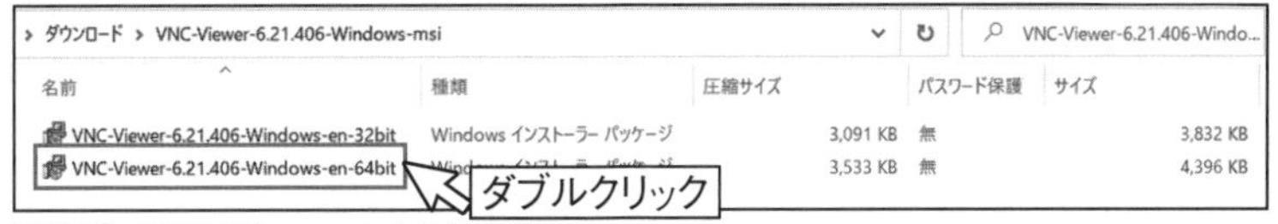

図 0.52　VNC Viewer の 64bit の選択

⑨　図 0.55 の Setup 画面で、Next をクリックします。
⑩　図 0.56 の「ライセンスの同意」では、□にチェックを入れ、Next をクリックします。
⑪　図 0.57 において、Desktop Shortcut の ☒ をクリックし、図 0.58 のようにします。
⑫　図 0.58 の「Will be installed on local hard drive」を選択し、Next をクリックします。
⑬　図 0.59 の Desktop Shortcut の画面で、Next をクリックします。
⑭　図 0.60 のインストール画面になります。 Install をクリックします。
⑮　図 0.61 の Finish をクリックするとインストール完了です。
⑯　デスクトップに、図 0.62 の「VNC Viewer」のショートカットアイコンができます。

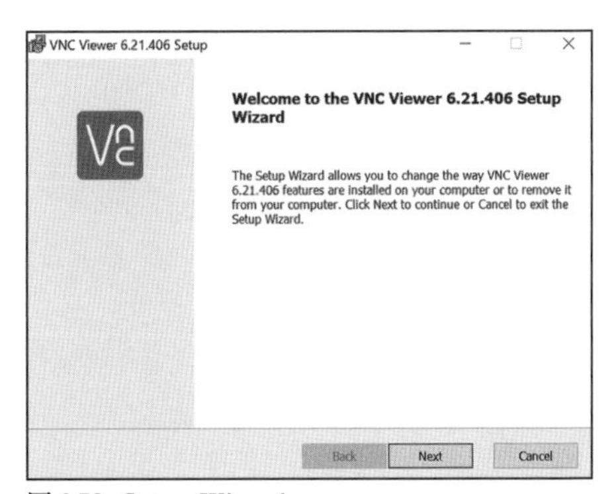

図 0.53　Setup Wizard

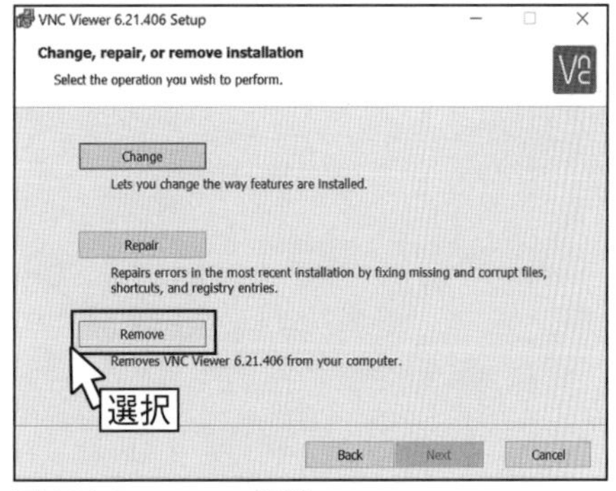

図 0.54　Remove の選択

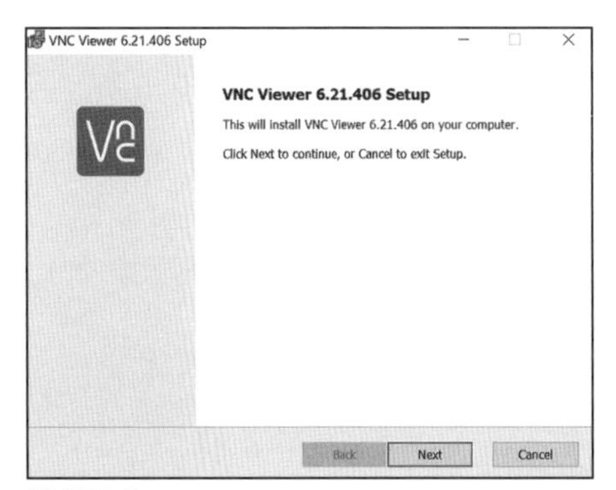

図 0.55 Setup

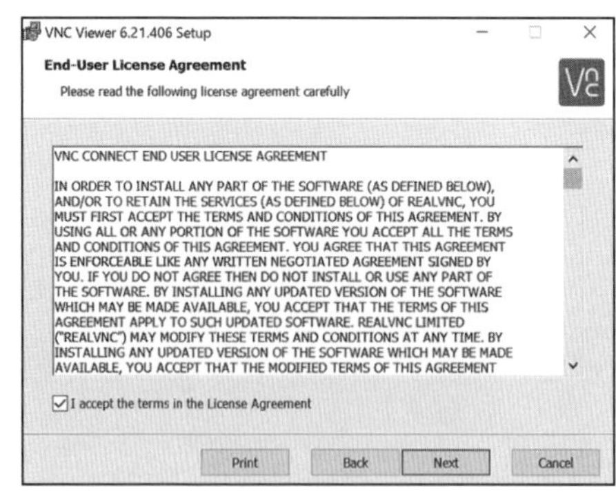

図 0.56 ライセンスの同意

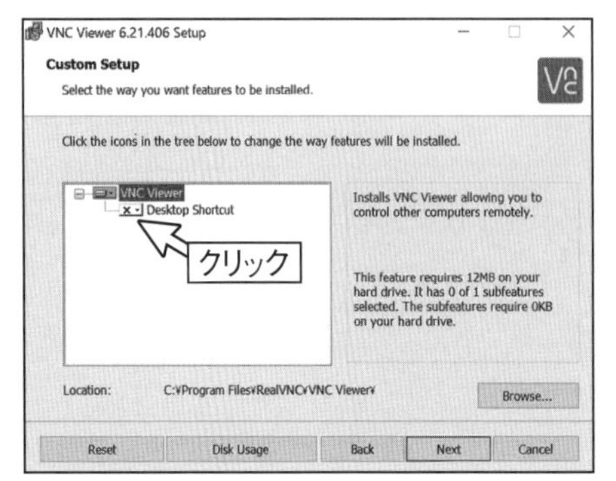

図 0.57 Desktop Shortcut の☒をクリック

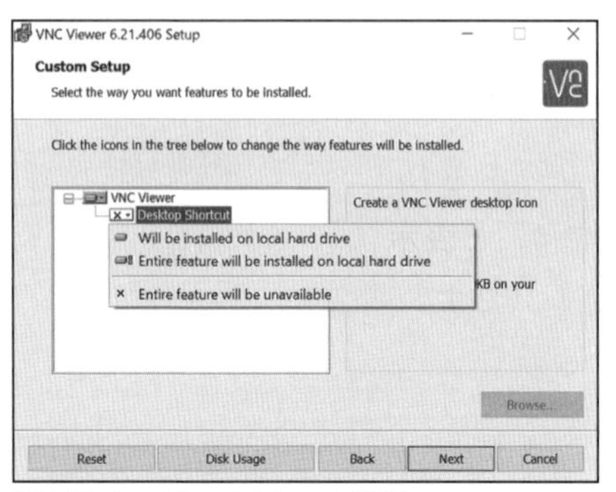

図 0.58 local hard drive の選択

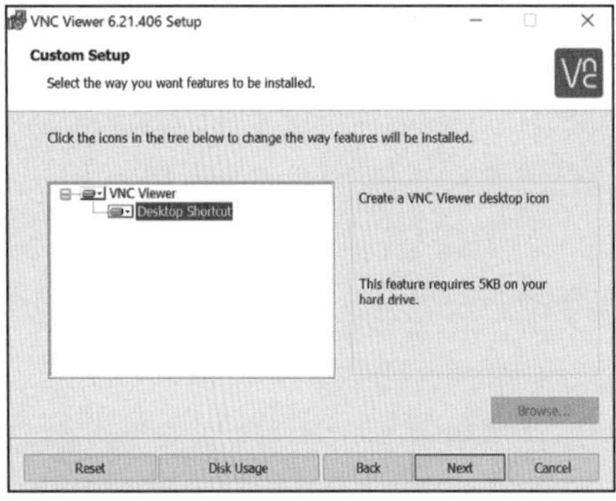

図 0.59 Desktop Shortcut

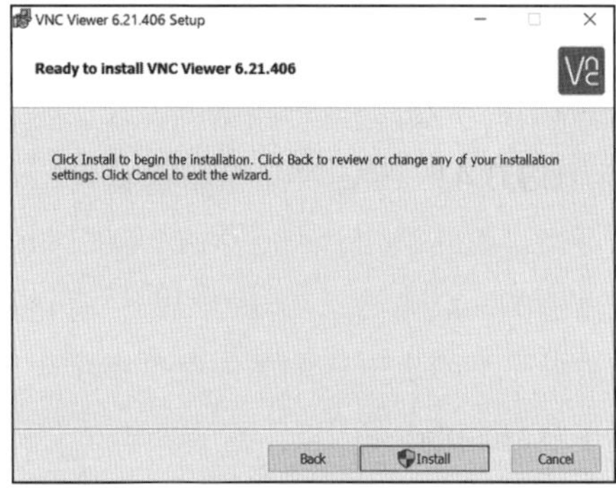

図 0.60 インストールの開始

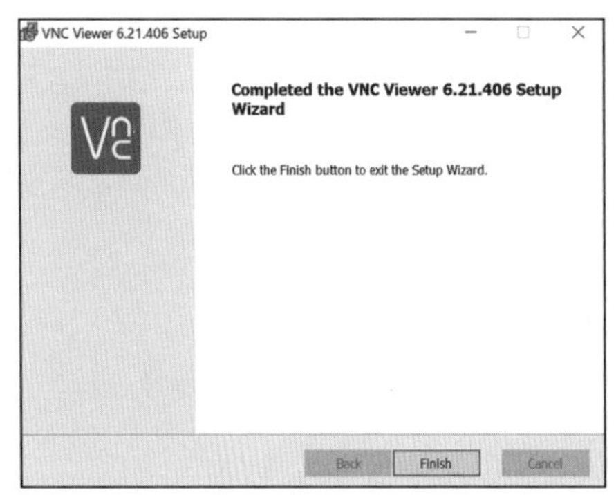

図 0.61 インストール完了

図 0.63 「VNC Viewer」のショートカットアイコン

◆ VNC ViewerでRaspberry Piの遠隔操作

パソコンとRaspberry Piを図0.48のようにLANでネットワークに接続します。Raspberry Piのデスクトップ画面のメニューアイコン（ラズパイマーク）をクリックし、「アクセサリ」→「LXTerminal」から黒いターミナル画面にします。画面上のターミナルアイコンのクリックでも同じです。

ここで、VNC ViewerによるRaspberry Piの遠隔操作をしてみましょう。

① ターミナル画面で以下のコマンドを入れます。

```
$ ifconfig | grep 192 Enter
```

パソコンとRaspberry PiがLANでネットワークにつながっていれば、図0.64のような画面が表示されます。ここでは、[inet 192.168.0.4] と表示されている192.168.0.4がIPアドレスです。

図0.64　IPアドレスの表示

② パソコンのデスクトップにある［VNC Viewer］のアイコンをダブルクリックします。図0.65のようなVNC Viewerの画面になります。画面左上にあるvnc connectの欄に「192.168.0.4」と入力し、Enterキーを押します。

③ すると、図0.66のようなVNC認証画面になります。Usernameに「pi」、Passwordに「raspberry」と入力し、OKをクリックします。「raspberry」はデフォルトです。もし、図0.13でパスワードの変更をしていたならば、そのときの変更パスワードを入力します。

④ 出てきたRaspberry Piのデスクトップ画面において、残っているターミナル画面の右上にある☒をクリックすると、図0.67のようになります。パソコン画面とRaspberry Piの画面は連動し、パソコンからRaspberry Piを遠隔操作することができます。後述のIPアドレスの固定が完了すると、そのつどIPアドレスを調べる必要がないので、①の操作が省略できます。このため、Raspberry Pi 3では、図0.49のパソコンによる遠隔操作ができます。

⑤ パソコンのデスクトップ画面の上側に隠れているアイコンをマウスで引出します。マウスのマウスポインタを、デスクトップ画面の上に移動させると出てきます。その中の左側にある外向きの矢印4つのアイコン「Enter full screen」をクリックすると、フルスクリーンになります。出てきた画面で、内向きの矢印4つのアイコン「Exit full screen」をクリックすると、フルスクリーンではなくなります。

⑥ 同じく隠れているアイコンEnd session☒をクリックし、出てきた画面のYesをクリックします。パソコン上のRaspberry Piのデスクトップ画面は消えます。

図 0.65　VNC Viewer の画面

図 0.67　パソコン画面と Raspberry Pi 画面の連動

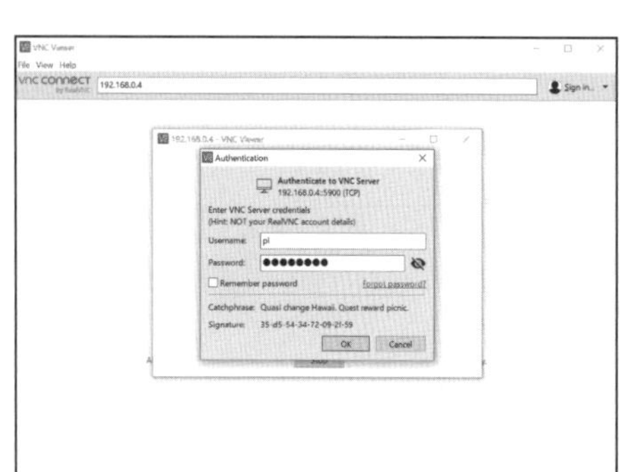

図 0.66　VNC 認証画面

◆ Raspberry Pi 4 の場合

前述の Raspberry Pi 3 と同様に操作していきます。

Raspberry Pi 4 では、パソコン画面と Raspberry Pi の画面を連動させるには、Raspberry Pi にディスプレイをつないでおきます。ディスプレイがつながれていないと、「Cannot currently show desktop」が表示されます。パソコン画面と Raspberry Pi の画面が以下の設定により連動すれば、ディスプレイを外すことができます。

図 0.49 のように、パソコンによる Raspberry Pi 4 の遠隔操作は次のような設定をします。

① 黒いターミナル画面で　`$ sudo raspi-config` Enter

② 出てきた画面で　`3 Interface Options` Enter

③ `P3 VNC` Enter

④ `enabled ?`　はい Enter

⑤ `The VNC Server is enabled`　了解 Enter

⑥ 画面右上の vnc アイコン V2 をクリックします。すると IP アドレス例えば 192.168.0.5 などが表示されます。

◆ IP アドレスの固定

IP アドレスは、ルータによって定期的に異なるアドレスが割り振られます。Raspberry Pi を遠隔操作する場合、IP アドレスがそのつど異なると不便です。このため、IP アドレスを固定してみましょう。

ターミナルで以下のコマンドを入力します。

```
$ ifconfig | grep 192 [Enter]
```

すると、IP アドレスが表示されます。現在の IP アドレスは [192.168.0.5] だとします。

固定する IP アドレスは、[192.168.0.5] の 4 つ目の数値のみを変えます。ここでの例は、固定する IP アドレスを [192.168.0.44] とします。

ターミナルから、次のコマンドを入力します。

```
$ sudo nano /etc/dhcpcd.conf [Enter]
```

すると、画面いっぱいに文字が出てきます。画面下までスクロールし、次のコマンドを順次入力します。# 以下の部分は入力しません。

```
interface wlan0 [Enter]                          # wlan0 は Wi-Fi の場合で、有線 LAN では eth0
static ip_address=192.168.0.44 [Enter]           # 192.168.0.44 は固定したい IP アドレス
static routers=192.168.0.5 [Enter]               # 192.168.0.5 はルータの IP アドレス
static domain_name_servers=192.168.0.5 [Enter]
                                                 # 192.168.0.5 はルータの IP アドレス
```

上記のコマンドを入力したら、[Ctrl] + [X] のキーを押します。保存するかどうかを聞かれるので [Y] キーを押し、[Enter] をクリックします。

「ラズパイマーク」→「ログアウト」→「Reboot」

または、ターミナルから　$ sudo reboot [Enter] で再起動します。

再起動したら、ターミナルから

```
$ ifconfig | grep 192 [Enter]
```

のコマンドを実行します。

[inet 192.168.0.44] が出てくれば、IP アドレスの固定完了です。

0.8 Python によるプログラムの実行

Python3（IDLE）

デスクトップのラズパイマークから「プログラミング」→「Python3（IDLE）」をクリックします。すると、図 0.68 のような IDLE が起動します。この画面は「Python Shell」といい、
プログラムの実行時のエラーや警告などが表示されます。

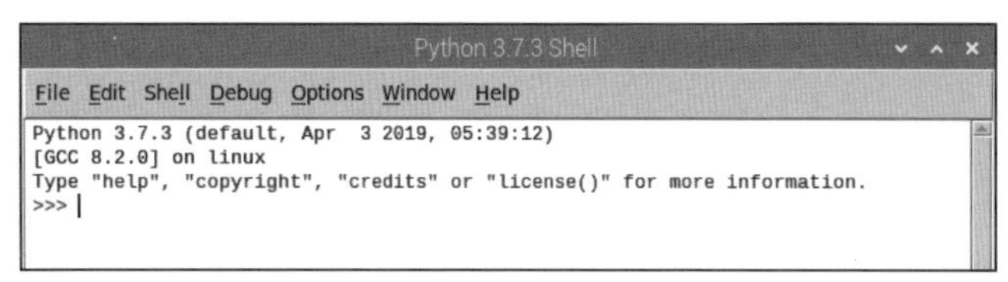

図 0.68　IDLE の起動

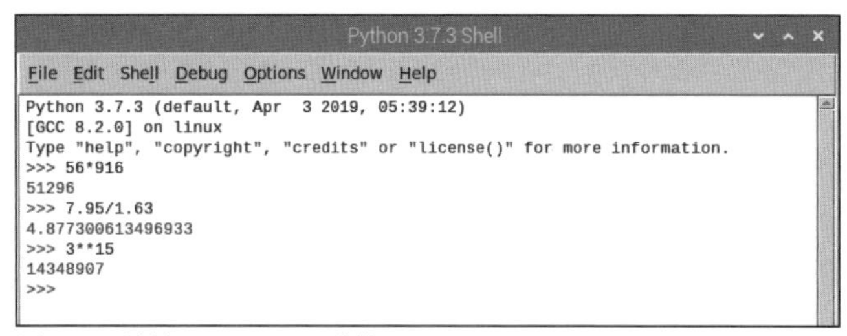

図 0.69　対話モードによる計算

赤い色の「>>>」プロンプトが出ています。これは Python が「対話モード」になっていることを示しています。図 0.69 のように、掛け算、割り算、累乗の計算など電卓のように利用できます。

図で 3**15 は 3 の 15 乗、3^{15} の計算です。3**15 Enter とすると、下の行に 14348907 という計算結果が表示されます。

同じことが「LXTerminal」でもできます。ターミナルを起動した後、

```
$  python3 Enter
>>> 3**15 Enter
 14348907
```

対話モードを終了するには、quit () Enter とコマンドを入力します。

「Python Shell」の画面から「File」→「New File」を選択します。untitled の画面で、
図 0.70 のような新しいプログラムを書きます。あるいは、Word などに記入されているプログラムをコピーします。このコピーのしかたは、後述の 0.9 節と 0.10 節と参照して下さい。

図 0.71 のように、「Run」→「Run Module」をクリックしていくと、エラーがなければ、図 0.72 のような「RESTART: 」が表示され、プログラムは走ります。プログラムにエラーがあると、赤文字でエラーが表示されます。エラーを修正し、「Run」→「Run Module」を繰り返します。

```
*2-program1.py - /home/pi/2-p
File  Edit  Format  Run  Options  Window  Help
import wiringpi as pi
import time

pi.wiringPiSetupGpio()
pi.pinMode (21,pi.INPUT)
pi.pinMode (10,pi.OUTPUT)
pi.pinMode (22,pi.OUTPUT)

while True:
    if(pi.digitalRead(21)==pi.LOW):
        for i in range(10):
            pi.digitalWrite(10,pi.HIGH)
            pi.digitalWrite(22,pi.HIGH)
            time.sleep(1)
            pi.digitalWrite(10,pi.LOW)
            pi.digitalWrite(22,pi.LOW)
            time.sleep(1)
```

図 0.70　プログラムの記入

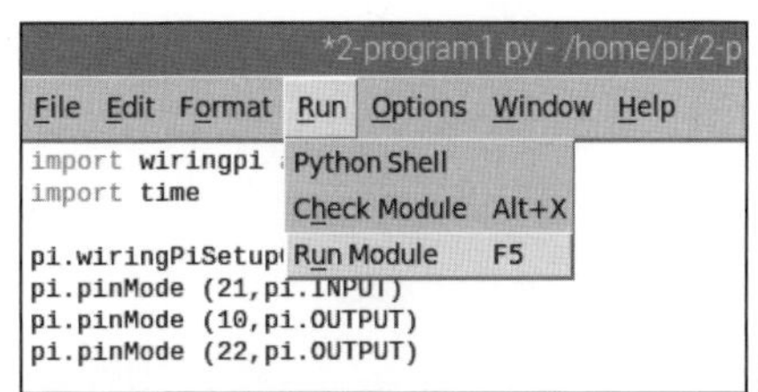

図 0.71　Run Module

```
*Python 3.7.3 Shell*
File  Edit  Shell  Debug  Options  Window  Help
Python 3.7.3 (default, Apr  3 2019, 05:39:12)
[GCC 8.2.0] on linux
Type "help", "copyright", "credits" or "license()" for more information.
>>>
===================== RESTART: /home/pi/2-program1.py =================
```

図 0.72　RESTART

完成したプログラムを保存します。図 0.70 のようなプログラムの表示の画面で、「File」→「Save As」をクリックしていくと、図 0.73 の Save As のダイアログになります。File name にファイル名を入れ、Save をクリックします。この例では［2-program1.py］がファイル名です。拡張子 .py を付けます。［2-program1.py］は［Directory:/home/pi］にあります。

「Python Shell」の画面から［2-program1.py］を開くには、「File」→「Open」を選択します。図 0.74 の Open ダイアログで、［2-program1.py］を選択し、Open をクリックします。図 0.70 のプログラムが表示されます。

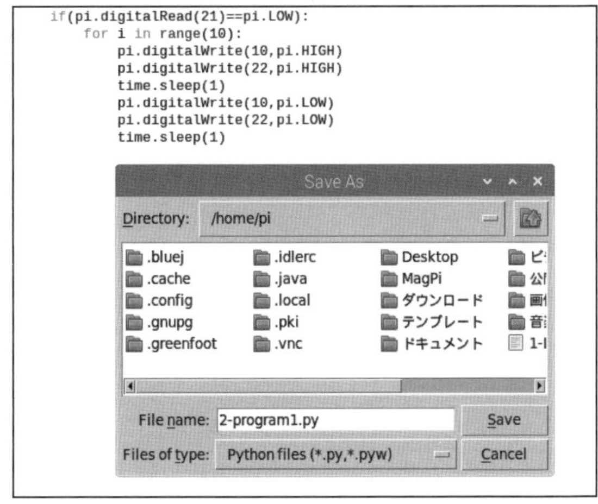

図 0.73　プログラムの保存

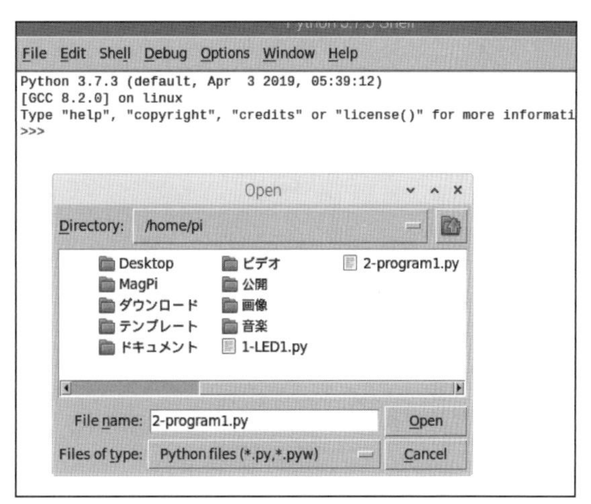

図 0.74　Open ダイアログ

ターミナルからもプログラムを実行することができます。以下のコマンドを実行します。

```
$  sudo python3  2-program1.py  Enter
```

プログラムを終了するには、キーボードで Ctrl ＋ C を押します。

Thonny Python IDE

Thonny Python IDE は、Python の統合開発環境（IDE）であり、初心者用に適しています。

デスクトップのメニューアイコン「ラズパイマーク」から「プログラミング」→「Thonny Python IDE」をクリックします。すると、図 0.75 のような「Thonny <untitled>」という画面が出ます。この画面は上部の <untitled> と下部の「Shell」に分かれています。上部はプログラムコードを記述する部分で、下部は実行結果を表示します。

下部の Shell に赤い色の「>>>」プロンプトが出ています。これは Python が対話モードになっていることを示しています。掛け算、割り算、累乗の計算など電卓のように使えます。

図 0.76 は 3 × 4 × 5 の計算結果 60 を表示しています。 3*4*5 Enter で 60 が表示されます。画面右上のアイコン Stop をクリックすると、対話モードは終了します。

図 0.75 Thonny <untitled>

図 0.76 対話モード

図 0.76 の上部 <untitled> の画面で、図 0.77 のような新しいプログラムを書きます。新しいプログラムを書くには、画面左上のアイコン New をクリックすることもあります。完成したプログラムを保存します。画面左上のアイコン Save をクリックすると、図 0.78 の Save as の画面になります。名前を入れる空欄に、例えば d1.py のようにファイル名を入れます。Python では、名前の末尾に拡張子「.py」を付けます。そして、右下にある OK をクリックします。プログラムにファイル名が付けられると、図 0.77 のように、<untitled> が <d1.py> に変わります。

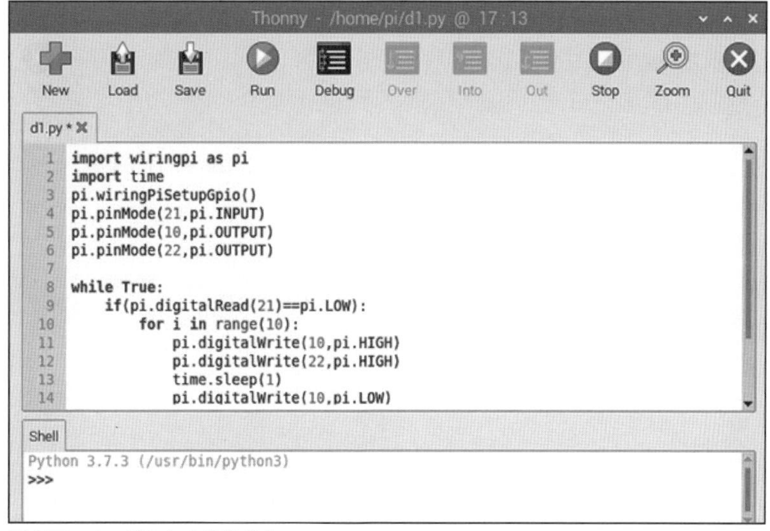

図 0.77　プログラムの書き込み

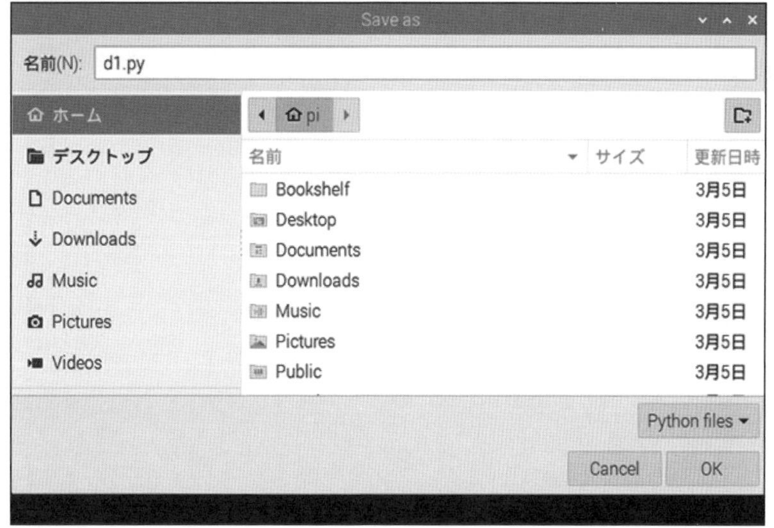

図 0.78　Save as

図 0.79 において、画面左上のアイコン Run をクリックすると、プログラムは走ります。

エラーがなければ、画面下の Shell のプロンプト「>>>」の右側に　Run d1.py が現れます。エラーがあると、図 0.80 のように、Shell に赤色で表示されたエラーメッセージが出ます。エラーを修正し、再度 Run を繰り返します。その都度、プログラムは保存されます。

図 0.75 の「Thonny <untitled>」の画面から d1.py を開くには、画面左上のアイコン Load をクリックし、出てきた「Open file」の中から d1.py を選択し、画面右下の OK をクリックします。すると、図 0.77 のプログラム画面になります。

プログラムを途中で止めるには、画面右上のアイコン Stop をクリックし、プログラムをすべて終了させるには、同じく右上のアイコン Quit をクリックします。

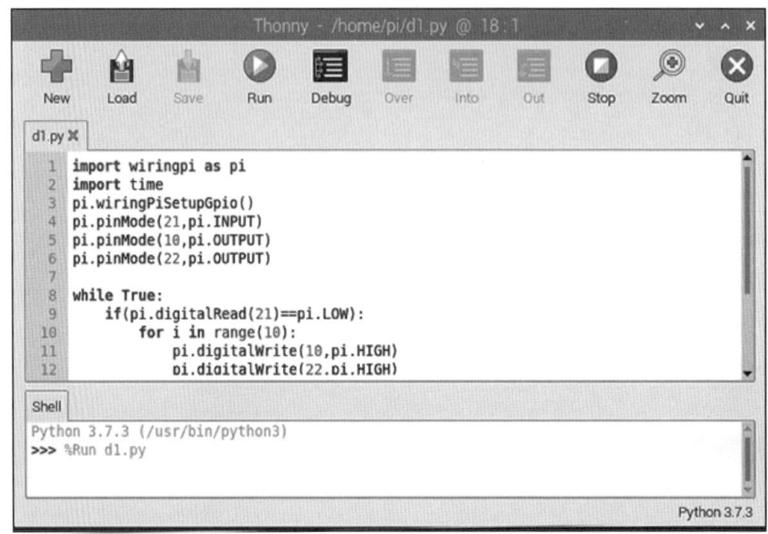

図 0.79 プログラムの Run

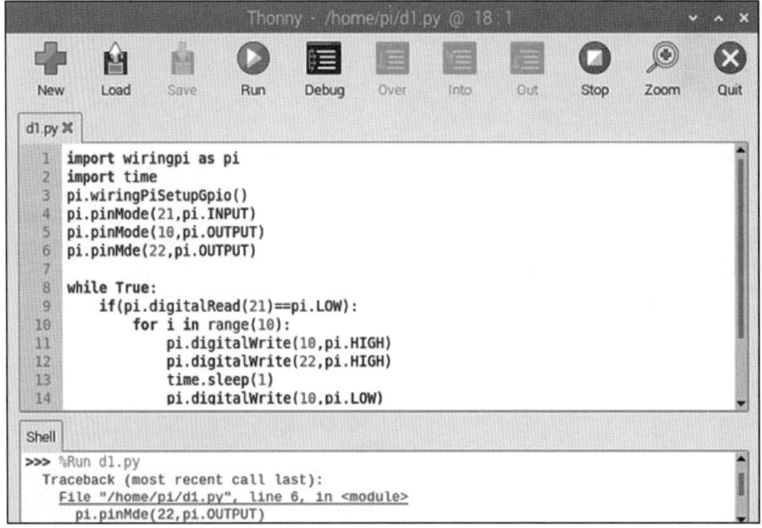

図 0.80 エラーメッセージ

0.9 LibreOffice のダウンロードとインストール

LibreOffice（リブレオフィス）は、Word などで作成したファイルを開封・編集・保存できるソフトウェアです。

ダウンロードページ※から、プログラムをダウンロード・コピーし、Raspberry Pi のエディタ画面に、プログラムを貼り付けることを考えます。

従来から使われている NOOBS による Raspberry Pi OS や Raspberry Pi Imager による「Raspberry Pi OS Full（32-bit）」に、LibreOffice はインストールされていますが、「Raspberry Pi OS（32-bit）」にはインストールされていません。そこで、LibreOffice のダウンロードとインストールをします。Wi-Fi 接続にしておきます。

① 図 0.81 の Raspberry Pi のデスクトップ画面から「設定」→「Recommended Software」を選択します。

② しばらくすると、図 0.82 のような画面になり、画面を下に少しスクロールすると、LibreOffice を選択する画面になります。

※ https://denkomagazine.net/download/

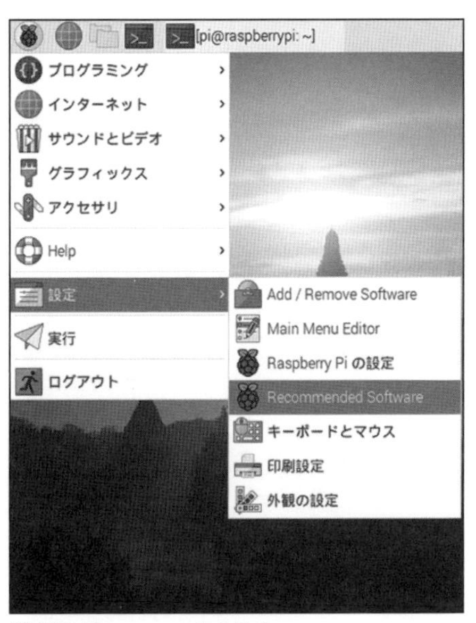

図 0.81　Recommended Software

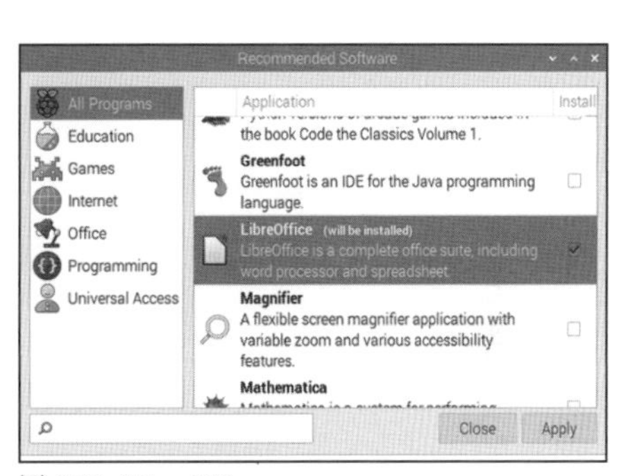

図 0.82　LibreOffice

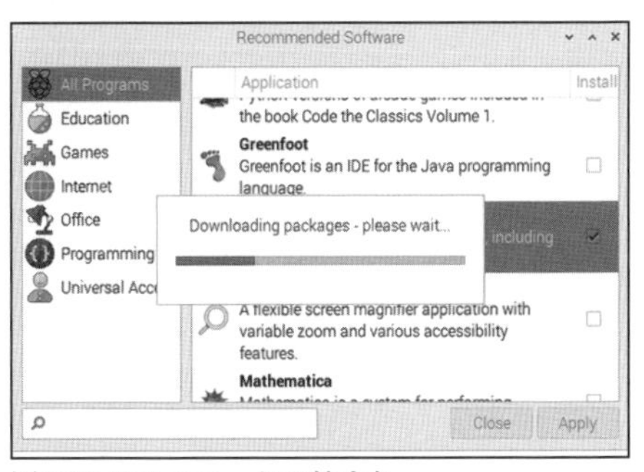

図 0.83 ダウンロードの始まり

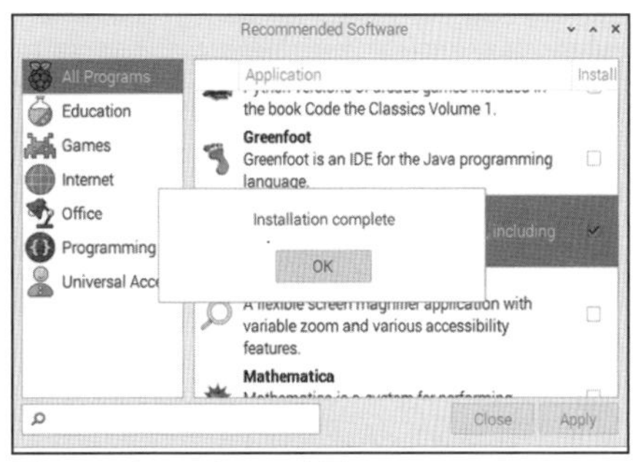

図 0.84　インストール完了

③ LibreOffice の右側にあるチェックボックスにチェックを入れ、右下の Apply をクリックします。

④ 図 0.83 のようにダウンロードが始まり、20 分ほどたつと、図 0.84 のようにインストールが完了します。 OK をクリックします。

0.10　LibreOffice を使ったプログラムのコピーと貼り付け

Word にコピーしたファイル名「プログラム 1」というプログラムを、Raspberry Pi のエディタ画面に貼り付けることにします。

① 図 0.85 の Raspberry Pi のデスクトップ画面から「プログラミング」→「Python3（IDLE)」を選択します。

② 出てきた画面で、「File」→「New File」をクリックし、図 0.86 のエディタ画面にします。

③ 「プログラム 1」が入っている USB メモリを、Raspberry Pi の USB 端子に差し込みます。すると、図 0.87 のリムーバルメディアの挿入画面になります。

図 0.85 Python（IDLE）の選択

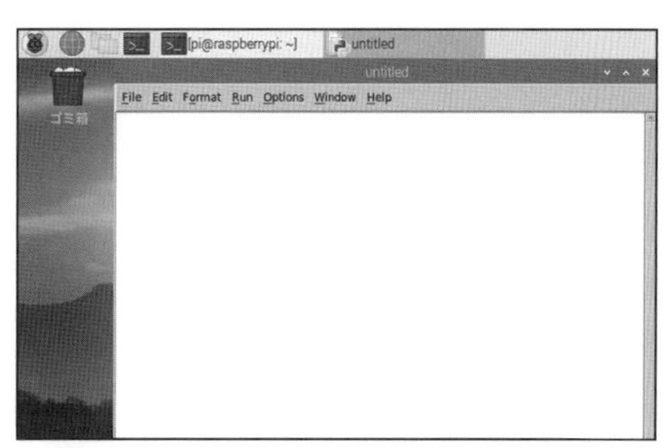

図 0.86　エディタ画面

図 0.87 リムーバルメディアの挿入

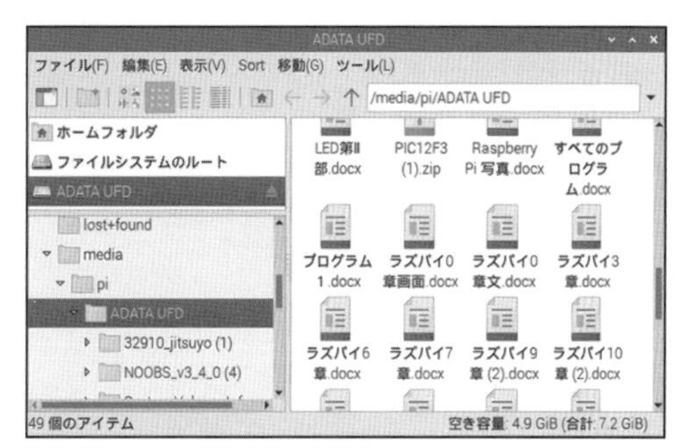

図 0.88　プログラム 1 の選択

④ 「ファイルマネージャで開く」の状態で、画面右下にある OK をクリックします。出てきた図 0.88 の画面で、「プログラム 1」をダブルクリックします。

⑤ LibreOffice が動き出し、しばらくすると、図 0.89 のように、プログラム 1 が表示されます。

⑥ マウスの左ボタンを押しながら、プログラムの上から下まで範囲選択をします。すると、図 0.90 のように、範囲選択した部分の色が変わります。

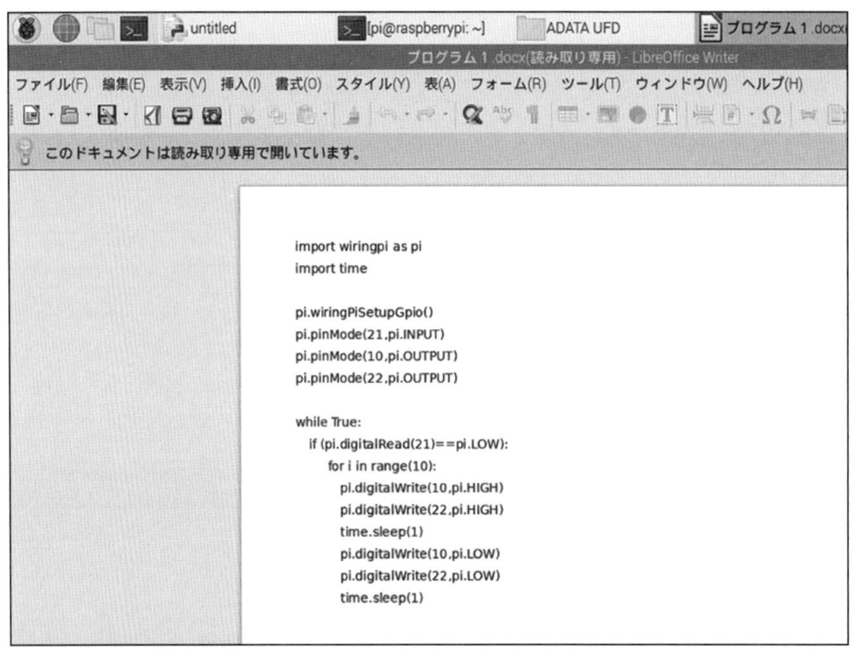

図 0.89 プログラム 1 の表示

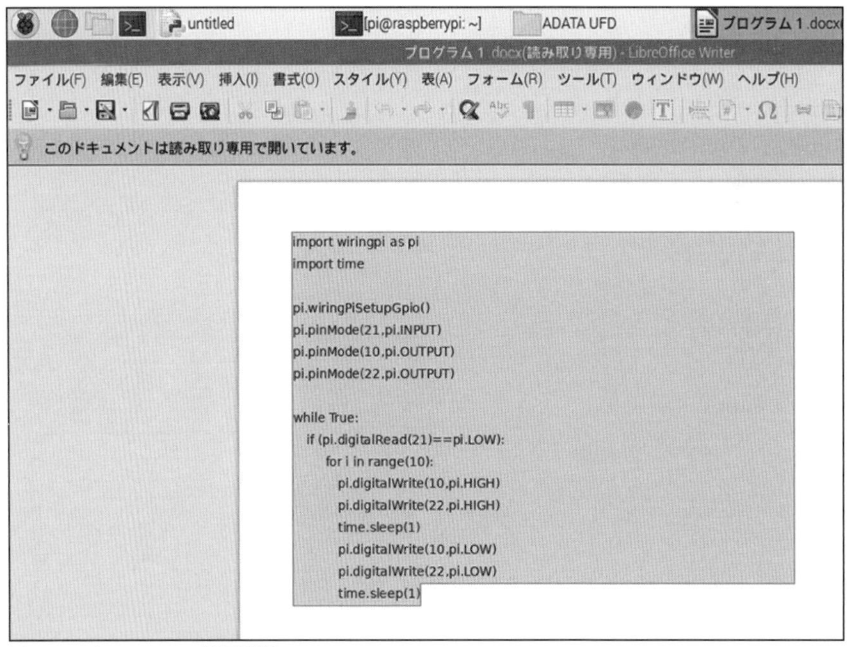

図 0.90 プログラムの範囲選択

⑦ メニューアイコンの下にある「編集」から図 0.91 の「コピー」をクリックします。今出ている画面の右上にある [×] をクリックすることで、これらの画面を消し、図 0.86 の画面だけにします。図 0.92 の「Edit」→「Paste」をクリックします。

⑧ 図 0.86 のエディタ画面に、図 0.93 のようにプログラム 1 が表示されます。

⑨ 図 0.93 の画面から「File」→「Save As」をクリックしていくと、「File name」を入れる空欄があるので、例えば d1.py と記入し、「Save」をクリックします。

⑩ 「File」→「Open」をクリックしていくと、 図 0.94 のように、/home/pi の下に Python ファイル d1.py ができます。

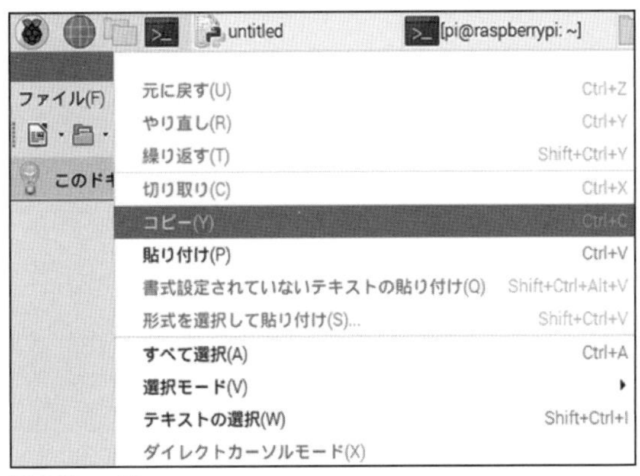

図 0.91　コピー

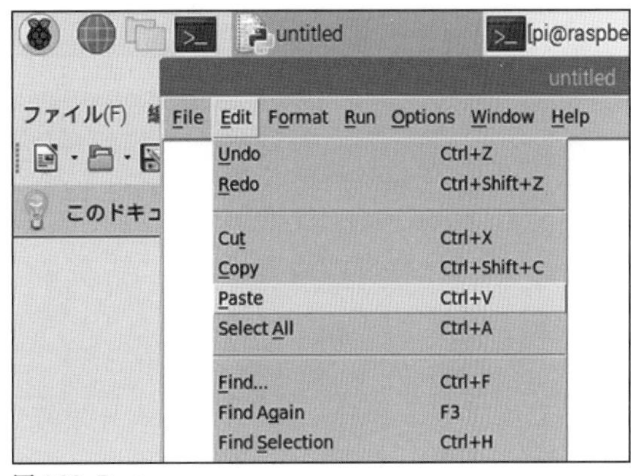

図 0.92　Paste

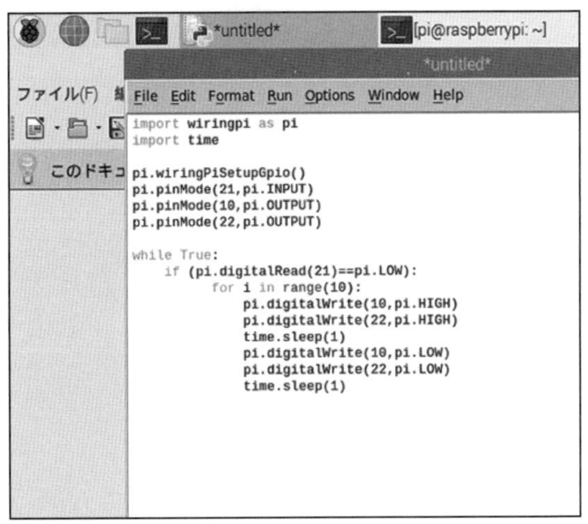

図 0.93　プログラム 1 の貼り付け

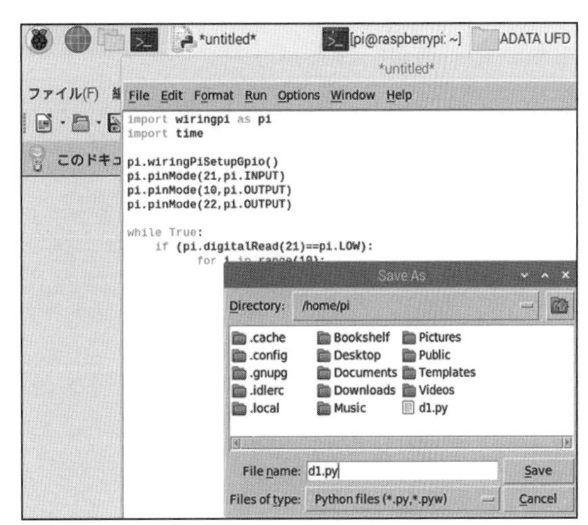

図 0.94　Python ファイル

第1章
はじめてのLED点灯回路

1.1 LED点灯回路

◆ LED（Light Emitting Diode）

「LED」は電流が流れると光を発する部品で、発光ダイオードのことです。今やLEDは電球や蛍光灯などの代用として、いたるところに使われています。

図1.1は、LEDの見た目と図記号です。図記号は電気の回路図で使われる決められた記号です。

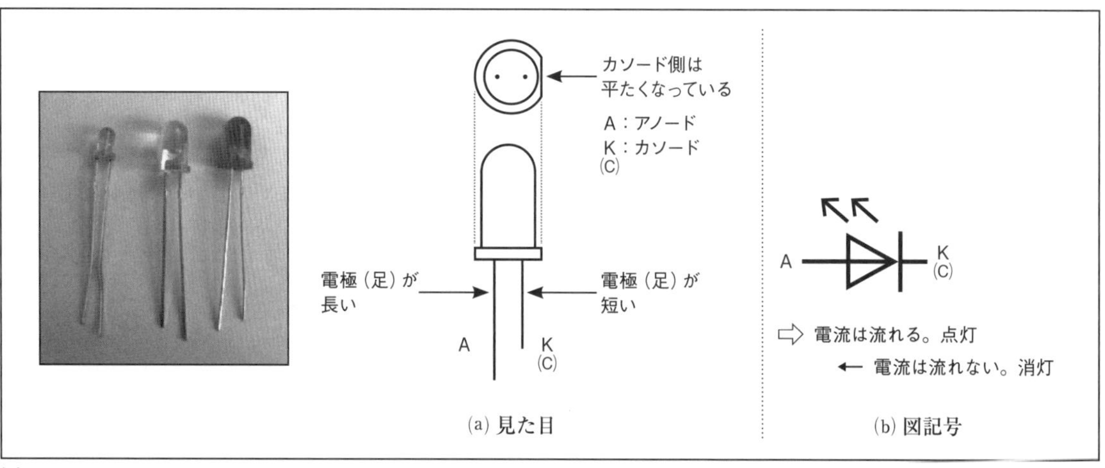

図1.1　LED

LEDには、「アノード（A)」と「カソード（K)、または（C)」という2つの電極があります。電極（足）の長いほうが「アノード」で、短いほうが「カソード」です。AからKの方向に電流を流すと、LEDは光ります。KからAの逆方向には電流は流れません。このためLEDは光りません。図（b）の図記号を見ると、三角形を横にした矢印の方向に電流は流れ、その逆は流れません。

LEDは、PN接合半導体に順方向電流を流すことによって、電気から光への変換を利用します。

◆ 抵抗器

電圧一定で、電流の大きさを小さくしたり大きくしたりするのが「抵抗器」です。呼ぶときには「ていこう」と省略して呼ばれ、抵抗と書きます。電気の回路では電気抵抗のことです。LED点灯回路ではLEDと直列に抵抗がつながれ、抵抗が大きくなると電流の流れがいっそう抑えられ、LEDの光は暗くなります。

よく使われる抵抗はカラーコードでその大きさを表します。図1.2は抵抗の見た目と図記号およびLEDに抵抗を直列に接続したLED点灯回路です。表1.1は抵抗のカラーコードです。

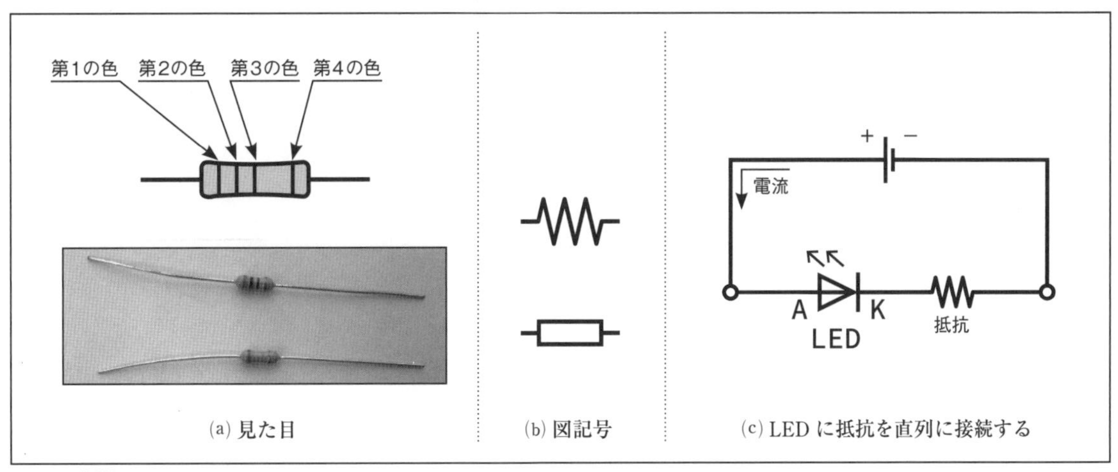

図1.2　抵抗

✱ カラーコードの読み方

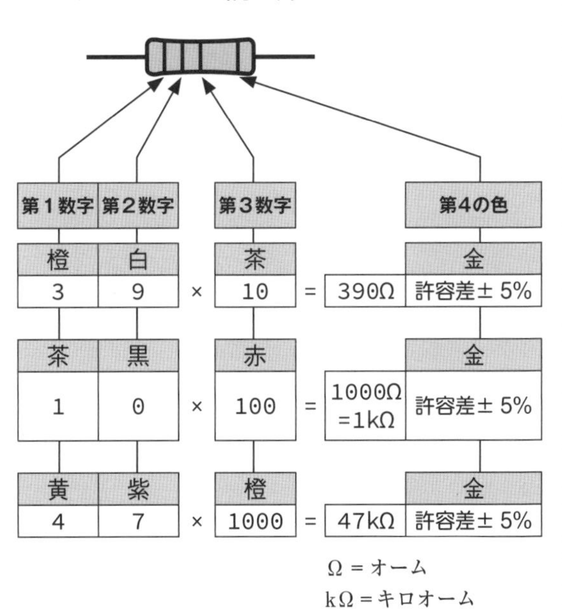

✱ 表1.1　抵抗のカラーコード

色	第1数字	第2数字	第3数字（乗数）	第4の色 許容差
黒		0	10^0=1	
茶	1	1	10^1=10	±1%
赤	2	2	10^2=100	±2%
橙	3	3	10^3=1000=1k（キロ）	
黄	4	4	10^4=10000=10k	
緑	5	5	10^5=100000=100k	
青	6	6	10^6=1000000=1M（メガ）	
紫	7	7	10^7=10000000=10M	
灰	8	8	10^8=100000000=100M	
白	9	9	10^9=1000000000=1G(ギガ)	
金				±5%
銀				±10%

◆　押しボタンスイッチ（Push Button Switch : PBS）

ここで使う押しボタンスイッチは、「タクトスイッチ」と呼ばれる基板用の小さな押しボタンスイッチです。図 1.3 にタクトスイッチの見た目としくみおよび図記号の一例を示します。

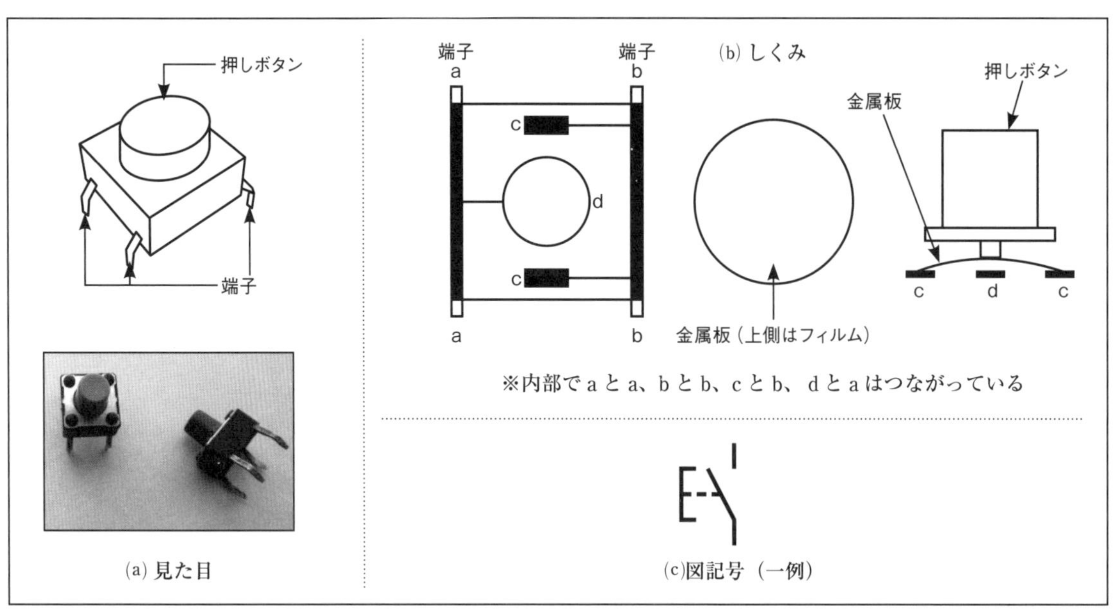

図 1.3　タクトスイッチ

タクトスイッチの押しボタンを押すと、内部にある丸い湾曲した金属板が押され、端子 a につながっている接点 d と端子 b につながっている接点 c がつながります。よって、端子 a と b はつながります（a と b は ON)。タクトスイッチの押しボタンを離すと、金属板が元に戻り、端子 a と b は離れます（a と b は OFF)。

◆　ブレットボードとジャンパー線

「ブレッドボード」は、LED や抵抗などの部品を配置して、いろいろな電気回路を組むことができます。このとき、部品と部品、Raspberry Pi と部品などをつなぐのが「ジャンパー線」です。図 1.4 はブレッドボードの構造で、図 1.5 はブレッドボードの電気の通り道です。

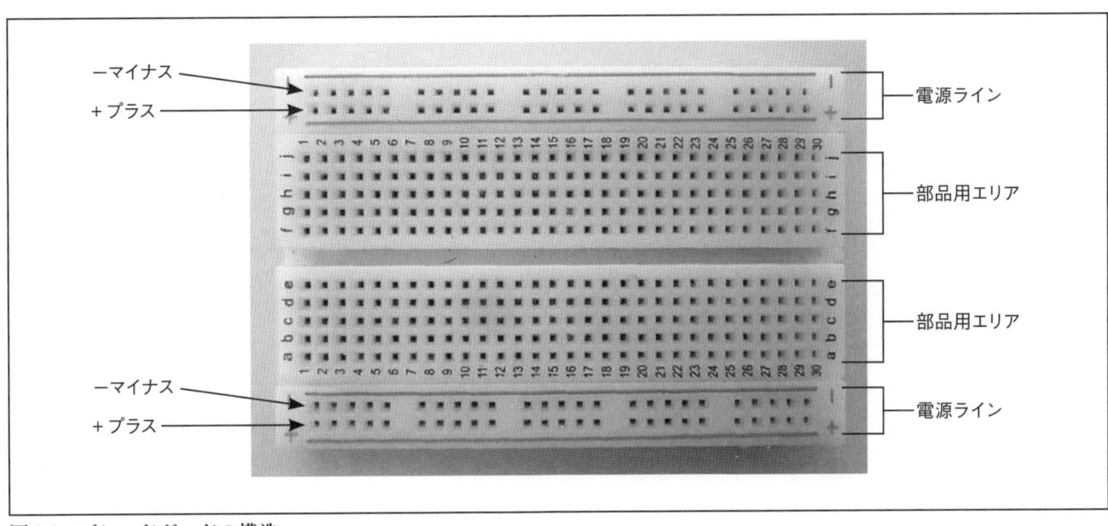

図1.4　ブレッドボードの構造

ブレッドボードの構造は、真ん中横方向に溝が走り、上半分と下半分が分かれています。部品用エリアはa、b、c、d、eおよびf、g、h、i、jの縦方向に穴が5個あり、それぞれ内部で電気的に縦につながっています。横方向にはつながっていません。

また、上と下にある電源ラインは赤がプラスで青がマイナスです。それぞれ内部で横方向につながっています。ブレッドボードによっては、電源ラインは下のみのものや、赤がプラス、黒がマイナス、そして縦方向の穴は上半分と下半分でそれぞれ6個のものもあります。

ブレッドボードの中に作られている電気の通り道を図に表すと、次のようになっています。

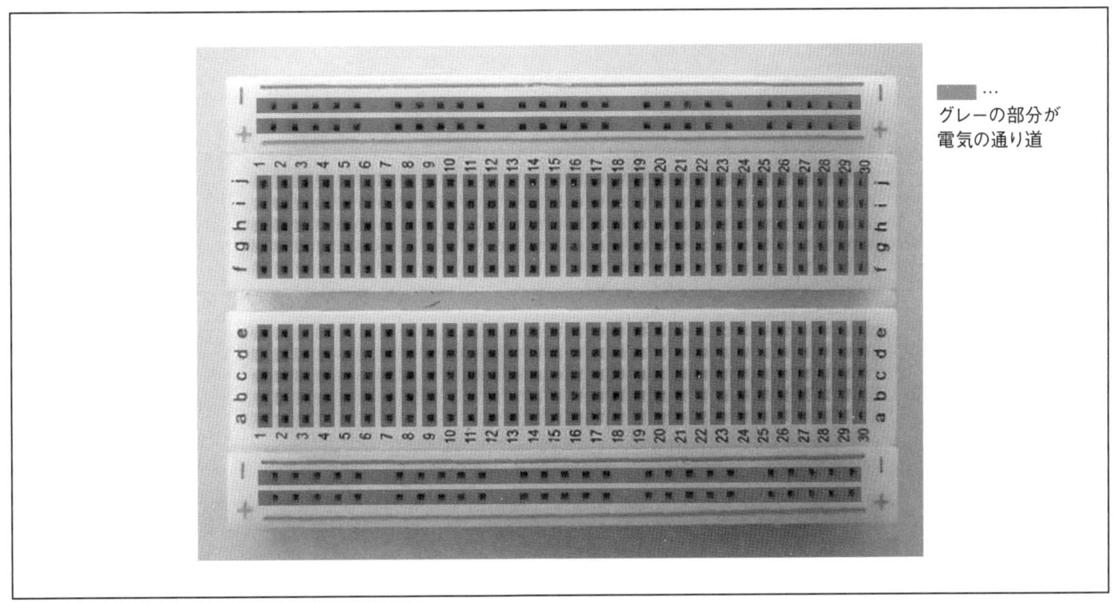

図1.5　ブレッドボードの電気の通り道

図1.6は、「ジャンパー線」です。ブレッドボードの上に回路を作るためにはジャンパー線を使います。

▼部品と部品をつなぐ

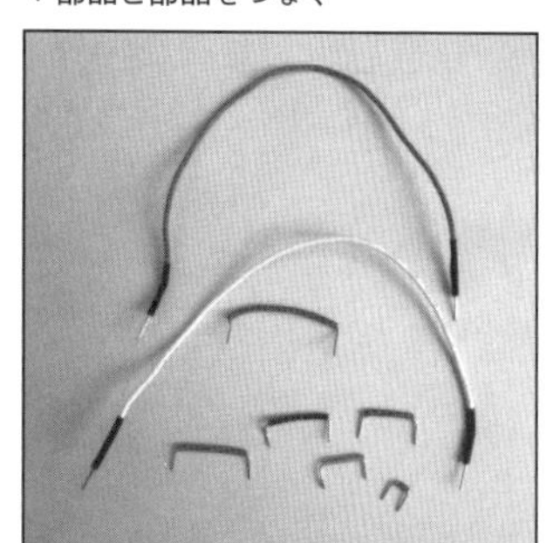

▼ Raspbetty Pi と部品をつなぐ

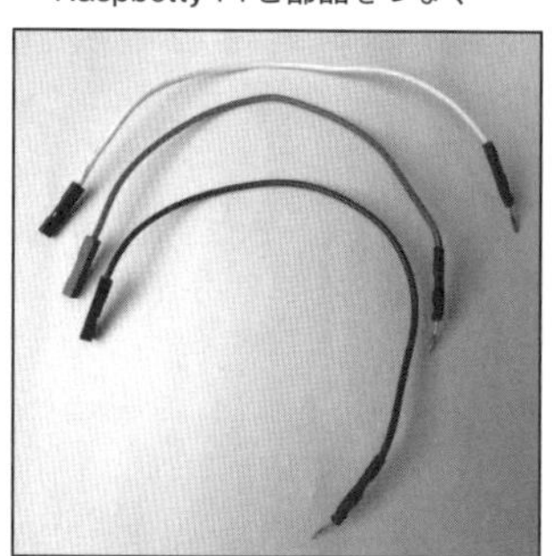

▼協和ハーモネット製　秋月電子「ビニル電線」で検索

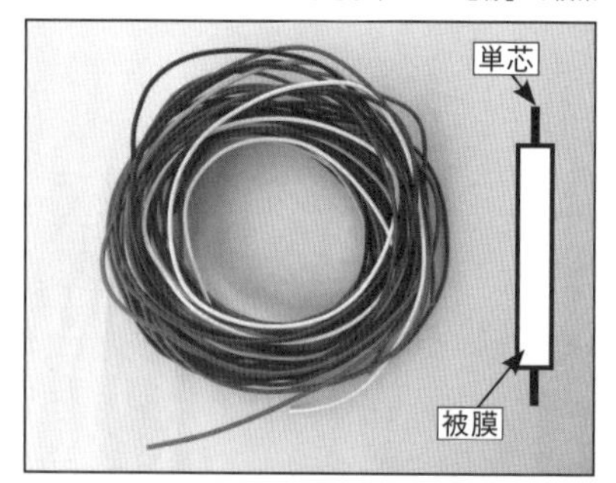

ジャンパー線はいろいろあります。協和ハーモネットの耐熱通信機器用ビニル電線2m × 10色 導体径0.65㎜ 単芯は、お勧めです。長さを自由に作ることができ、径0.65㎜はブレッドボードの穴に一番フィットします。欠点は電線の被膜をむく作業があります。慣れてくると、ラジオペンチとニッパで簡単に電線の被膜をむくことができます。

図1.6　ジャンパー線

◆ 電池ボックス

LEDを点灯させるには乾電池が必要です。乾電池の入れ物が電池ボックスで、図1.7は単三形乾電池を3本使う電池ボックスです。図1.7は、「端子Bスナタイプ」といって、電池スナップを使うものですが、はじめからリード線が付いている「端子リード線仕上げ」という電池ボックスもあります。どちらもミノムシクリップをリード線にはんだ付けする必要があります。

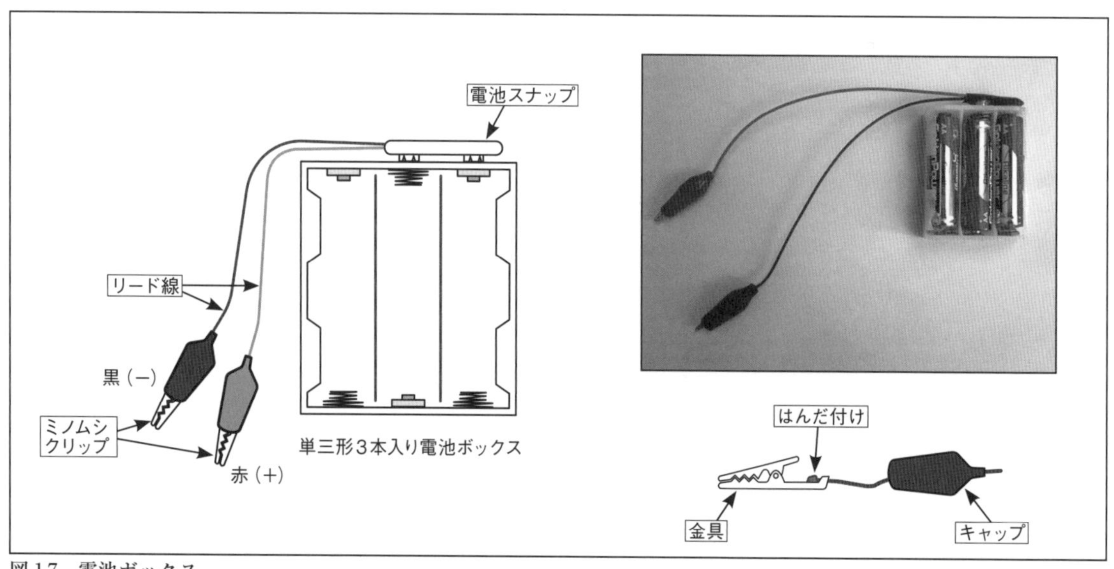

図1.7　電池ボックス

◆ LED点灯回路の実験

図1.8は、「LED点灯回路」です。図(a)において、押しボタンスイッチPBSを押すと、2つの赤色LEDに電流が流れ、2つの赤色LEDは点灯します。緑色LEDは点灯しません。

電流は電池のプラス極から出発し、赤色LEDと抵抗の中を流れ、電池のマイナス極にもどってきます。赤色LEDには、順方向といってアノードAからカソードKの方向に電流が流れ、緑色LEDは逆方向なので電流は流れません。

電池の4.5V（ボルト）は電流を流す力で電圧といいます。このとき、2つのLEDはどちらが明るく光りますか。LED_1とつながっている抵抗は390Ω（オーム）で、LED_2とつながっている抵抗は1kΩ（1000Ω）です。抵抗の値が大きくなると電流の流れがいっそう抑えられ、LED_2はLED_1よりも暗く光ります。

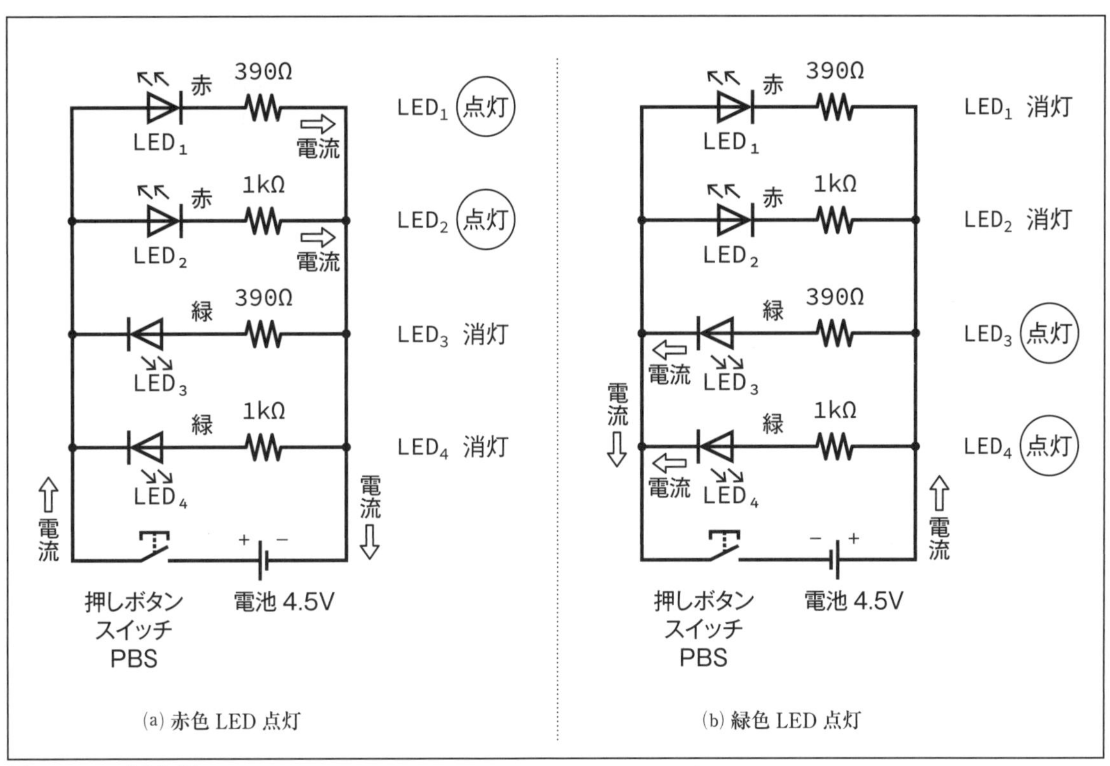

図1.8　LED点灯回路

図(b)は、電池4.5Vの＋－の向きを逆にします。押しボタンスイッチPBSを押すと、2つの緑色LEDに電流が流れ、2つの緑色LEDは点灯します。赤色LEDは点灯しません。緑色LEDは電流が流れる順方向で、赤色LEDは電流が流れない逆方向になるからです。赤色LEDと同様に抵抗の大きいLED_4がLED_3よりも暗く光ります。

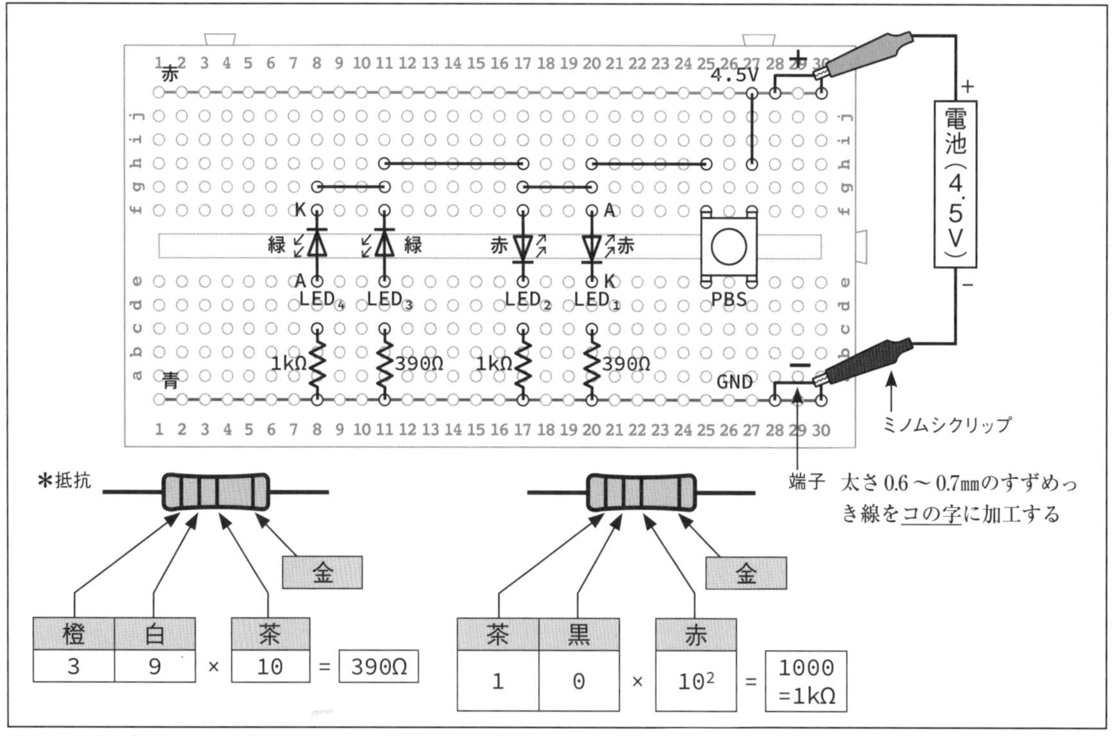

図 1.9　LED 点灯回路の実体配線図

図 1.9 は、LED 点灯回路の実体配線図です。図 1.9 の実体配線図だけを見ながら配線をするのではなく、図 1.8 の回路を確認しながら回路を組むと理解が深まります。

1.2 Raspberry Pi による LED 点灯回路

図 1.10 は、Raspberry Pi の GPIO ピンに対応した「GPIO 端子テンプレート」を挟んでいます。図 1.11 は、GPIO 端子テンプレートです。GPIO 端子テンプレートを利用することによって、Raspberry Pi の回路図と実体配線図が分かりやすくなります。実際の配線は、ジャンパー線を GPIO 端子テンプレートのポート番号ピンに差し込みます。

図 1.10 Raspberry Pi に GPIO 端子テンプレートを挟む

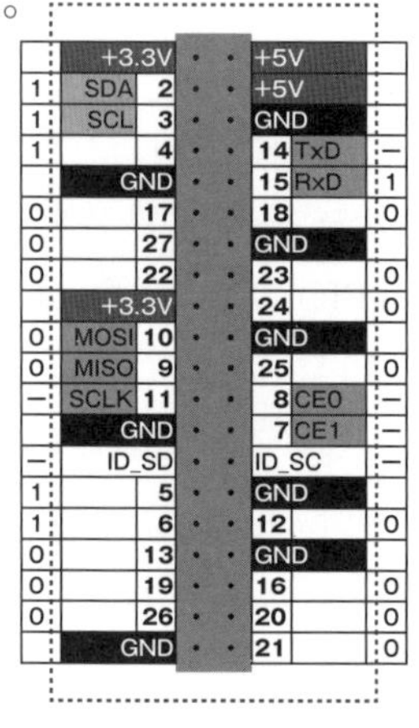

図 1.11 GPIO 端子テンプレート（実物大）

◆ プルアップ抵抗とプルダウン抵抗

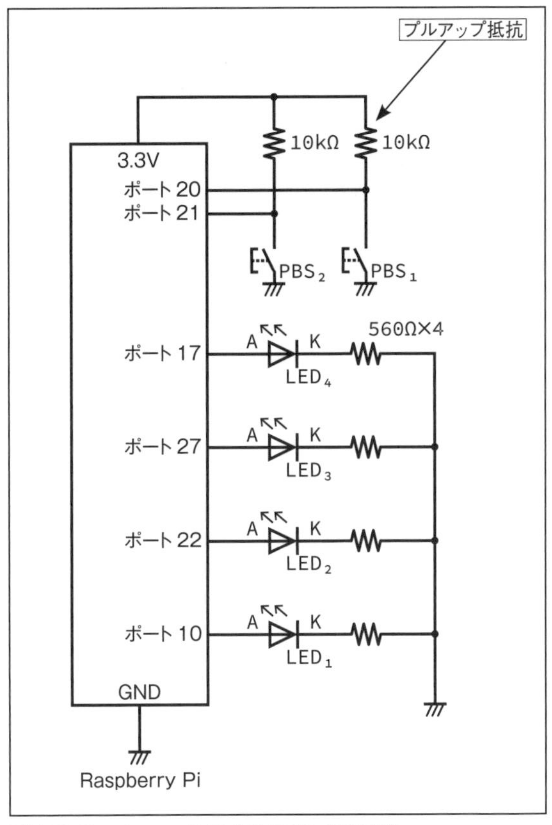

図 1.12　Raspberry Pi による LED 点灯回路

推定値	初期状態※		GPIOポート番号	端子番号		GPIOポート番号		初期状態※	推定値
		+3.3V		1	2	+5V			
1.8kΩ	1	SDA	2	3	4	+5V			
1.8kΩ	1	SCL	3	5	6	GND			
50kΩ	1		4	7	8	14	T×D	–	
		GND		9	10	15	R×D	1	50kΩ
48kΩ	0		17	11	12	18		0	48kΩ
48kΩ	0		27	13	14	GND			
48kΩ	0		22	15	16	23		0	48kΩ
		+3.3V		17	18	24		0	48kΩ
48kΩ	0	MOSI	10	19	20	GND			
48kΩ	0	MISO	9	21	22	25		0	48kΩ
	–	SCLK	11	23	24	8	CE0	–	
		GND		25	26	7	CE1	–	
	–	ID_SD		27	28	ID_SC		–	
50kΩ	1		5	29	30	GND			
50kΩ	1		6	31	32	12		0	48kΩ
48kΩ	0		13	33	34	GND			
48kΩ	0		19	35	36	16		0	48kΩ
48kΩ	0		26	37	38	20		0	48kΩ
		GND		39	40	21		0	48kΩ

図 1.13　GPIO のピン配置
※初期状態（デフォルト）では
　1：プルアップ抵抗　有効
　0：プルダウン抵抗　有効

図1.12は、Raspberry PiによるLED点灯回路で、図1.13にRaspberry Piのピン配置を示します。「GPIO（General Purpose Input/Output）」は、電子回路を制御する汎用入出力端子のことです。図 1.13 の GPIO ポート番号を、図 1.12 ではポート 20、ポート 21 などのように示しています。

○ GPIO ピン 1 本あたりの最大電流は 16mA です。
○複数本の GPIO ピンを使う場合、合計最大電流は 50mA 未満にします。

図 1.12 において、右側の外付けプルアップ抵抗 10k Ω と押しボタンスイッチ PBS1 はつながり、その PBS1 側からポート 20 に線が伸びています。ここでは、外付けプルアップ抵抗を使いますが、Raspberry Pi の GPIO の各ピンには一部を除き、プルアップ抵抗とプルダウン抵抗が内蔵されています。　図 1.13 において、[初期状態※] に示すように、GPIO の多くのピンは初期状態（デフォルト）で「1：プルアップ抵抗有効」、「0：プルダウン抵抗有効」になっています。SDA（ポート 2）と SCL（ポート 3）には、基板回路上で約 1.8k Ω のプルアップ抵抗があります。

図の左端と右端に、Raspberry Pi 4 における、推定することができたプルアップ抵抗とプルダウン抵抗の値を記します。

いま、ポート20の内蔵プルダウン抵抗が無効の場合、外付けプルアップ抵抗の働きを図1.14で説明します。

PBS_1がOFFの場合、ポート20は、外付けプルアップ抵抗を通して3.3Vにつながるので、電圧は3.3Vです。これをプログラムでは「HIGH」で表します。PBS_1がONの場合、ポート20は、PBS_1を通してGND（0V）につながるので、電圧は0Vです。これをプログラムでは「LOW」で表します。

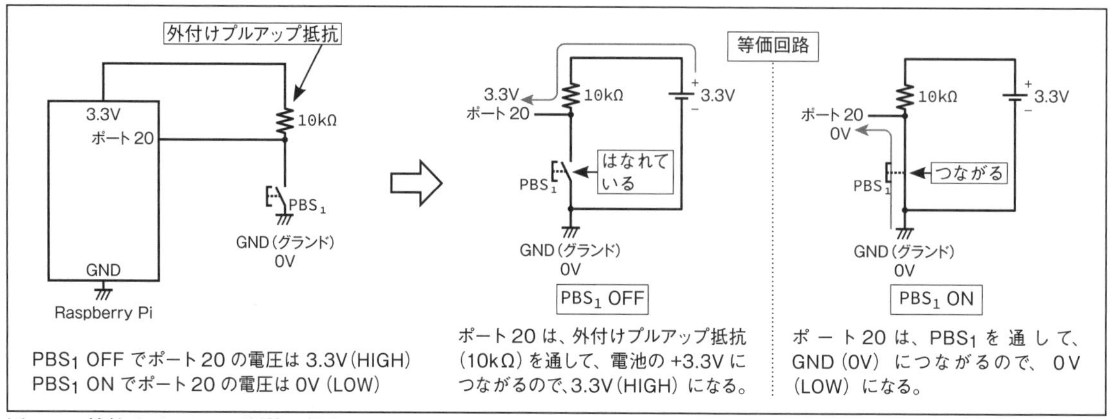

図1.14　外付けプルアップ抵抗の働き

同様にして、図1.15に外付けプルダウン抵抗の働きを示します。

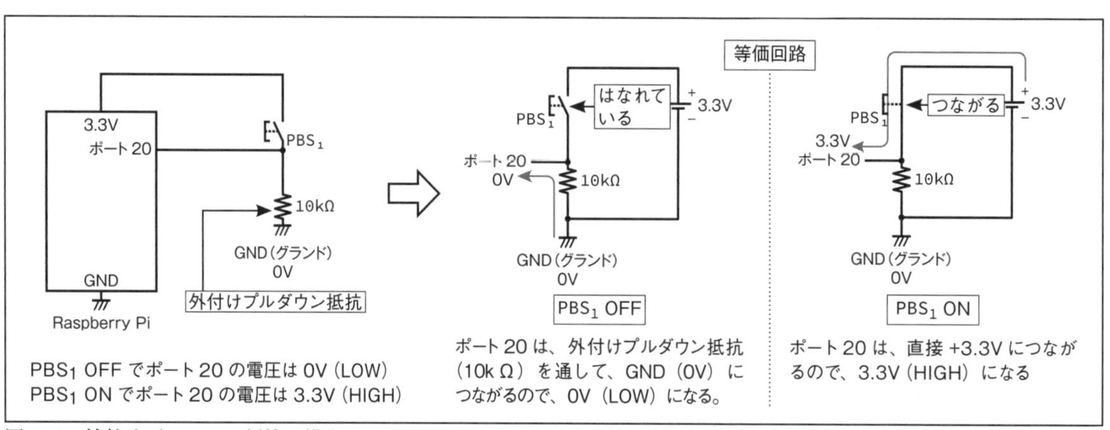

図1.15　外付けプルダウン抵抗の働き

初期状態（デフォルト）で、GPIOの多くのピンは内蔵プルアップ抵抗有効またはプルダウン抵抗有効になっていますが、内蔵プルアップ抵抗やプルダウン抵抗を有効にしたり、無効にさせたりすることができます。Pythonのプログラムで切り替えます。

図1.12のポート20の場合、

```
import wiringpi as pi
pi.wiringPiSetupGpio ()            #GPIOの初期化
pi.pinMode (20,pi.INPUT)           #ポート20を入力モードに設定
```

このように、GPIOの初期化や使うポートの入出力モードの設定を先にします。次に、

```
#プルアップ抵抗を有効にする
    pi.pullUpDnControl (20,pi.PUD_UP)
#プルダウン抵抗を有効にする
    pi.pullUpDnControl (20,pi.PUD_DOWN)
#プルアップ抵抗とプルダウン抵抗を無効にする
    pi.pullUpDnControl (20,pi.PUD_OFF)
```

のように切り替えることができます。

なお、ポート2とポート3は、プルアップ抵抗有効のみで、約1.8kΩに固定されています。

図1.16は、図1.12において、内蔵プルダウン抵抗がある場合のポート20の電圧です。初期状態（デフォルト）で、ポート20やポート21などには、実測によると約48kΩの内蔵プルダウン抵抗があります。

PBS_1がOFFの場合、等価回路において、分圧の計算からポート20の電圧Vpを求めます。計算結果はVp = 2.73Vで、2.73Vは「HIGH」になります。

PBS_1がONの場合、ポート20は、PBS_1を通してGND（0V）につながるので、ポート20の電圧Vpは0V（LOW）になります。

本書では、図1.16のように、内蔵プルダウン抵抗があるポートに、外付けプルアップ抵抗と押しボタンスイッチを付けた回路を使います。これは、視覚的に、押しボタンスイッチの働きを分かりやすくするためです。

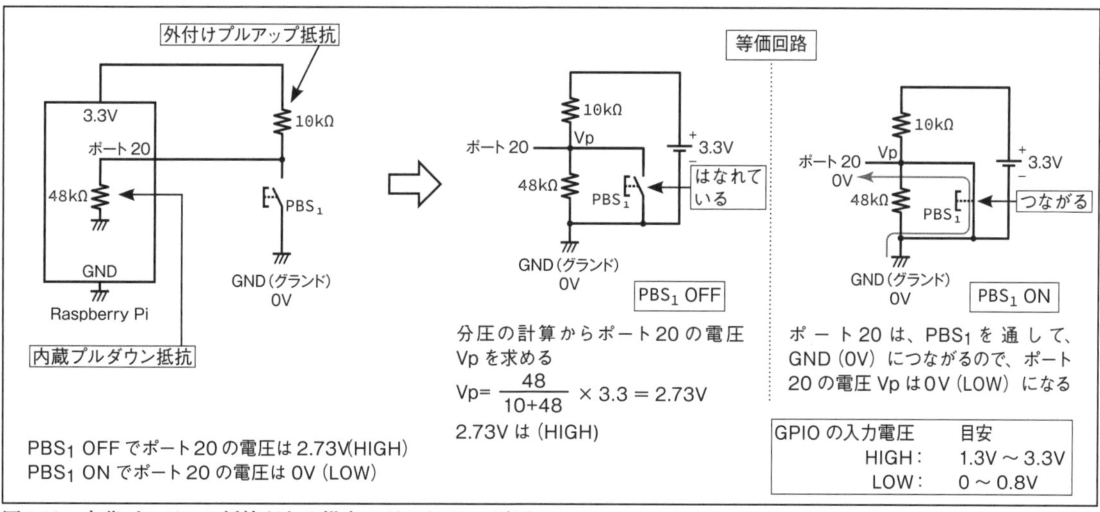

図1.16　内蔵プルダウン抵抗がある場合のポート20の電圧

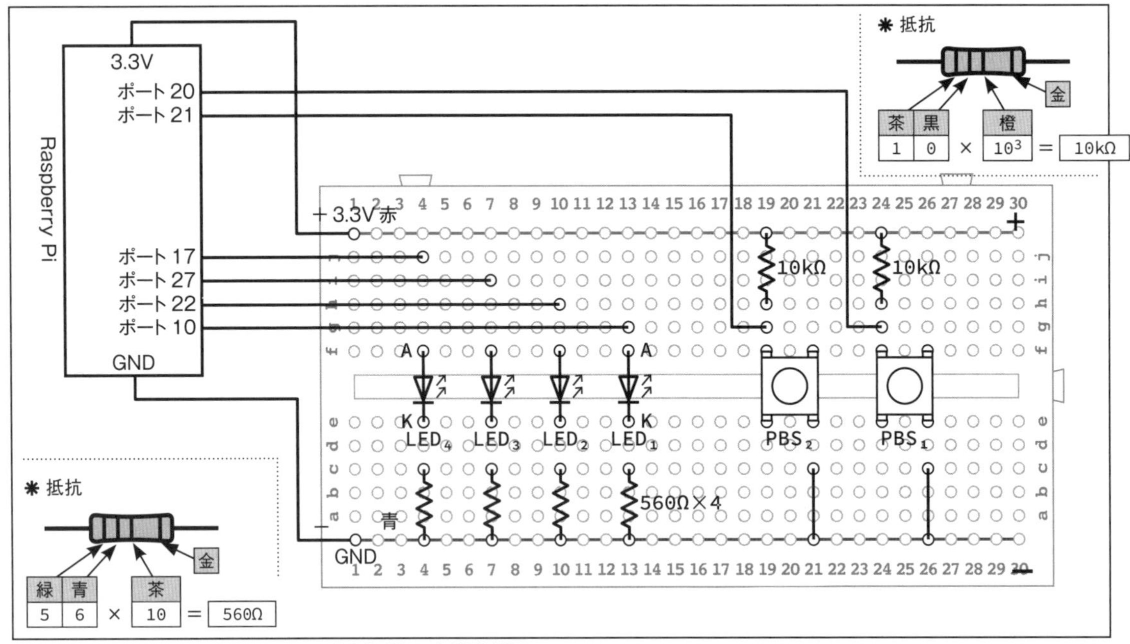

図 1.17　Raspberry Pi による LED 点灯回路の実体配線図

図 1.17 は、図 1.12 の Raspberry Pi による LED 点灯回路の実体配線図です。

1.3 プログラムの作成

図 1.12 の Raspberry Pi による LED 点灯回路と図 1.17 の実体配線図を使って、次のような 3 つのプログラムを作ります。

(a) LED の点滅

(b) LED の左点灯移動

(c) LED の明るさを徐々に変化させる

◆ (a) LED の点滅

押しボタンスイッチ PBS_1 を押すと、LED_1 と LED_2 は点灯します。PBS_2 を押すと、LED_1 と LED_2 は消灯し、LED_3 と LED_4 は点灯します。

プログラム(a) LED の点滅　　1-1.py

```
import wiringpi as pi          wiringpi のライブラリを読み込み、wiringpi を pi に置き換える 1
import time                    time のライブラリを読み込む 2

pi.wiringPiSetupGpio()         GPIO の初期化。GPIO とは汎用入出力のこと 3
```

```
pi.pinMode(20,pi.INPUT)            ポート20 ┐を入力モードに設定4
pi.pinMode(21,pi.INPUT)            ポート21 ┘

pi.pinMode(10,pi.OUTPUT)           ポート10 ┐
pi.pinMode(22,pi.OUTPUT)           ポート22 │を出力モードに設定5
pi.pinMode(27,pi.OUTPUT)           ポート27 │
pi.pinMode(17,pi.OUTPUT)           ポート17 ┘

pi.digitalWrite(10,pi.LOW)         ポート10 ┐
pi.digitalWrite(22,pi.LOW)         ポート22 │にLOWを出力6
pi.digitalWrite(27,pi.LOW)         ポート27 │
pi.digitalWrite(17,pi.LOW)         ポート17 ┘

while True:                                   繰り返しのループ7
    if (pi.digitalRead(20)==pi.LOW):          if文。PBS1 ON。ポート20の状態を読み取り、その値が
                                              LOW (0) ならば次へ行く8
        pi.digitalWrite(10,pi.HIGH)           ポート10 ┐にHIGHを出力。LED1とLED2は点灯9
        pi.digitalWrite(22,pi.HIGH)           ポート22 ┘
        pi.digitalWrite(27,pi.LOW)            ポート27 ┐にLOWを出力。LED3とLED4は消灯
        pi.digitalWrite(17,pi.LOW)            ポート17 ┘
        time.sleep(0.1)                       タイマ (0.1秒) 10

    if (pi.digitalRead(21)==pi.LOW):          if文。PBS2 ON。ポート21の状態を読み取り、その値が
                                              LOW (0) ならば次へ行く
        pi.digitalWrite(10,pi.LOW)            ポート10 ┐にLOWを出力。LED1とLED2は消灯
        pi.digitalWrite(22,pi.LOW)            ポート22 ┘
        pi.digitalWrite(27,pi.HIGH)           ポート27 ┐にHIGHを出力。LED3とLED4は点灯
        pi.digitalWrite(17,pi.HIGH)           ポート17 ┘
        time.sleep(0.1)                       タイマ (0.1秒)
```

GPIOの制御ライブラリには、主にPythonによる「WiringPi」と「RPi.GPIO」が使われます。本書では、通信規格でもあるI2CやSPIにも対応し、ハードウェアPWM制御もできる「WiringPi」を用いてプログラミングをします。

Raspberry Pi OSには、WiringPiが導入されていないので、ここでは、wiringpiをインストールします。LAN接続をし、ターミナル画面で

```
$  sudo pip3 install wiringpi Enter
```

Raspberry Pi 3B、4B用として使えるWirinPi 2.60.0がインストールされます。
ここで、sudoは管理者権限での実行、pip3はPythonのパッケージ管理システムです。

◆プログラムの説明

1 import wiringpi as pi

`import` は、外部のライブラリ（ あらかじめ用意された特定の機能をもったプログラム）をプログラムに取り入れます。ここでは、WringPi という Raspberry Pi の GPIO を制御するためのライブラリ wiringpi を読み込みます。`as` の後の pi は、wiringpi のような長い名前を pi と指定することにより、wiringpi の代わりに使えます。

2 import time

time のライブラリを読み込みます。このことにより、`sleep` を利用することができ、`time.sleep（0.1）` のようにして、0.1 秒のタイマが作れます。

3 pi.wiringPiSetupGpio（）

GPIO の初期化に必要です。ここで、pi は wiringpi の代わりです。

4 pi.pinMode（20,pi.INPUT）

使う GPIO、ここではポート 20 を `pi.INPUT` と指定して、入力モードに設定します。

ポート 20 は、押しボタンスイッチの入力回路につながっているからです。

5 pi.pinMode（10,pi.OUTPUT）

ポート 10 を `pi.OUTPUT` と指定して、出力モードに設定します。

ポート 10 は、LED を点灯させる出力回路につながっているからです。

6 pi.digitalWrite（10,pi.LOW）

`pi.digitalWrite` は、デジタルの出力命令で、ポート 10 に `pi.LOW` で LOW を出力します。

LED_1 は消灯します。

7 while True:

`while` は、繰り返し構文で、ある条件式を与えると、その条件が真の間、処理を繰り返します。

```
while（条件式）:
    繰り返し処理
```

`while True:` または `while（1）:`　ここで、`True` と（1）は条件式で真を表し、どちらも繰り返しのループになります。

8 if（pi.digitalRead（20）==pi.LOW）:

`if` は、条件分岐を行うときに使う if 構文です。

```
if（比較式）:
    比較式が真（True）の場合の処理
```

`pi.digitalRead（20）` でポート 20 のデジタル値、HIGH または LOW を読み込み、その値が pi.LOW ならば、真（True）なので、続く処理を行います。ここでは、押しボタンスイッチ PBS_1 が ON のときです。

9 pi.digitalWrite（10,pi.HIGH）

`pi.digitalWrite` は、デジタルの出力命令で、ポート 10 に `pi.HIGH` で HIGH を出力します。

LED_1 は点灯します。

10 time.sleep（0.1）

0.1秒の時間を待ちます。0.1を10にすれば、10秒のタイマになります。

デスクトップのラズパイ マークから「プログラミング」→「Python3（IDLE）」をクリックします。IDELが起動します。Python Shellのメニューから「File」→「New File」を選択すると、タイトルバーに「Untitled」と記されたエディタが起動します。このエディタにプログラムを記述していきます。

次に、記述したプログラムを保存します。「File」→「Save As」を選択し、出てきたSave Asの画面で、File nameを例えば「1-1.py」とし、「Save」をクリックします。保存先は、[/home/pi]になります。「File」→「Open」を選択すると、[Directory: /home/pi]に「1-1.py」を見つけることができます。

プログラムを実行します。メニューから「Run」>「Run Module」を実行すればプログラムを実行できます。

ターミナルからもプログラムを実行できます。デスクトップが起動したら、アプリケーションメニューから「アクセサリー」>「LXTerminal」をクリックして起動します。

ターミナルで `$ sudo python3 1-1.py` Enter でプログラムの実行です。

◆ (b) LEDの左点灯移動

押しボタンスイッチPBS_1を押すと、4つのLEDは順次左方向へ点灯移動をします。点灯移動は0.2秒間隔で繰り返えされ、PBS_2を少し長押しすると点灯移動は停止します。

プログラム(b) LEDの左点灯移動　　1-2.py

`import wiringpi as pi`	wiringpiのライブラリを読み込み、wiringpiをpiに置き換える
`import time`	timeのライブラリを読み込む
`pi.wiringPiSetupGpio()`	GPIOの初期化
`pi.pinMode(20,0)`	ポート20 ｝を入力モードに設定**1**
`pi.pinMode(21,0)`	ポート21 ｝
`ports=[10,22,27,17]`	portsはリストの変数。4つのデータは出力のポート番号**2**
`for port in ports:`	for文による繰り返しで、変数portには4つのデータが順次入る**3**
`    pi.pinMode(port,1)`	ポート10～ポート17を出力モードに設定**4**
`for port in ports:`	for文による繰り返し
`    pi.digitalWrite(port,0)`	ポート10～ポート17にLOW（0）を出力**5**
`while True:`	繰り返しのループ
`    if (pi.digitalRead(20)==0):`	if文。PBS_1 ON。ポート20の状態を読み取り、その値がLOW（0）ならば次へ行く
`        while(1):`	繰り返しのループ

`for port in ports:`	for 文による繰り返し
`pi.digitalWrite(port,1)`	ポート10〜ポート17にHIGH (1) を出力
`time.sleep(0.2)`	タイマ (0.2秒)
`pi.digitalWrite(port,0)`	ポート10〜ポート17にLOW (0) を出力
`if (pi.digitalRead(21)==0):`	if文。PBS_2 ON。ポート21の状態を読み取り、その値がLOW (0) ならば次へ行く
`break`	braeak文でwhile(1)のループを脱出。点灯移動停止

◆プログラム(b)の説明

1 pi.pinMode（20,0）

ポート20を0と指定して、入力モードに設定します。ここで0はpi.INPUTと同じ働きをしています。

2 ports [10,22,27,17]

ports[10,22,27,17]はリストといい、[ ] 内の複数のデータを1つの変数portsで管理できます。リストに含まれるデータを要素といいます。

3 for port in ports:

繰り返しの範囲を指定するfor構文です。

for構文の書式

```
for  ループ変数  in  範囲
    繰り返す処理
```

ここでは、 for port in ports なので、port: ループ変数、ports: 範囲 です。
リストports[10,22,27,17]の要素10〜17が順次ループ変数portに代入されます。
繰り返す処理は、**4** pi.pinMode（port,1） です。

4 pi.pinMode（port,1）

portには、リストportsの要素10〜17が順次入ります。要素が10であれば
pi.pinMode（10,1）となり、ポート10を1と指定して、出力モードに設定します。
ここで1はpi.OUTPUTと同じ働きをしています。

5 pi.digitalWrite（port,0）

portには、リストportsの要素10〜17が順次入ります。要素が10であれば
pi.digitalWrite（10,0） となり、ポート10を0と指定して、ポート10にpi.LOWでLOWを出力します。ここで0はpi.LOWと同じ働きをしています。LED_1は消灯します。

◆ (c) LEDの明るさを徐々に変化させる

押しボタンスイッチPBS_1を押すと、LED_1とLED_2の明るさは徐々に明るくなって行きます。最大の明るさになると、徐々に暗くなって行きます。これを繰り返します。ここでは、LED_3とLED_4およびPBS_2は使いません。

Raspberry Pi では、アナログ出力は PWM（Pulse Width Modulation: パルス幅変調）で行われます。PWM は、一定の周期で、パルスが HIGH になっている時間と LOW になっている時間を調整して、擬似的なアナログ出力ができます。

プログラム(c) LED の明るさを徐々に変化させる　　1-3.py

```
import wiringpi as pi                  wiringpi のライブラリを読み込み、wiringpi を pi に置き換える
import time                            time のライブラリを読み込む

pi.wiringPiSetupGpio()                 GPIO の初期化
pi.pinMode(20,pi.INPUT)                ポート 20 を入力モードに設定
pi.pinMode(10,pi.OUTPUT)               ポート 10 ┐
pi.pinMode(22,pi.OUTPUT)               ポート 22 ┘を出力モードに設定
pi.digitalWrite(10,pi.LOW)             ポート 10 ┐
pi.digitalWrite(22,pi.LOW)             ポート 22 ┘に LOW を出力。LED1 と LED2 は消灯

pi.softPwmCreate(10,0,100)             ポート 10 を PWM 出力にする。PWM の割合は 0 ～ 100 ❶
pi.softPwmCreate(22,0,100)             ポート 22 を PWM 出力にする。PWM の割合は 0 ～ 100

while True:                            繰り返しのループ
    if(pi.digitalRead(20)==pi.LOW):    if 文。PBS1 ON。ポート 20 の状態を読み取り、その値が
                                       LOW（0）ならば次へ行く
        while(1):                      繰り返しのループ
            a=0                        変数 a に 0 を代入
            while(a < 100):            （a＜100）の間、以下の処理を繰り返す❷
                pi.softPwmWrite(10,a)  ポート 10 から PWM 出力❸
                pi.softPwmWrite(22,a)  ポート 22 から PWM 出力
                time.sleep(0.05)       タイマ（0.05 秒）
                a=a+1                  a+1 の値を a に代入。a のインクリメント（+1）

            while(a > 0):              （a＞0）の間、以下の処理を繰り返す
                pi.softPwmWrite(10,a)  ポート 10 から PWM 出力
                pi.softPwmWrite(22,a)  ポート 22 から PWM 出力
                time.sleep(0.05)       タイマ（0.05 秒）
                a=a-1                  a－1 の値を a に代入。a のデクリメント（－1）
```

◆ **プログラム(c)の説明**

❶ pi.softPwmCreate（10,0,100）

使用するポートから PWM 出力ができるように、`pi.softPwmCreate()` で設定します。() の中の 10 はポート 10 のことで、[0,100] は 0 から 100 の範囲で PWM の割合を決められます。このような PWM をソフトウェア PWM といいます。多くの GPIO で出力できますが、パルスの周期やパルス幅が微妙に変化することがあります。これに対し、第 7 章で使われる精度の高いハードウェア PWM もあります。

2 while（a < 100）:

while は、繰り返しの構文で、（a < 100）という条件式が真の間、while（a < 100）: に続く処理を繰り返します。

3 pi.softPwmWrite（10,a）

pi.softPwmWrite( ) で PWM 出力が指定されます。ポート 10 から**1**で指定した数値の範囲で HIGH と LOW を切り替え、一定の周期でパルスが出力されます。プログラムによって、a の値は大きくなり、例えば a が 25 ならば、HIGH が 25%、LOW が 75%の割合でパルスが出力されます。a が 50 であれば、HIGH が 50%、LOW が 50%の割合でパルスが出力されます。

オシロスコープで観測した概略 PWM 波形を図 1.18 に示します。パルスのデューティ比とは、パルスの周期 T に対する HIGH になっている時間 T_H の割合です。

デューティ比が大きくなるに従い、LED は明るく光るようになります。

周期 T=5ms、周波数 f=200Hz にするには、次のようにします。

1で述べた pi.softPwmCreate（10,0,100）、pi.softPwmCreate(22,0,100) の 100 を、ポート 10、ポート 22 ともに 50 にします。そして**2**の while(a < 100): の 100 を 50 にします。

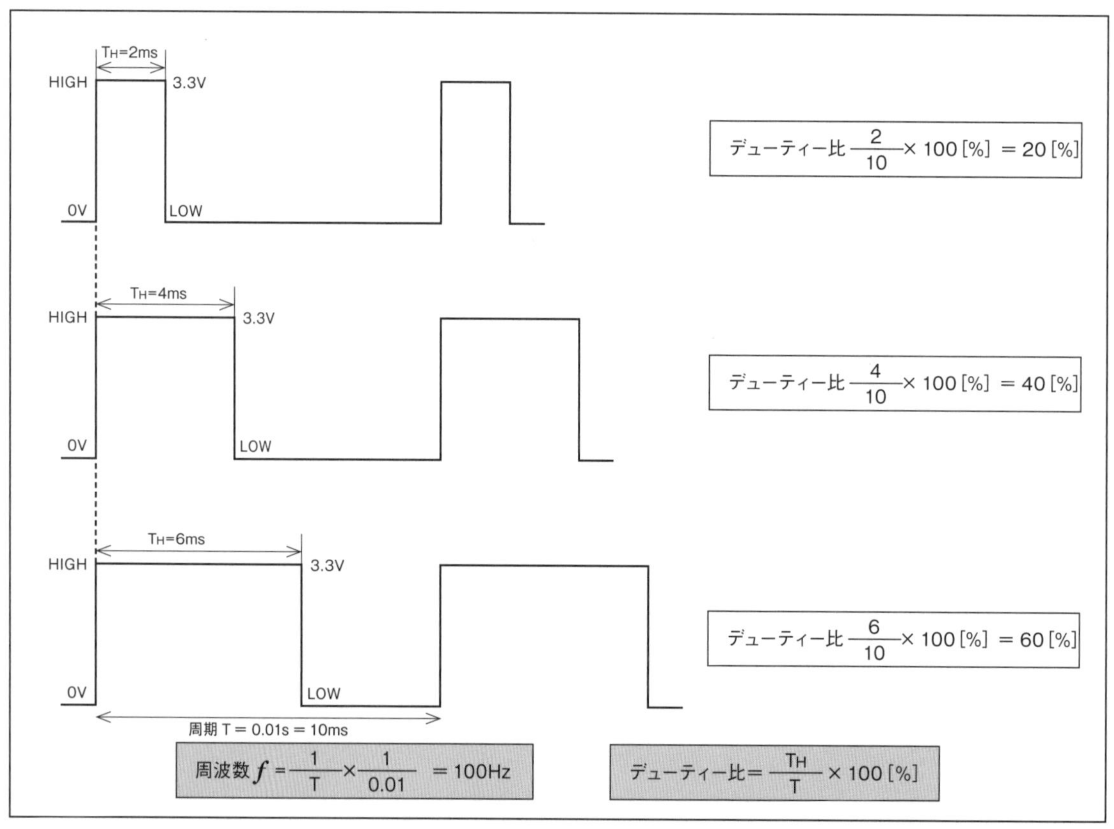

図 1.18　PWM 波形

第2章
トランジスタを使った回路

2.1 トランジスタを使ってみよう

図2.1はトランジスタの回路です。図2.2にトランジスタの見た目を示します。よく使われるトランジスタは「NPN形」で、「N形」、「P形」、「N形」の順に並んだ半導体でできています。「コレクタ（C）」、「ベース（B）」、「エミッタ（E）」という3つの電極があります。

このようなトランジスタは、電流を形成するキャリアが正の正孔（ホール）と負の自由電子から成るため、バイポーラトランジスタ とも呼ばれます。

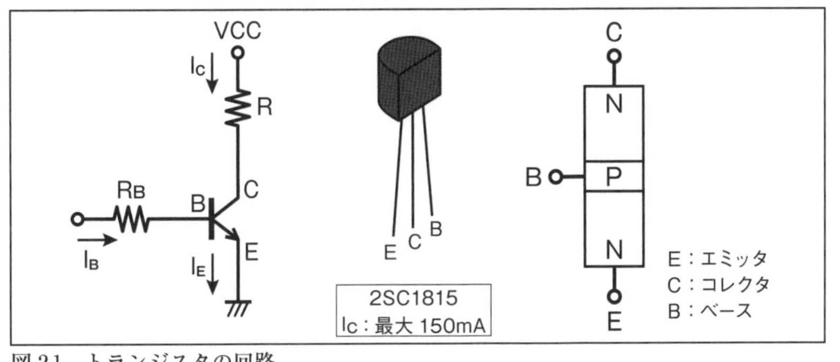

図2.1　トランジスタの回路

図2.2　トランジスタの見た目

図2.1において、トランジスタの動作を見てみましょう。

① ベース（B）からエミッタ（E）に向かって、小さなベース電流（I_B）がベース（B）に流れます。抵抗R_Bはベース抵抗といい、I_Bが流れすぎないようにしています。

② I_Bが流れると大きなコレクタ電流（I_C）が負荷抵抗Rとコレクタ（C）に流れます。小さなI_Bによって、大きなI_Cが流れるので電流増幅作用といいます。

③ I_Bの値に対して何倍のI_Cが流れるかという比率を直流電流増幅率h_{FE}といいます。
$h_{FE}= I_C / I_B$　　　$I_C= h_{FE} \times I_B$

④ I_BとI_Cは一緒になってエミッタ電流（I_E）になり、エミッタ（E）に流れます。
式にすると、$I_B+I_C= I_E$です。

⑤ 例えば、I_B=1mA（ミリアンペア）、I_C=29mAとすると、I_E=1+29=30mAになります。
$h_{FE}= I_C / I_B = 29 / 1= 29$ 。I_Bの29倍のコレクタ電流が流れます。

I_Bは［mA］と［μA］（マイクロアンペア）の単位が使われます。

◆ 実験　トランジスタの直流電流増幅率 h_{FE} の測定

図 2.3 は、トランジスタの直流電流増幅率 h_{FE} の測定です。その実体配線図を図 2.4 に示します。2 種類のトランジスタ 2SC1815GR と 2SC2002 を一例として使います。

① 2SC1815GR を、図 2.3 の回路図に従って、図 2.4 の実体配線図のように接続します。

② 電源電圧 V_{CC}=6V 一定とし、可変抵抗器(半固定)VR 10kΩ を左回しいっぱいから、徐々に右方向に回していき、そのときのベース電流 I_B とコレクタ電流 I_C を、直流電流計で測定します。直流電流計はテスタで代用します。トランジスタの特性により、B-E 間の電圧 V_{BE} が約 0.6V 以上になると I_B は流れるようになります。

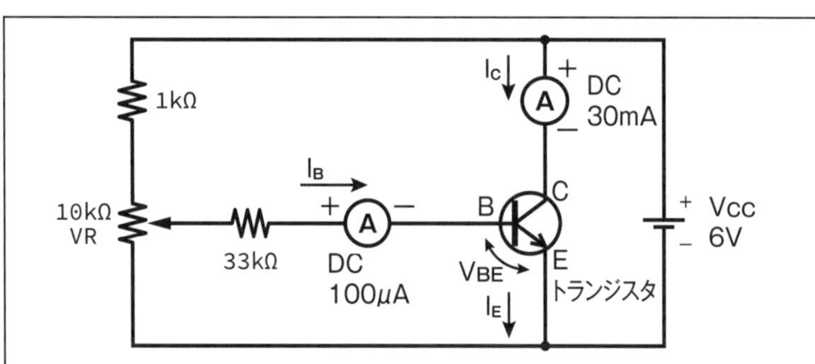

図 2.3 トランジスタの直流電流増幅率 h_{FE} の測定

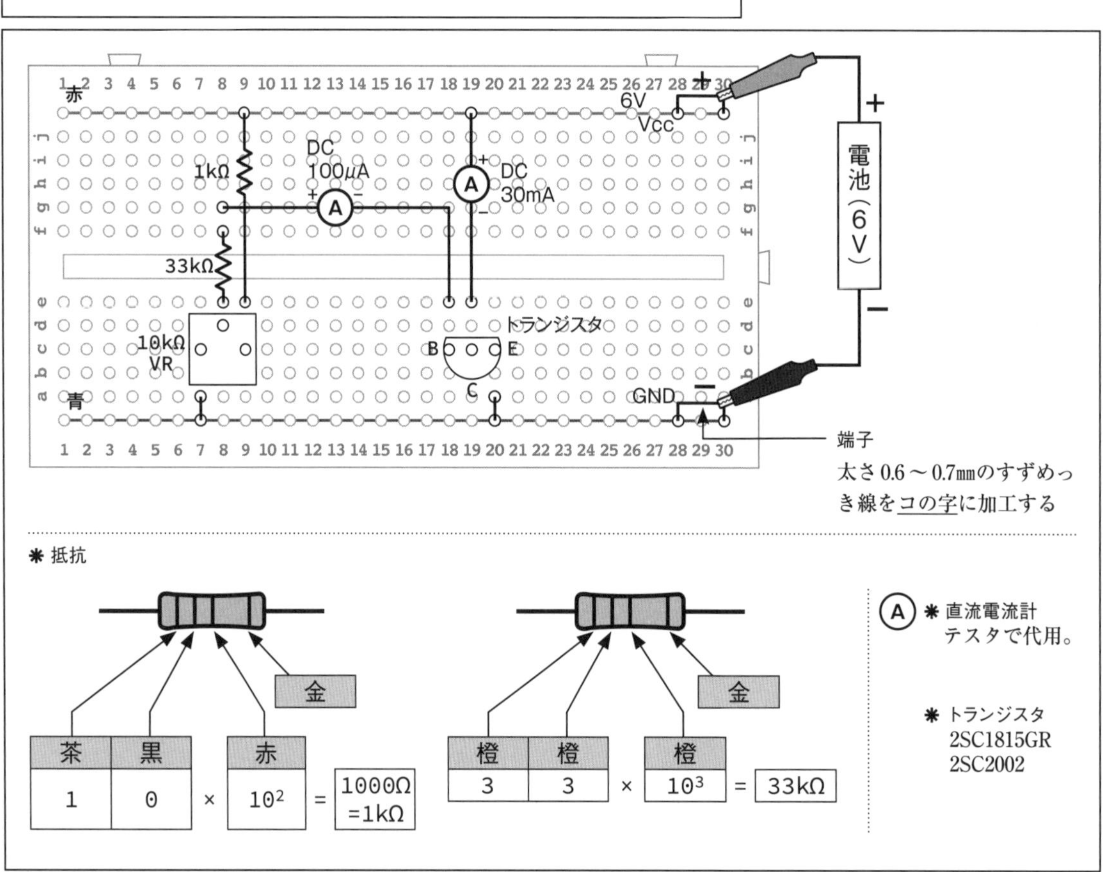

図 2.4 h_{FE} 測定回路の実体配線図

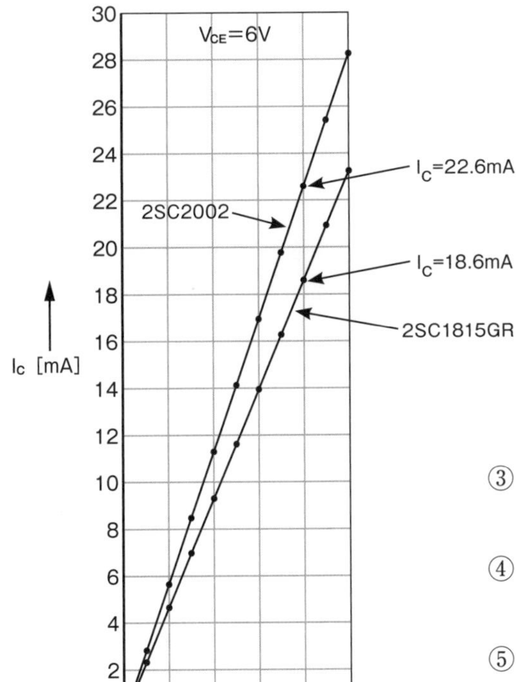

図2.5 $I_C - I_B$ 特性

◆2SC2002

$$h_{FE} = \frac{I_C}{I_B} \times \frac{22.6 \times 10^{-3}}{80.0 \times 10^{-6}} = 282.5$$

◆2SC1815GR

$$h_{FE} = \frac{I_C}{I_B} \times \frac{18.6 \times 10^{-3}}{80.0 \times 10^{-6}} = 232.5$$

③　トランジスタを2SC2002に取替え、②と同様にI_BとI_Cを測定します。

④　測定結果　$I_C - I_B$特性を、図2.5のように表します。

⑤　$I_C - I_B$特性は、I_Bが大きくなると正比例してI_Cが増大します。この、正比例している部分の値、ここではI_B=80μAから直流電流増幅率h_{FE}を計算します

◆　水位警報器の製作

図2.6は、トランジスタと電子ブザー、赤色LEDなどを使った水位警報器です。バケツのような入れ物に水道の水がたまってくると、2本の電極間にある水に電流が流れ、電子ブザーは鳴り、水が来たことを知らせます。同時に赤色LEDも点灯します。

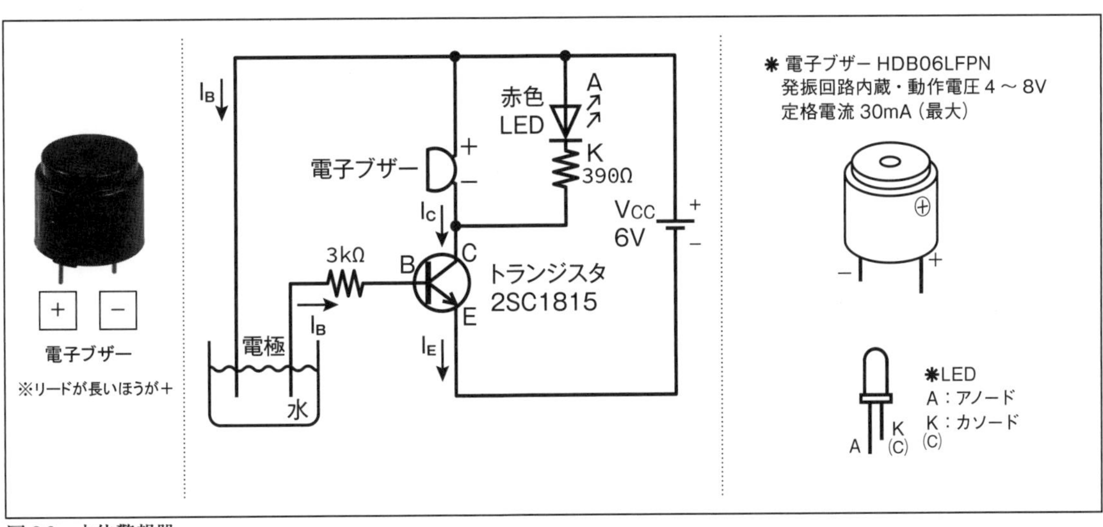

図2.6　水位警報器

図 2.6 において、水位警報器の動作を見てみましょう。

① 入れ物に水がないとき、2 本の電極間には電気を通さない空気があり、トランジスタのベース電流（I_B）は流れません。このため、コレクタ電流（I_C）も流れず、電子ブザーは止み、赤色 LED は消灯です。

② 入れ物に水がたまってくると、2 本の電極間の水の中をベース電流（I_B）が流れ、電流増幅された大きなコレクタ電流（I_C）が電子ブザーと赤色 LED に分かれて流れます。ブザーは鳴り、LED は点灯します。水道水などの水には不純物があり電気を通します。

③ 実測によると、I_B は約 0.3 mA、I_C は約 26mA でした。

$h_{FE}= I_C / I_B = 26 / 0.3 = 86.7$

図 2.7 は、水位警報器の実体配線図です。

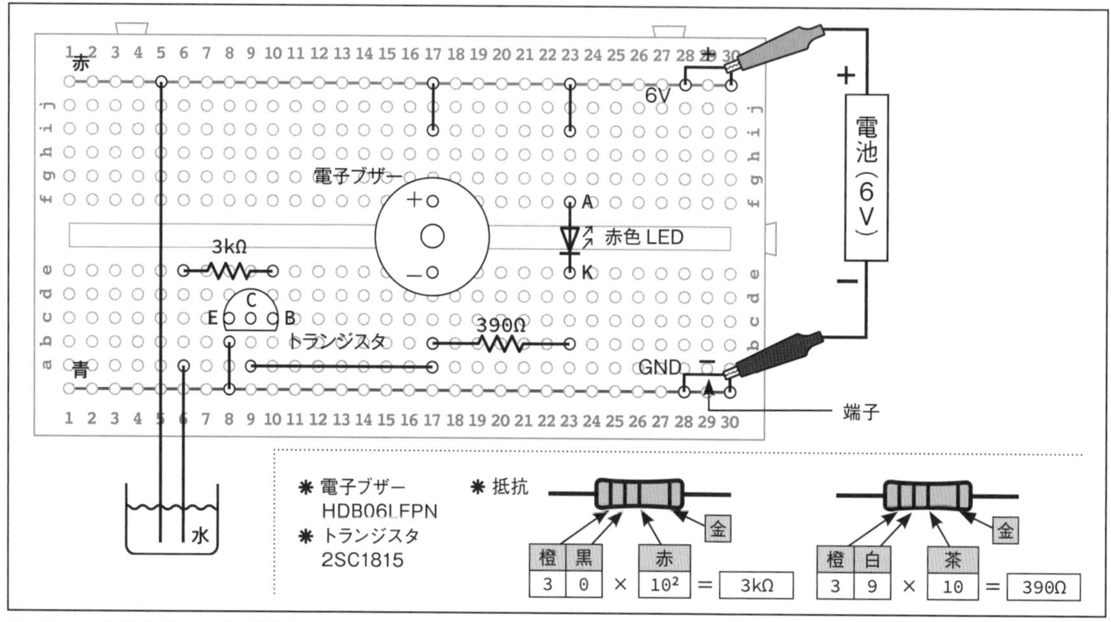

図 2.7　水位警報器の実体配線図

水道水は電気を通すことがわかりました。次に図 2.8 のブザー回路を作ります。図(a)のように、電子ブザーに 6V（ボルト）を加えます。回路に約 20mA の電流が流れ、ブザーは鳴ります。では、図(b)のように 2 本の電極を水の中に入れたらブザーは鳴りますか。

水は電気を通すはずです。

結果はどうでしたか。その理由を考えてみましょう。

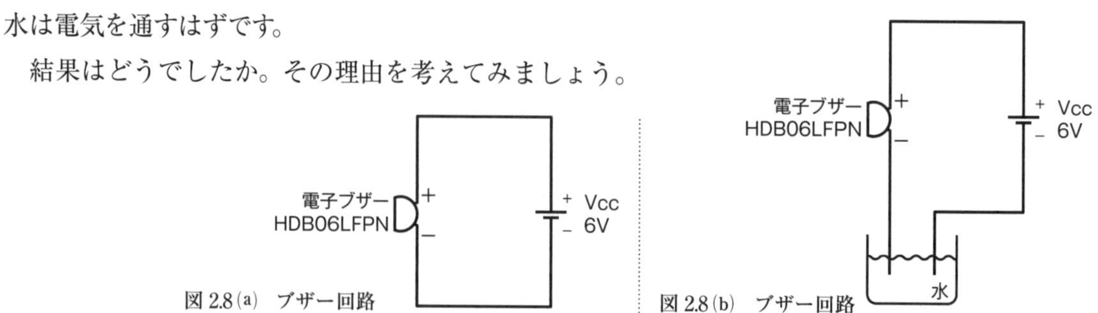

図 2.8(a)　ブザー回路

図 2.8(b)　ブザー回路

2.2 緊急警報回路

図2.9は、高輝度白色LED、トランジスタ、電子ブザーなどを使った緊急警報回路です。
使用例として､浴室の警報装置があります。浴室内に押しボタンスイッチ PBS_1 と PBS_2 を設置し、入浴中に気分が悪くなったとき、あるいは何か手伝って貰いたいときなど、家族を呼ぶために押しボタンスイッチを押します。

すると電子ブザーは鳴り、高輝度白色LEDが点灯します。プログラムによって、電子ブザーと高輝度白色LEDのON－OFFの繰り返しを、1秒間隔で10回にしています。

データシートによると、電子ブザーHDB06LFPNの動作電圧は4～8Vですが、ポート10の出力電圧3.3Vでも使えます。もし、電子ブザーの音が小さいようであれば、ポート22の高輝度白色LED回路のように、トランジスタを使う方法もあります。

この回路の応用例としては、押しボタンスイッチの代わりに各種のセンサを使うことにより、防犯装置や工場などでの危険警報装置になります。

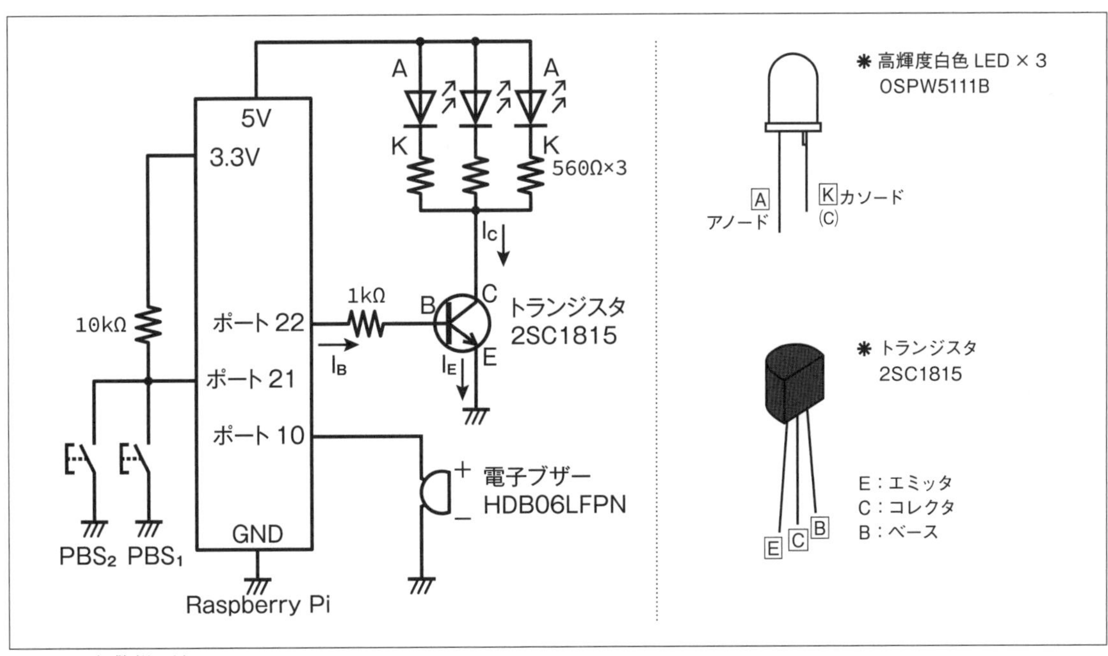

図2.9 緊急警報回路

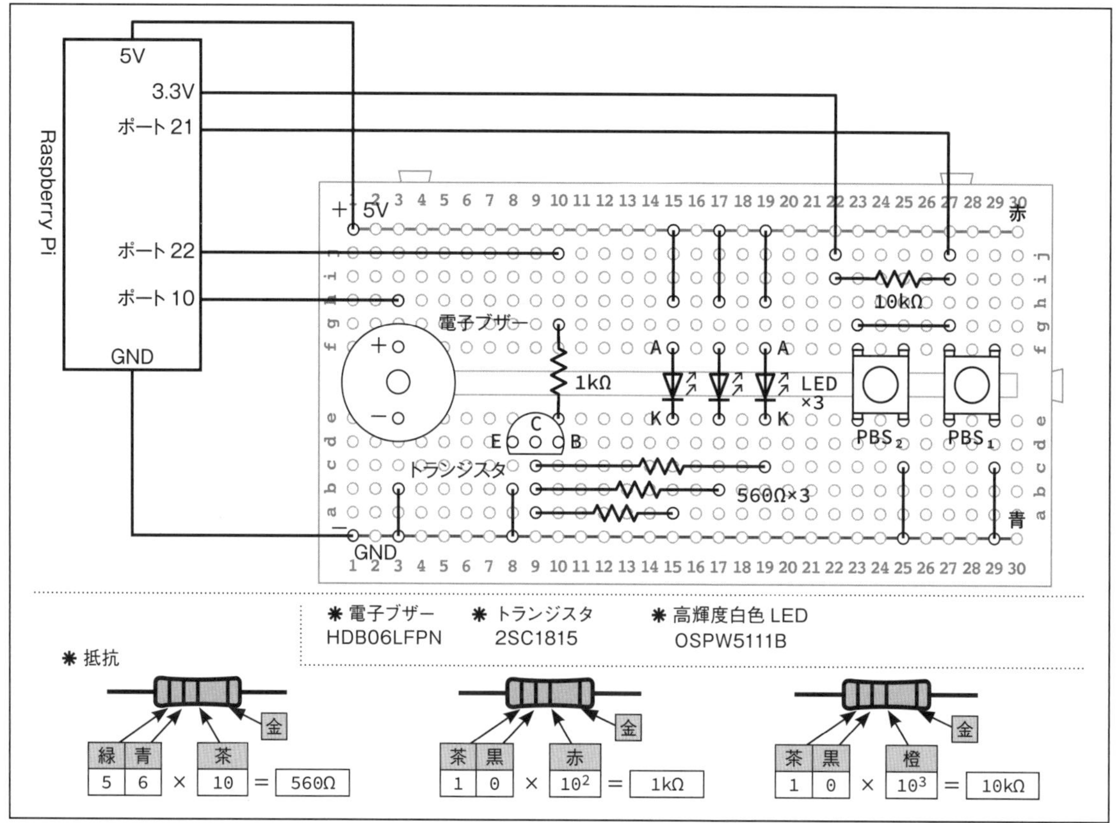

図 2.10　緊急警報回路の実体配線図

図 2.10 に緊急警報回路の実体配線図を示します。

ここで、この回路の動作を見てみましょう。

① 押しボタンスイッチ PBS_1 または PBS_2 を押すと、ポート 21 は“HIGH”から“LOW”になります。この変化をとらえ、ポート 10 とポート 22 に“HIGH”の信号を出します。
“HIGH”の信号は 3.3V（ボルト）の電圧です。

② ポート 10 から電子ブザーに電流が流れ、ブザーは鳴ります。実測によると、約 6mA（ミリアンペア）の電流がブザーに流れます。

③ 同時にポート 22 からトランジスタにベース電流 I_B が流れます。トランジスタの電流増幅作用により、大きなコレクタ電流 I_C が 3 つの高輝度白色 LED からコレクタに流れます。3 つの LED は点灯します。実測によると、約 15mA の電流がコレクタに流れます。この 15mA が 3 つの LED に分かれて流れるので、1 つの LED に流れる電流は 5mA になります。

④ 電子ブザーと高輝度白色 LED の ON − OFF の繰り返しを、1 秒間隔で 10 回にしています。

プログラム1 緊急警報回路　　2-1.py

```
import wiringpi as pi                      wiringpiのライブラリを読み込み、wiringpiをpiに置き換える
import time                                timeのライブラリを読み込む

pi.wiringPiSetupGpio()                     GPIOの初期化。GPIOとは汎用入出力のこと
pi.pinMode (21,pi.INPUT)                   ポート21を入力モードに設定
pi.pinMode (10,pi.OUTPUT)                  ポート10 ┐
pi.pinMode (22,pi.OUTPUT)                  ポート22 ┘を出力モードに設定

while True:                                繰り返しのループ
    if(pi.digitalRead(21)==pi.LOW):        if文。PBS1またはPBS2 ON。ポート21の状態を
                                           読み取り、その値がLOW（0）ならば、次へ行く
        for i in range(10):                for文による繰り返し1
            pi.digitalWrite(10,pi.HIGH)    ポート10にHIGH（1）を出力
            pi.digitalWrite(22,pi.HIGH)    ポート22にHIGH（1）を出力
            time.sleep(1)                  タイマ（1秒）
            pi.digitalWrite(10,pi.LOW)     ポート10にLOW（0）を出力
            pi.digitalWrite(22,pi.LOW)     ポート22にLOW（0）を出力
            time.sleep(1)                  タイマ（1秒）
```

◆　**プログラム1の説明**

1　for i in range（10）：

書式　for構文

　　for　ループ変数　in　範囲：
　　　　　繰り返す処理

iはループ変数で、iでなく他の変数でも構いません。「範囲」の部分にrange（10）と指定すると、10回繰り返し処理を行います。

2.3 曲の演奏

図2.11は、スピーカを利用した曲の演奏回路です。プログラムのリストに入れた曲の周波数データを、順次に出力させることによって、単音で曲を再生することができます。

押しボタンスイッチ PBS_1 を押すと、“ドドソソララソ…”…「きらきら星」という曲が演奏されます。PBS_2 を押すと、救急車のサイレン音のような「ピーポー・ピーポー」という音が5回聞こえます。

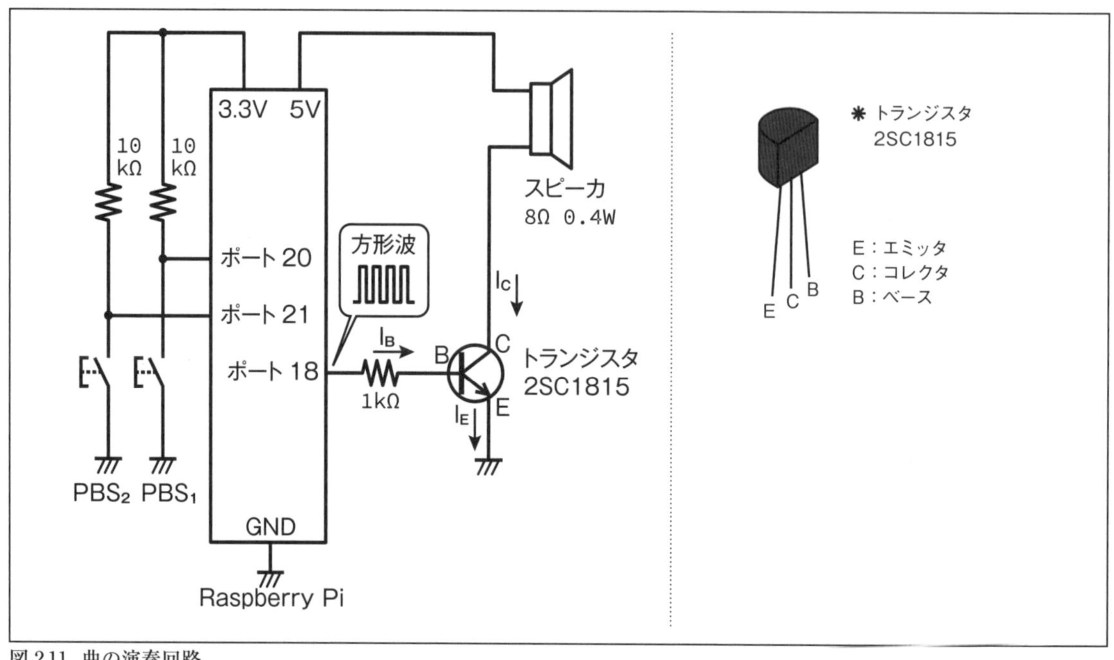

図2.11 曲の演奏回路

プログラムによって、表2.1に示すような周波数の方形波（パルス）を作ります。この指定周波数の方形波によって、トランジスタにベース電流 I_B が流れ、電流増幅された大きなコレクタ電流 I_C がスピーカとトランジスタのコレクタに流れます。$I_B + I_C = I_E$ に従い、エミッタ電流 I_E になります。このため、「きらきら星」のような曲や「ピーポー」のような音がスピーカから出ます。

✱ 表2.1 音階や音の周波数

音階	周波数 (Hz)	周波数データ (Hz)
ド	261.6	262
レ	293.7	294
ミ	329.6	330
ファ	349.2	349
ソ	392.0	392
ラ	440.0	440
シ	493.8	494
ド	523.3	523

音	周波数 (Hz)
ピー	960
ポー	770

図2.12は、曲の演奏回路の実体配線図です。

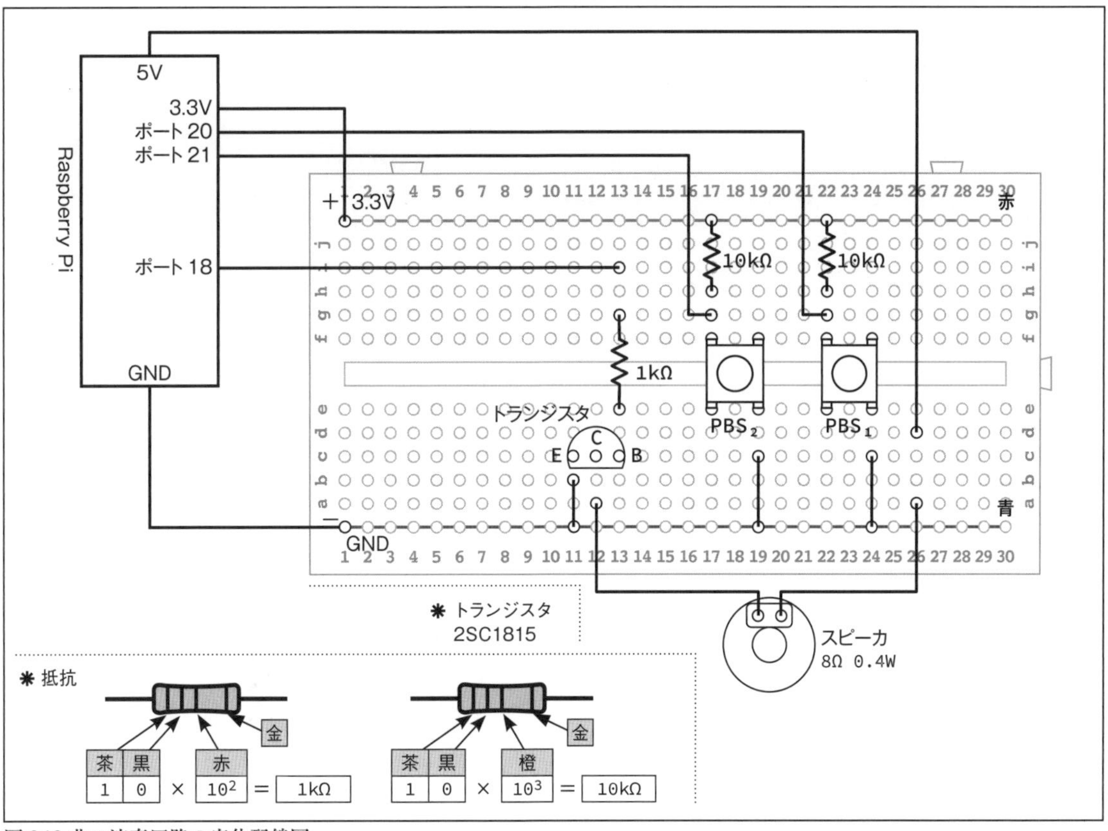

図2.12 曲の演奏回路の実体配線図

プログラム2　曲の演奏　　2-2.py

```
import wiringpi as pi                wiringpiのライブラリを読み込み、wiringpiをpiに置き換える
import time                          timeのライブラリを読み込む

pi.wiringPiSetupGpio()               GPIOの初期化。GPIOとは汎用入出力のこと
pi.pinMode(20,pi.INPUT)              ポート20を入力モードに設定
pi.pinMode(21,pi.INPUT)              ポート21を入力モードに設定
pi.softToneCreate(18)                Software Toneを使用するポート18を指定1

a=262 #ド                            a～gの各変数にド・レ・ミ・ファ・ソ・ラ・シの周波数を代入
b=294 #レ
c=330 #ミ
d=349 #ファ
e=392 #ソ
f=440 #ラ
g=494 #シ
```

```
i=0                                                      iに0を代入

onkai=  [a,a,e,e,f,f,e,i,  d,d,c,c,b,b,a,i,   変数onkaiはリストで曲のデータを入れる。ここ
          e,e,d,d,c,c,b,i,  e,e,d,d,c,c,b,i,   は「きらきら星」
          a,a,e,e,f,f,e,i,  d,d,c,c,b,b,a,i,]

while True:                                       繰り返しのループ
    if (pi.digitalRead(20)==pi.LOW):              if文。PBS1 ON、ポート20の状態を読み取り、その値が
                                                  LOW（0）ならば、次へ行く。
        for tone in onkai:                        for文による繰り返しで、変数toneには、リストonkaiのデー
                                                  タが順次に入る
            pi.softToneWrite(18,tone)             ポート18から順に指定の周波数の方形波を出力❷
            time. sleep(0.4)                      タイマ（0.4秒）
            pi.softToneWrite(18,0)                順次にパルスを停止
            time.sleep(0.1)                       タイマ（0.1秒）

    if (pi.digitalRead(21)==pi.LOW):              PSB2 ON、ポート21がLOW（0）ならば、次へ行く
        for i in range(5):                        for文による5回の繰り返し
            pi.softToneWrite(18,960)              ポート18から周波数960Hzの方形波を出力
            time. sleep(0.8)                      タイマ（0.8秒）
            pi.softToneWrite(18,770)              ポート18から周波数770Hzの方形波を出力
            time.sleep(0.8)                       タイマ（0.8秒）
            pi.softToneWrite(18,0)                方形波を停止
            time.sleep(0.1)                       タイマ（0.1秒）
```

表2.2は、曲データの例です。

✱ 表2.2　曲データの例

◆きらきら星	
ド　ド　ソ　ソ　ラ　ラ　ソ　　ファ ファ　ミ　ミ　レ　レ　ド	きらきらひかる　おそらのほしよ
ソ　ソ　ファ ファ　ミ　ミ　レ　　ソ　ソ　ファ ファ　ミ　ミ　レ	まばたきしては　みんなをみてる
ド　ド　ソ　ソ　ラ　ラ　ソ　　ファ ファ　ミ　ミ　レ　レ　ド	きらきらひかる　おそらのほしよ

◆チューリップ	
ド　レ　ミ　　ド　レ　ミ　　ソ　ミ　レ　ド　レ　ミ　レ	さいた　さいた　チューリップのはなが
ド　レ　ミ　　ド　レ　ミ　　ソ　ミ　レ　ド　レ　ミ　ド	ならんだ　ならんだ　あかしろきいろ
ソ　ソ　ミ　ソ　ラ　ラ　ソ　　ミ　ミ　レ　レ　ド	どのはなみても　きれいだな

◆ぶんぶんぶん	
ソ　ー　ファ　ー　ミ　ー　　レ　ミ　ファ　レ　ド　ー	ぶんぶんぶん　はちがとぶ
ミ　ファ　ソ　ミ　レ　ミ　ファ　レ	おいけのまわりに
ミ　ファ　ソ　ミ　レ　ミ　ファ　レ	のばらがさいたよ
ソ　ー　ファ　ー　ミ　ー　　レ　ミ　ファ　レ　ド　ー	ぶんぶんぶん　はちがとぶ

◆　**プログラム2の説明**

1 pi.softToneCreate（18）

WiringPiは、任意のGPIOからソフトウェアで方形波を出力することができます。

このようなSoftwere Toneを使用するポートを、`pi.softToneCreate(18)`でポート18と指定します。

2 pi.softToneWrite（18,tone）

出力するポート18と周波数、ここではtoneの値を指定して方形波出力を開始します。

`pi.softToneWrite(18,tone)`で作られる方形波は、toneの値が392Hz（ソ）だとすると、図2.13のような方形波になります。方形波のデューティ比は50%です。周波数は、方形波の1秒間あたりの繰り返しの数になります。

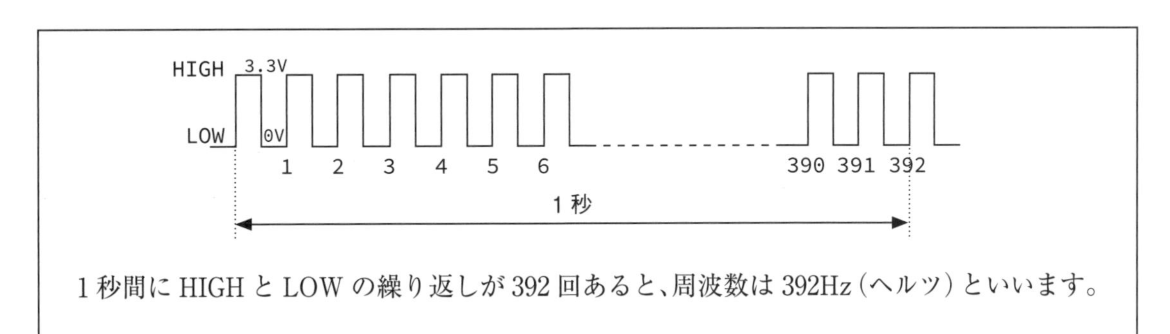

図2.13　方形波と周波数

2.4 押しボタンスイッチによる曲の演奏

図2.14は、押しボタンスイッチによる曲の演奏回路です。押しボタンスイッチにつながるすべてのポートは、初期状態（デフォルト）において内蔵プルダウン抵抗、約48kΩがあります。もし、内蔵プルダウン抵抗が無効になっていたならば、プログラムで

`pi.pullUpDnControl（ポート番号 ,PUD_DOWN）`

のように、使うポートのプルダウン抵抗を有効にします。

ここでは、内蔵プルダウン抵抗を利用します。

図2.14の一部に示す等価回路のように、押しボタンスイッチが押されていないとき、内蔵プルダウン抵抗によって、各ポートはLOW（0）になっています。押しボタンスイッチを押すと、3.3Vがポートにかかるのでポートは HIGH（1）になります。

PBS_1からPBS_8の8個の押しボタンスイッチを順に押すことによって、音階ドレミファソラシドの音をスピーカから出すことができます。PBS_1は“ド”、PBS_2は“レ”、PBS_3は“ミ”、……のように対応しています。このため、“ドドソソララソ　ファファミミレレド……”（きらきら星）のような曲が演奏できます。

2.3節の、◆きらきら星、◆チューリップ、◆ぶんぶんぶん　など演奏できます。

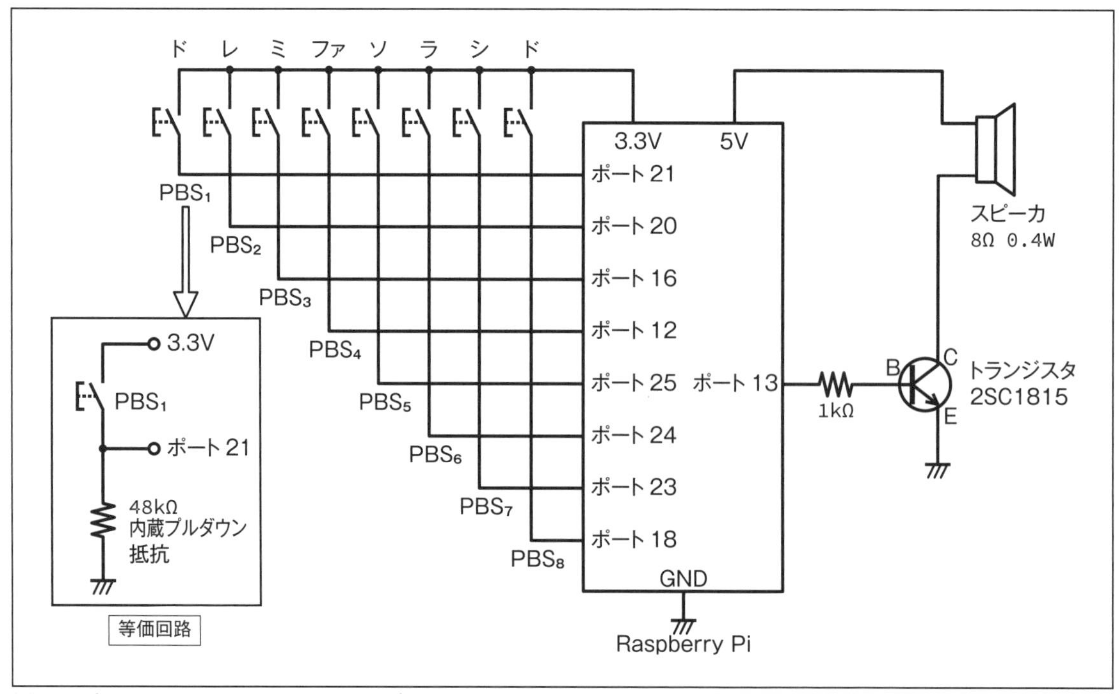

図 2.14　押しボタンスイッチによる曲の演奏回路

図 2.15 は、押しボタンスイッチによる曲の演奏回路の実体配線図です。図に示すように、押しボタンスイッチの手前にジャンパー線が来ないように配線すると、押しボタンが押しやすくなります。

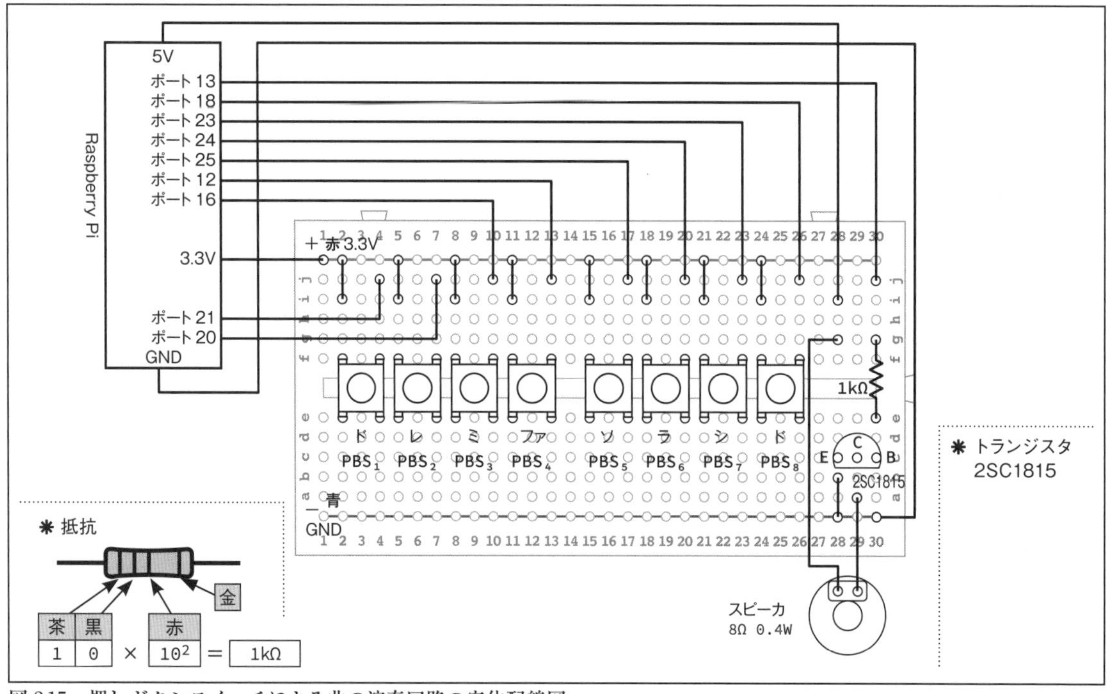

図 2.15　押しボタンスイッチによる曲の演奏回路の実体配線図

プログラム3　押しボタンスイッチによる曲の演奏　　2-3.py

```
import wiringpi as pi              wiringpi のライブラリを読み込み、wiringpi を pi に置き換える
import time                        time のライブラリを読み込む

pi.wiringPiSetupGpio()             GPIO の初期化
pi.softToneCreate(13)              Software Tone を使用するポート 13 を指定
ports=[21,20,16,12,25,24,23,18]    ports はリストの変数。8 つのデータは入力のポート番号
for  port  in  ports:              for 文による繰り返しで、変数 port には 8 つのデータが順次に入る
    pi.pinMode(port,0)             ポート 21 ～ポート 18 を入力モードに設定

while  True:                       繰り返しのループ
    if (pi.digitalRead(21)==1):    if 文。PBS1 ON。ポート 21 の状態を読み取り、その値が HIGH(1)
                                   ならば次へ行く
        pi.softToneWrite(13,262)   ポート 13 から周波数 262Hz の方形波を出力（ド）
        time.sleep(0.4)            タイマ（0.4 秒）
        pi.softToneWrite(13,0)     方形波を停止
        time.sleep(0.1)            タイマ（0.1 秒）

    if (pi.digitalRead(20)==1):    if 文。PBS2 ON
        pi.softToneWrite(13,294)   294Hz（レ）
        time.sleep(0.4)
        pi.softToneWrite(13,0)
        time.sleep(0.1)

    if (pi.digitalRead(16)==1):    if 文。PBS3 ON
        pi.softToneWrite(13,330)   330Hz（ミ）
        time.sleep(0.4)
        pi.softToneWrite(13,0)
        time.sleep(0.1)

    if (pi.digitalRead(12)==1):    if 文。PBS4 ON
        pi.softToneWrite(13,349)   349Hz（ファ）
        time.sleep(0.4)
        pi.softToneWrite(13,0)
        time.sleep(0.1)

    if (pi.digitalRead(25)==1):    if 文。PBS5 ON
        pi.softToneWrite(13,392)   392Hz（ソ）
        time.sleep(0.4)
        pi.softToneWrite(13,0)
        time.sleep(0.1)

    if (pi.digitalRead(24)==1):    if 文。PBS6 ON
```

```
        pi.softToneWrite(13,440)    440Hz（ラ）
        time.sleep(0.4)
        pi.softToneWrite(13,0)
        time.sleep(0.1)

    if (pi.digitalRead(23)==1):     if文。PBS7 ON
        pi.softToneWrite(13,494)    494Hz（シ）
        time.sleep(0.4)
        pi.softToneWrite(13,0)
        time.sleep(0.1)

    if (pi.digitalRead(18)==1):     if文。PBS8 ON
        pi.softToneWrite(13,523)    523Hz（ド）
        time.sleep(0.4)
        pi.softToneWrite(13,0)
        time.sleep(0.1)
```

第3章
A-D コンバータ無しのセンサ回路

3.1 静電容量センサ（タッチセンサ）回路

図3.1は、「静電容量センサ」（タッチセンサ）による「電子ブザー」のON － OFF回路です。タッチセンサに小さなアルミ板を使っています。アルミ板に人が手を触れると、ブザーが2秒間だけ鳴ります。

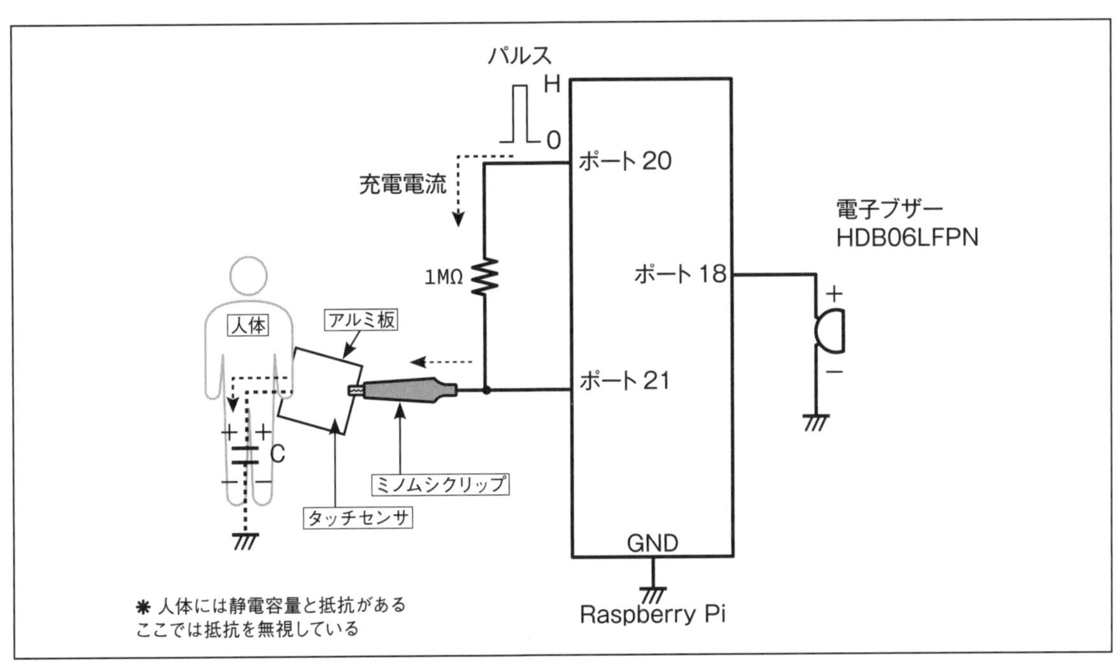

図3.1　タッチセンサによる電子ブザーのON － OFF回路

ここで、静電容量センサ（タッチセンサ）と回路の動作を見てみましょう。

① 人体を電気的に見ると、静電容量Cと抵抗があります。静電容量とは電気を蓄える能力のことです。
② 図において、人体の抵抗を無視し、静電容量だけをCで表しています。Cはアルミ板と大地（GND）間に等価的に入ります。この状態は人がアルミ板をタッチしたときです。
③ プログラムによって、ポート20からパルス幅1ミリ秒（1ms）のパルスを繰り返し出力します。
④ 人がアルミ板をタッチしなければ、1MΩの抵抗を通じて、ポート21にパルス幅1msのパ

ルスが現れます。オシロスコープによる観測によれば、この波形は少し歪み、電圧も少し小さくなります。

⑤ 人がアルミ板をタッチすると、ポート20のパルスによって、1MΩとCに充電電流が流れます。この電流と1MΩによる電圧降下によって、ポート21の電圧はLOW（0）になります。このLOW（0）になっているわずかの時間に、プログラムの `t=t+1`（tのインクリメント）でtの値をカウントします。

⑥ tの値が50を超えたらブザーを2秒間だけ鳴らします。

なお、図3.1において、アルミ板はなくても構いません。ミノムシクリップに手が触ればブザーが鳴ります。スマートフォンや駅の券売機などのタッチパネルは、静電容量センサの原理を応用しています。

図3.2は、タッチセンサによる電子ブザーのON − OFF回路の実体配線図です。

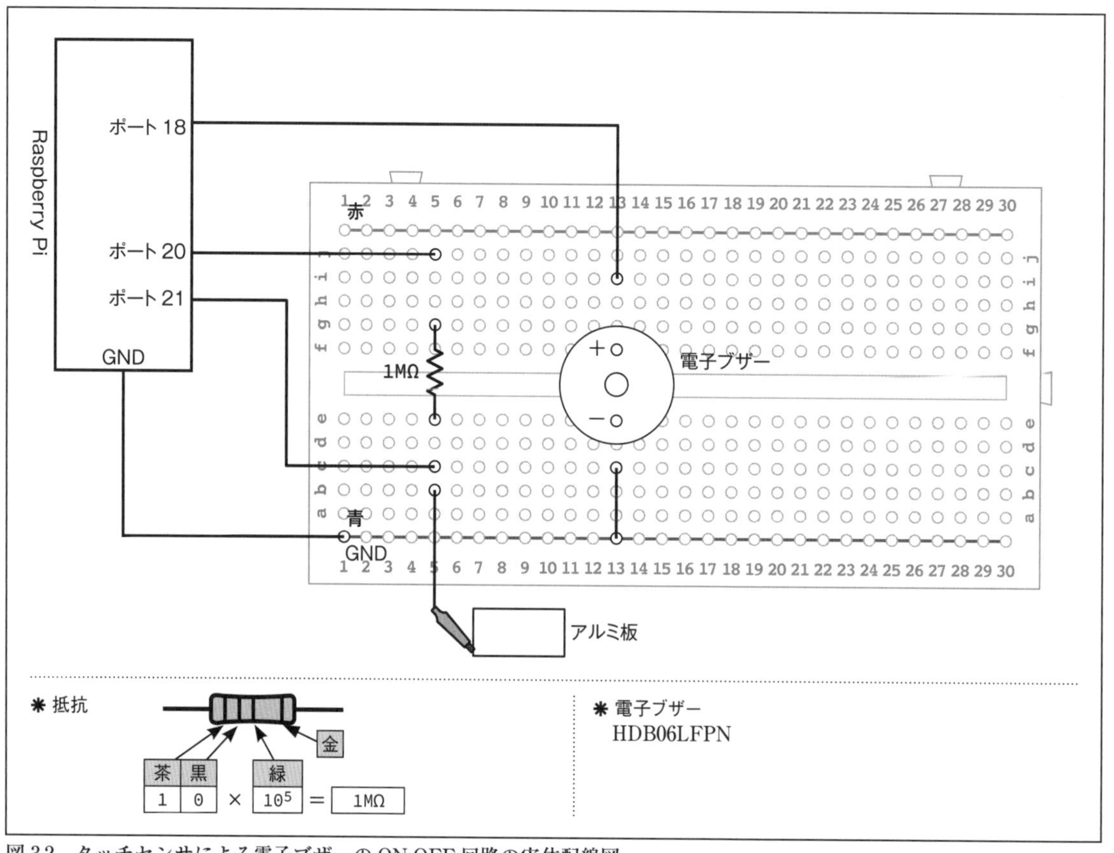

図3.2　タッチセンサによる電子ブザーのON-OFF回路の実体配線図

プログラム1　タッチセンサによる電子ブザーの ON － OFF 回路　　3-1.py

`import wiringpi as pi`	wiringpi のライブラリを読み込み、wiringpi を pi に置き換える
`import time`	time のライブラリを読み込む
`pi.wiringPiSetupGpio()`	GPIO の初期化
`pi.pinMode (18,pi.OUTPUT)`	ポート 18 を出力モードに設定
`pi.pinMode (20,pi.OUTPUT)`	ポート 20 を出力モードに設定
`pi.pinMode (21,pi.INPUT)`	ポート 21 を入力モードに設定
`pi.pullUpDnControl(20,pi.PUD_OFF)`	ポート 20 とポート 21 の内蔵プルダウン抵抗を無効にする❶
`pi.pullUpDnControl(21,pi.PUD_OFF)`	実習終了後、ここの PUD_OFF を PUD_DOWN のプルダウン抵抗を有効にしておく
`while True:`	繰り返しのループ
`    t=0`	t をクリア（0）
`    pi.digitalWrite(20,pi.HIGH)`	ポート 20 に HIGH（1）を出力
`    time.sleep(0.001)`	タイマ（0.001 秒）
`    while( pi.digitalRead(21)==pi.LOW ):`	ポート 21 のデジタル値を読み込み、その値が pi.LOW の間、次の t=t+1 を行う❷
`        t=t+1`	t のインクリメント（+1）
`    pi.digitalWrite(20,pi.LOW)`	ポート 20 に LOW（0）を出力
`    print(t)`	t の値を表示
`    if(t > 50):`	if 文。t>50 ならば、続く処理を行う❸
`        pi.digitalWrite(18,pi.HIGH)`	ポート 18 に HIGH（1）を出力
`        time.sleep(2)`	タイマ（2秒）
`    else:`	t>50 でない場合の処理
`        pi.digitalWrite(18,pi.LOW)`	ポート 18 に LOW（0）を出力

◆ プログラム1の説明

❶ この回路で使うポート 20 とポート 21 には、初期状態（デフォルト）で内蔵プルダウン抵抗があります。このプルダウン抵抗の影響を除くため、プログラムでは、

```
pi.pullUpDnControl (20,pi.PUD_OFF)
pi.pullUpDnControl (21,pi.PUD_OFF)
```

のように、プルダウン抵抗を無効にします。

しかし、ポート 20 やポート 21 は、これからの別の実習で使うので、この実習が終了したならば、

```
pi.pullUpDnControl (20,pi.PUD_DOWN)
pi.pullUpDnControl (21,pi.PUD_DOWN)
```

のように、プルダウン抵抗を有効にします。そしてメニューから「Run」→「Run_Module」でこのプログラムを実行させ、終了とします。

2 while (pi.digitalRead (21) ==pi.LOW) :

while は、繰り返し構文で、ある条件式を与えると、その条件が真の間、続く処理を繰り返します。

```
while (条件式):
    繰り返し処理
```

ここでは、pi.digitalRead (21) ==pi.LOW が条件式で、ポート 21 のデジタル値を読み込み、その値が pi.LOW の間、繰り返し処理をします。ここでの繰り返し処理は t=t+1 です。

3 if (t > 50) :

if 構文で、

```
if (比較式):
    比較式が真 (True) の場合の処理
else:
    比較式が偽 (False) の場合の処理
```

ここでは、t > 50 が比較式で、t > 50 ならば続く処理を行います。

比較式が t > 50 でない場合、else: に続く処理を行います。

3.2 音センサ回路

図 3.3 は、「音センサ」と「低電圧オーディオ・パワーアンプ」などによる音センサ回路です。コンデンサマイクを音センサとして使い、コンデンサマイクの近くで両手をパンと打ちます。コンデンサマイクに入った音は電気に変換され、発生した電気の電圧は小さいので、低電圧オーディオ・パワーアンプによる増幅回路で大きくします。

コンデンサマイクの端子は、OUT 端子 (+) と GND 端子 (-) があり、GND 端子はアルミのケースにつながっています。このままでは、ブレッドボードに端子を差し込めないので、太さ 0.6mm 程度のすずめっき線を L 字形に加工し、2 つの端子にはんだ付けします。なお、コンデンサマイクには、あらかじめ端子にリード線が付いているものもあります。

音センサ回路は、音センサスイッチとして働きます。

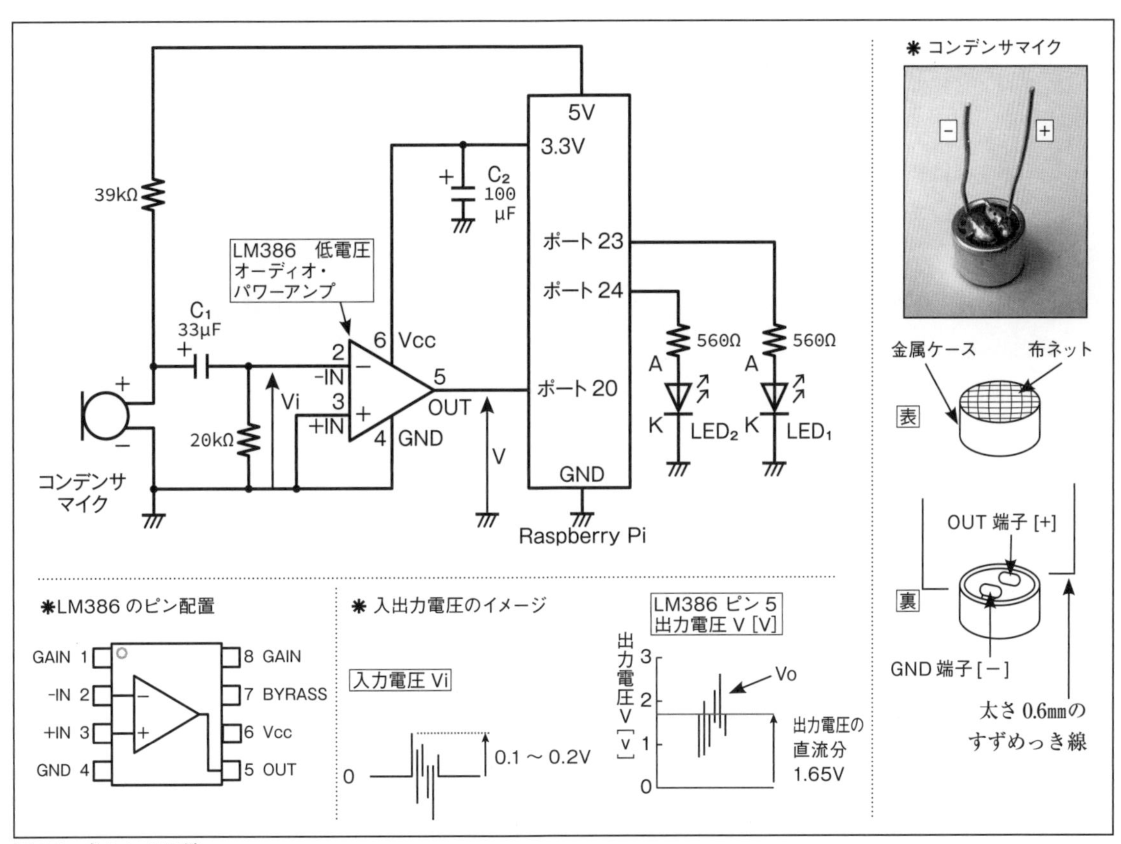

図 3.3　音センサ回路

では、図 3.3 の音センサ回路の動作を詳しく見てみましょう。

① コンデンサマイクの近くで両手をパンとたたきます。コンデンサマイクに発生した交番電圧は、コンデンサ C_1 を通り、低電圧オーディオ・パワーアンプ（LM386）の入力電圧 Vi になります。Vi は 0.1 ～ 0.2V ほどの小さな値です。

② コンデンサ C_1 はカップリング・コンデンサといい、電源の直流分をカットし、交流分の Vi だけを通す働きがあります。

③ LM386 の反転増幅回路で小さな Vi を大きく増幅させ、大きな出力電圧 V の変化分 Vo を得ます。図に示した入出力電圧のイメージのように、出力電圧 V の変化分 Vo は V の直流分 1.65V に重畳します。反転増幅回路の反転とは、入出力電圧の波形が反転（180°ずれる）することです。

④ LM386 のピン配置の GAIN（ピン1とピン8）を開放にしておくと、LM386 の電圧増幅度は「20」になります。

⑤ ピン1とピン8の間に 10 μ F の電解コンデンサを接続すると、電圧増幅度を「200」にできます。この場合、電解コンデンサのプラス側をピン1につなぎます。ここでは使いません。電圧増幅度を「200」にしても、LM386 の電源電圧 Vcc が 3.3V なので、出力は飽和状態（頭打ち）になることがあります。

⑥ コンデンサ C_2 はバイパス・コンデンサといい、電源電圧の安定化とノイズ除去の働きがあります。

⑦ 図の入出力電圧のイメージのように、コンデンサマイクに音が入らないとき、LM386の出力電圧Vは内部で電源電圧の½にバイアスされ、直流分のみで1.65Vになっています。この電圧がRaspberry Piのポート20に加わります。このとき、ポート20は「HIGH」の状態です。

⑧ コンデンサマイクに音が入ると、出力電圧Vの変化分Voは直流分1.65Vを中心にして、上下に変動します。出力電圧Vは1.65Vから0.8Vあるいはそれ以下に下がります。このとき、ポート20は「LOW」の状態になります。GPIOは0.8V〜0を「LOW」と見なします。

⑨ ポート20が「LOW」になると、プログラムによって、2つのLEDを交互に点滅させます。点滅の回数は5回、点滅時間は0.5秒にします。

⑩ データシートによると、LM386の動作電圧は4〜12Vまたは5〜18Vになっていますが、ここでは V_{CC}=3.3Vで使っています。これは図3.3の中の入出力電圧のイメージのように、出力電圧Vの直流分を1.65Vに低下させ、「LOW」の信号を得やすくするためです。

図3.4は、音センサ回路の実体配線図です。

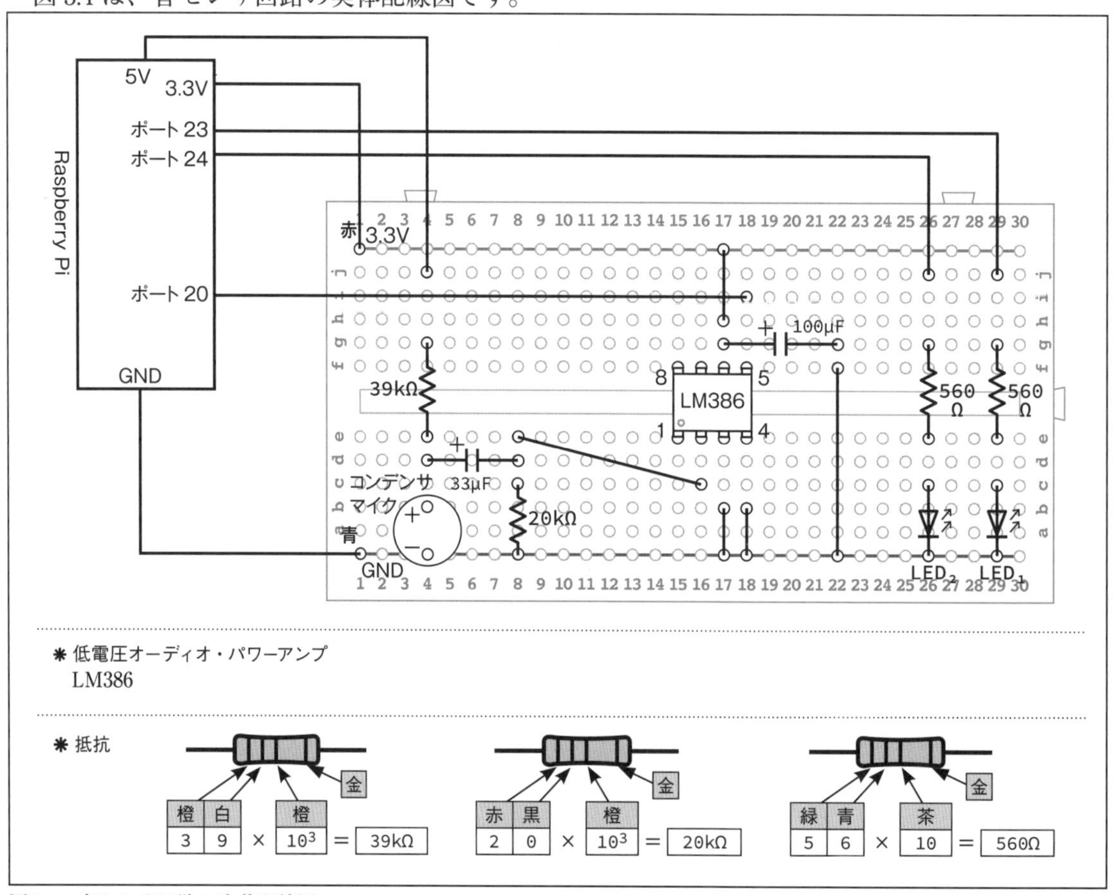

図3.4 音センサ回路の実体配線図

✱ 電圧増幅の考え方

図 A は、電圧増幅の様子を図解しています。

○　電圧増幅とは、入力電圧の変化分 Vi がそのまま大きく成長して出力電圧の変化分 Vo になったのではありません。

○　入力電圧の変化分 Vi のわずかの変化によって、直流電源から流れ出る電流の流れを制御し、回路の働きによって、出力電圧の変化分 Vo を取り出しています。

○　すなわち、直流電源の一部が出力電圧の変化分 Vo になっています。

○　電圧増幅とは、小さな入力電圧の変化分 Vi によって、直流電源からのエネルギーを制御し、大きな出力電圧の変化分 Vo を取り出すことです。

○　電圧増幅度 A は、A=Vo/Vi になります。

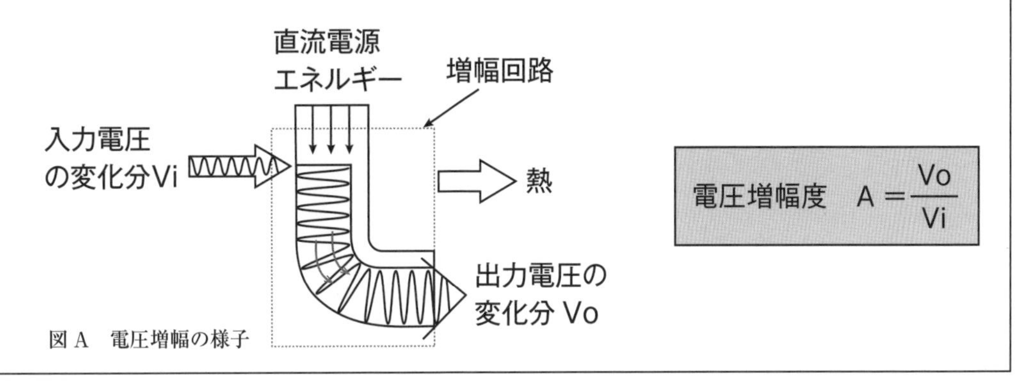

図 A　電圧増幅の様子

プログラム 2　音センサ回路による LED の点滅回路　　3-2.py

```
import wiringpi as pi                    wiringpi のライブラリを読み込み、wiringpi を pi に置き換える
import time                              time のライブラリを読み込む

pi.wiringPiSetupGpio()                   GPIO の初期化
pi.pinMode(20,pi.INPUT)                  ポート 20 を入力モードに設定
pi.pinMode(23,pi.OUTPUT)                 ポート 23 を出力モードに設定
pi.pinMode(24,pi.OUTPUT)                 ポート 24 を出力モードに設定

while True:                                        繰り返しのループ
    if(pi.digitalRead(20)==pi.LOW):                if 文。音センサ ON、ポート20の状態を読み取り、その値が LOW（0）ならば、次へ行く
        for i in range(5):                         for 文による 5 回の繰り返し
            pi.digitalWrite(23,pi.HIGH)            ポート 23 に HIGH（1）を出力
            pi.digitalWrite(24,pi.LOW)             ポート 24 に LOW（0）を出力
            time.sleep(0.5)                        タイマ（0.5 秒）
            pi.digitalWrite(23,pi.LOW)             ポート 23 に LOW（0）を出力
            pi.digitalWrite(24,pi.HIGH)            ポート 24 に HIGH（1）を出力
            time.sleep(0.5)                        タイマ（0.5 秒）
            pi.digitalWrite(24,pi.LOW)             ポート 24 に LOW（0）を出力
```

3.3 超音波センサ回路

◆ 超音波センサの構造と原理

「超音波距離センサ」HC-SR04で使われる、超音波送波器と受波器は超音波センサそのものです。超音波センサは、厚さ方向に分極した圧電セラミックスの圧電効果を利用します。圧電効果には、「圧電逆効果」と「圧電直接効果」があります。超音波センサは可逆素子であり、超音波送波器は圧電逆効果を利用します。

圧電逆効果とは、図3.5に示すように、圧電素子に電圧をかけると形がひずむことです。図(a)のように、分極した圧電セラミックスに、図(b)に示す極性の電圧をかけると、外部電荷の⊕と圧電セラミックスの分極の＋とが反発し、同時に、外部電荷の⊖と分極の－とが反発します。この電荷の反発により、厚さ方向に圧電セラミックスは縮みます。結果として長さ方向に伸びることになります。分極については、第4章4.2で詳しく述べます。

印加電圧の極性が逆になると、図(c)のように、外部電荷の⊖と分極の＋は引き合い、同時に、外部電荷の⊕と分極の－も引き合います。このため、圧電セラミックスは厚さ方向に伸びます。すると長さ方向に縮むことになります。

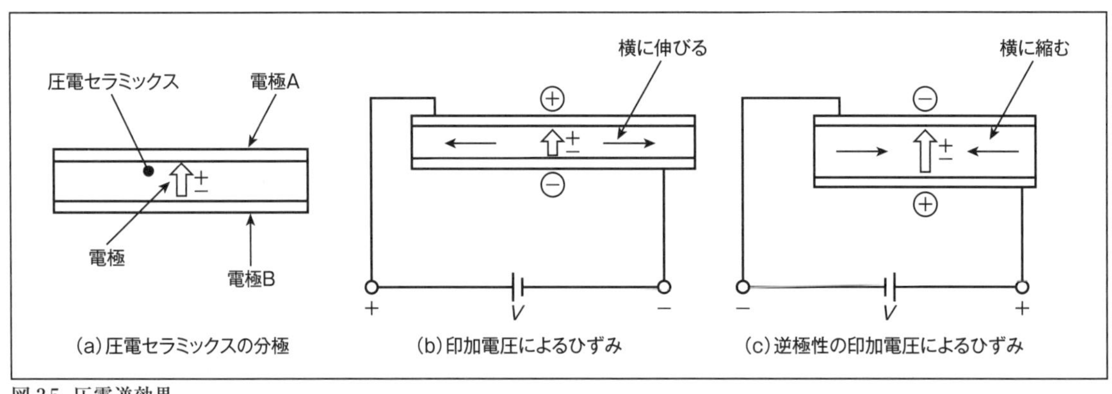

図3.5 圧電逆効果

図3.6は、「超音波センサ」の構造の一例です。a、b 2枚の圧電セラミックスを、分極方向を互いに逆にして貼り合わせ、長さ方向に、一方が伸びると他方が縮むように形成した振動子を使用します。このような振動子をバイモルフ振動子といいます。

バイモルフ振動子の両面には薄膜の電極があり、上面は金属板（振動板）からリード線で電極端子に接続しています。下面は電極から直接リード線で電極端子につながっています。

バイモルフ振動子は正方形で、正方形の左右の2辺あたりが、円弧形のベースの突起によって支えられています。この2個所の支点が振動子の節点になります。

金属板の中心にはコーン形共振子があります。コーン形共振子は、送波のとき、指向性をよくして効率よく超音波を発射し、受波のときは、超音波の振動を振動子の中心に集め、効率よく高周波電圧を発生させるためにあります。

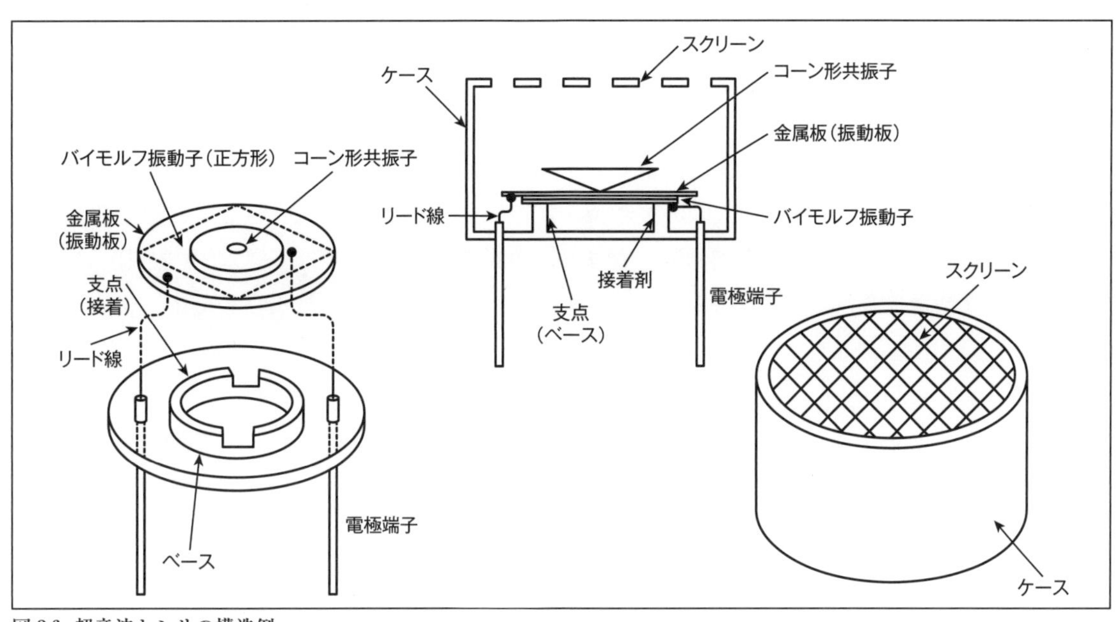

図3.6 超音波センサの構造例

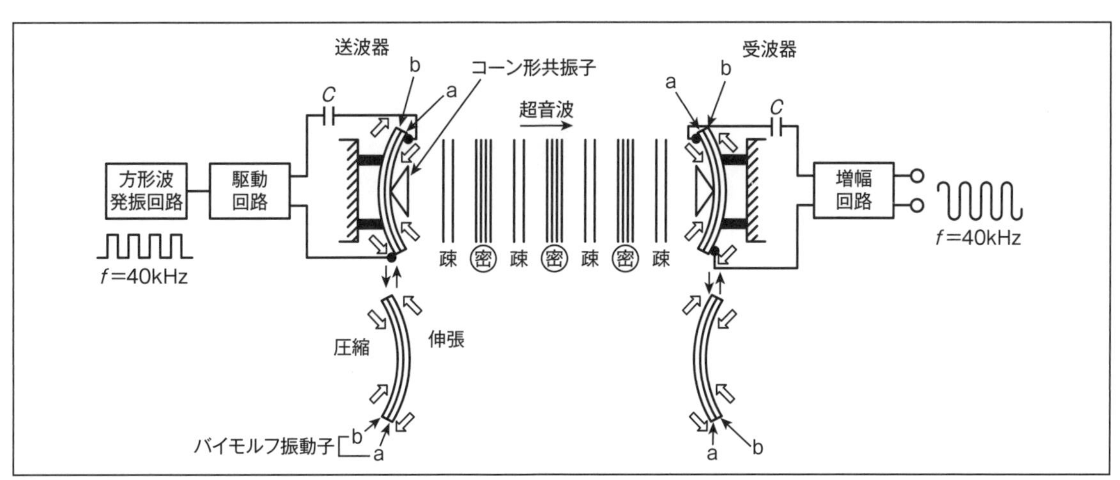

図3.7 超音波センサの動作原理

図3.7は、バイモルフ振動子を使用した超音波センサの動作原理を示しています。送波器からの超音波を直接受波器で受け取る透過形と呼ばれる方式です。図のように、40kHzの高周波電圧を送波器のバイモルフ振動子（共振周波数40kHz）に印加すると、高周波の極性に応じて、2枚の圧電セラミックスa、bは伸張、圧縮を繰り返します。このため、周波数40kHzの超音波が発射されます。超音波は疎密波として伝播し、超音波受波器に達します。

超音波受波器は圧電直接効果を利用します。圧電直接効果とは、圧電素子の特定の方向に力をかけて形をひずませると、片側に＋、反対側に－の電気が現れることです。

図3.7において、受波器も図3.6と同じ構造のバイモルフ振動子があり、送波器からの超音波がくると、その周波数に応じて振動子は振動します。その結果、電極には＋、－の交番電気が発生します。すなわち、超音波の周波数と同じ周波数の高周波電圧が作られます。この高周波電圧

はミリボルト単位の微小電圧なので、オペアンプなどの増幅回路で増幅し、ボルト単位の電圧にします。

人間の耳に聞こえる音波の周波数、すなわち可聴周波数は約 20Hz ～ 20kHz といわれます。これ以外は聞こえず、20Hz 以下を低周波音波、20kHz 以上を超音波といいます。超音波も音波なので、伝わる速度は空気中で約 340m/s です。1 秒間に 340m 伝わることになります。

超音波センサは自動ドア、自動車の衝突防止装置、コンベアの物体検出などで広く応用されています。

◆ 超音波距離センサ

図 3.8 は、「超音波距離センサ」HC-SR04 の見た目です。HC-SR04 には 4 つの端子があります。表面左から Vcc：5V 、Trig：トリガ 、Echo：エコー、GND：グランド　になっています。

送波器から送信した超音波を物体で反射させ、受波器で受信する反射形と呼ばれる方式です。

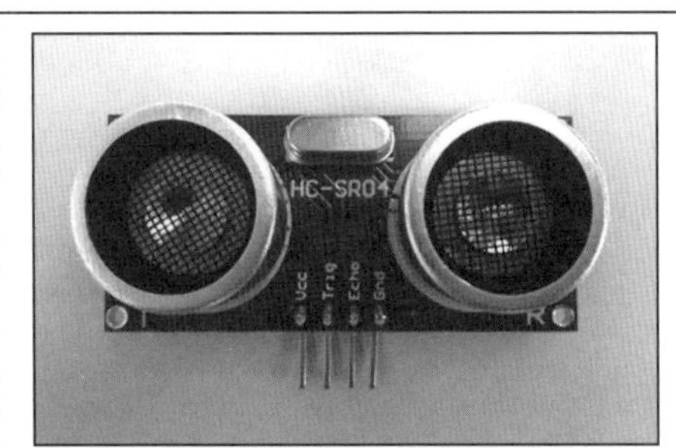

(a)表面　左側の円形が超音波走波器 T
右側の円形が超音波受波器 R

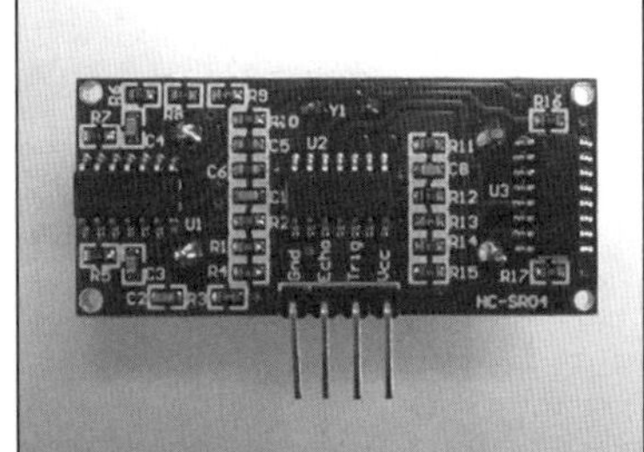

(b)裏面

✱ 主な仕様

測距範囲：2 ～ 400cm
電源電圧：DC 5 V
動作電流：15mA
動作周波数：40kHz

図 3.8　超音波距離センサ HC-SR04 の見ため

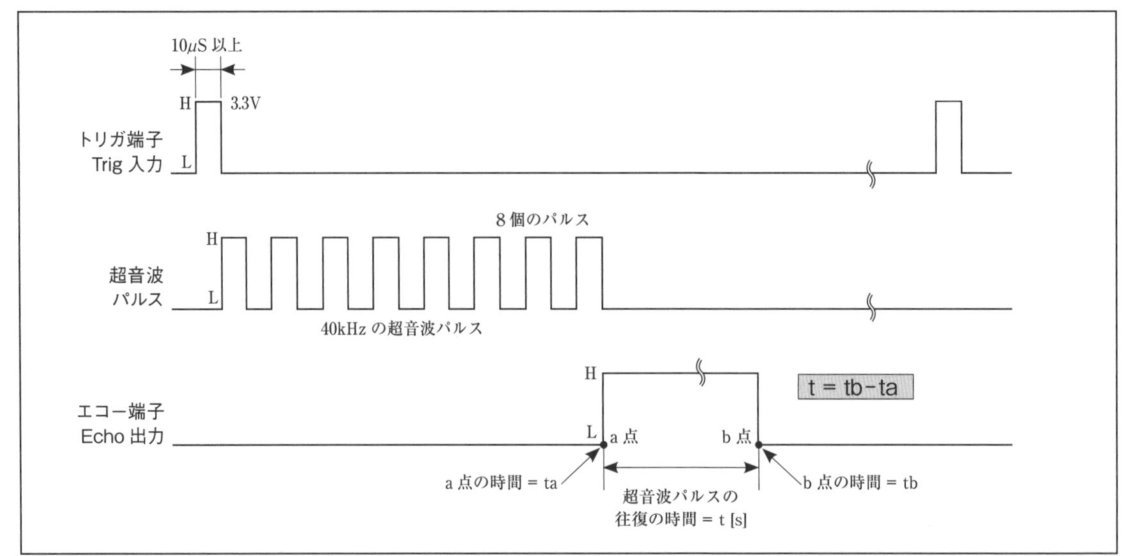

図 3.9　距離検出のしくみ

図 3.9 は、HC-SR04 による距離検出のしくみを模式的に表したタイムチャートです。

① GPIO 出力によりトリガ端子(Trig)にトリガを入力させます。Trig を 10μs 以上 HIGH にし、LOW に戻します。
② すると、超音波送波器 T から周波数 40kHz の超音波パルスが送信されます。パルスの数は 8 個になっています。
③ 超音波パルスが送信されると、エコー端子（Echo）は LOW から HIGH になります。
④ この超音波パルスは、距離を測定したい物体（障害物）で反射され、超音波受波器 R に戻ってきます。
⑤ 反射パルスを超音波受波器が受信すると、エコー端子(Echo)は HIGH から LOW に戻ります。Echo が HIGH になっている時間がパルスを送信してから受信するまでの時間です。
⑥ Echo が HIGH になっている時間は、超音波パルスの往復の時間 t なので、物体までの時間はその半分の t/2 になります。……**プログラムの説明 3**
⑦ この往復の時間 t に 17000 をかけた数値が距離（cm）になります。……**プログラムの説明 4**

図 3.10 は、超音波距離センサ HC-SR04 と 2 つの抵抗を使った超音波センサ回路です。HC-SR04 は電圧 5V で動作します。しかし、Raspberry Pi の GPIO は 3.3V 用になっています。このため、エコー端子 Echo の出力電圧 5V をそのまま Raspberry Pi のポート 21 に渡すと、Raspberry Pi の GPIO を壊してしまう恐れがあります。そこで、図の中の分圧の計算のようにして、ポート 21 に渡す電圧を約 2.5V のように下げます。

ポート 21 には約 48k Ωの内蔵プルダウン抵抗があります。この 48k Ωと GND につながっている 1k Ωの並列合成抵抗を計算すると 0.98k Ωになります。このため、上記の分圧の計算では、0.98k Ωを 1k Ωと見なしています。

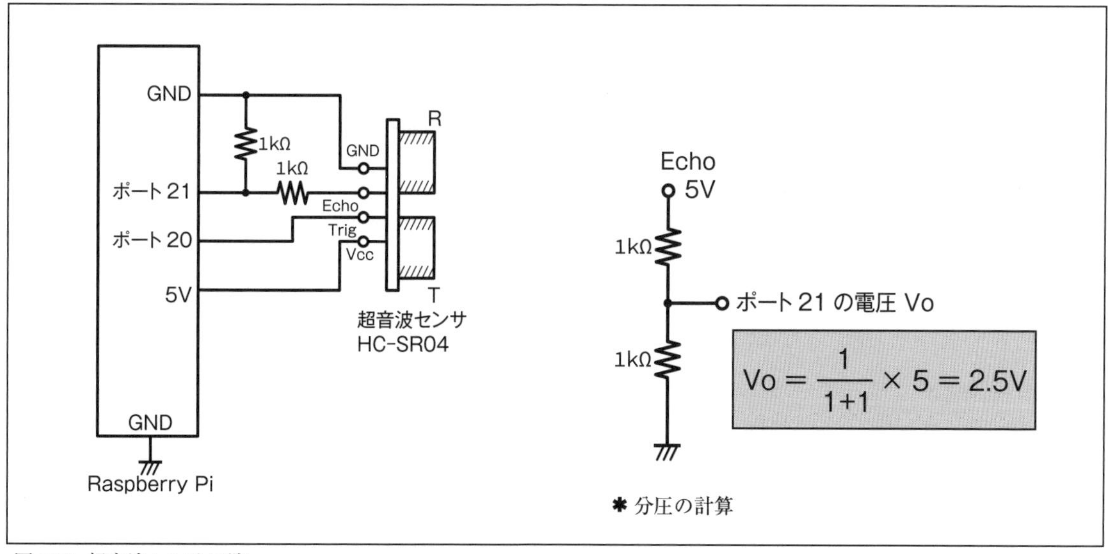

図 3.10　超音波センサ回路

図 3.11 に超音波センサ回路の実体配線図を示します。

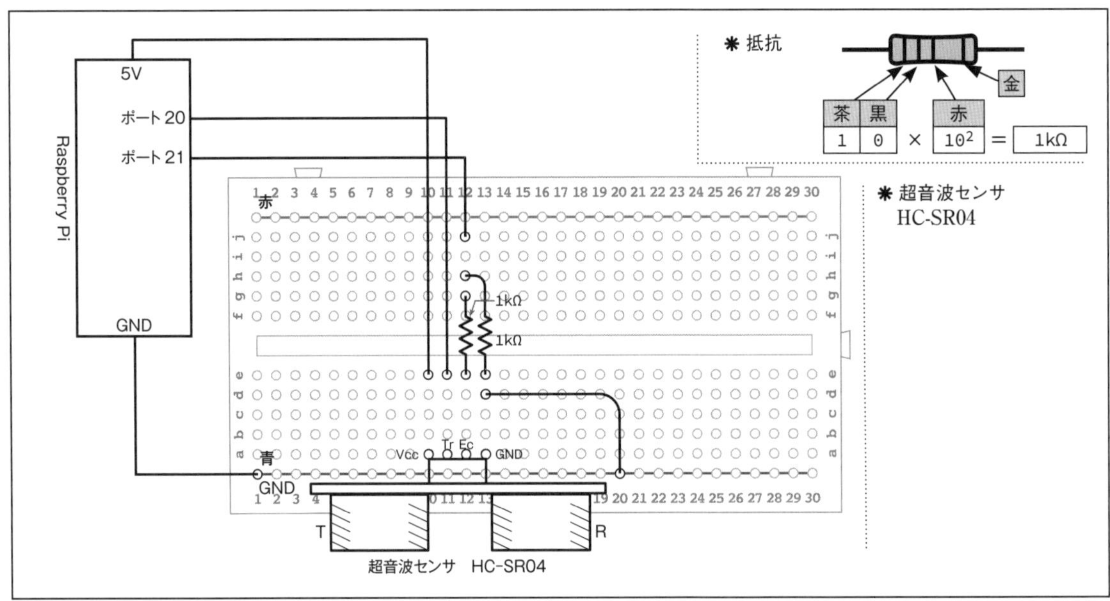

図 3.11　超音波センサ回路の実体配線図

プログラムは分かりやすさを比較するため次の 2 つを作ります。

- ◆　**プログラム 3　超音波センサによる物体までの距離の測定**
- ◆　**プログラム 4　関数を使った物体までの距離の測定**

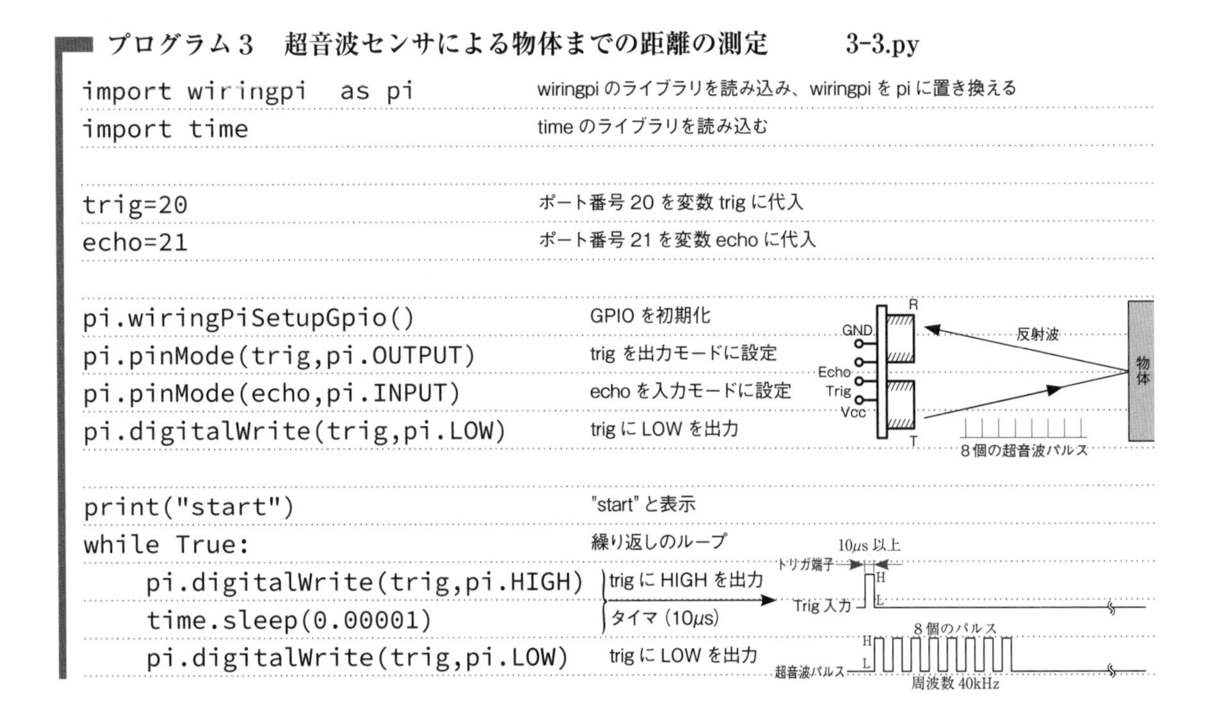

プログラム 3　超音波センサによる物体までの距離の測定　　　3-3.py

`import wiringpi  as pi`	wiringpi のライブラリを読み込み、wiringpi を pi に置き換える
`import time`	time のライブラリを読み込む
`trig=20`	ポート番号 20 を変数 trig に代入
`echo=21`	ポート番号 21 を変数 echo に代入
`pi.wiringPiSetupGpio()`	GPIO を初期化
`pi.pinMode(trig,pi.OUTPUT)`	trig を出力モードに設定
`pi.pinMode(echo,pi.INPUT)`	echo を入力モードに設定
`pi.digitalWrite(trig,pi.LOW)`	trig に LOW を出力
`print("start")`	"start" と表示
`while True:`	繰り返しのループ
`    pi.digitalWrite(trig,pi.HIGH)`	trig に HIGH を出力
`    time.sleep(0.00001)`	タイマ（10μs）
`    pi.digitalWrite(trig,pi.LOW)`	trig に LOW を出力

```
    while pi.digitalRead(echo)==0:     while（条件式）（条件式）は echo が0の間、次を繰り返す
        ta=time.time()                 time.time( ) で現在の時間（a 点の時間）を取得し、ta に代入1
```

エコー端子・Echo出力　H　L　a点　b点　超音波パルスの往復の時間　t [s]

```
    while pi.digitalRead(echo)==1:     while（条件式）（条件式）は echo が 1 の間、次を繰り返す
        tb=time.time()                 time.time( ) で現在の時間（b 点の時間）を取得し、tb に代入2
    t=tb-ta                            超音波パルスの往復の時間を計算し、その値を t に代入3

    d=t*17000                          物体までの距離 [cm] 4
    dis=int(d)                         d の値を整数になおし、dis に代入
    print("distance=",dis,"[cm]")      物体までの距離を表示

    time.sleep(1)                      タイマ（1s）
```


◆ プログラム3の説明

1 ta=time.time( )

time.time() で、Echo 出力の現在の時間（a 点の時間）を取得し、ta に代入します。

2 tb=time.time( )

time.time() で、Echo 出力の現在の時間（b 点の時間）を取得し、tb に代入します。

3 t=tb-ta

t は超音波パルスの往復の時間で［秒］単位の値です。このため、物体までの時間は t /2［s］になります。

4 d=t*17000

音波や超音波が空気中を伝わる速度は、温度によっても異なりますが約 340 m/s です。1 秒間　に 340 m = 34000 cm 進みます。

距離＝速さ×時間　から　物体までの距離 d=34000[cm/s]×t/2[s]

d=17000[cm/s]×t[s]

d=t×17000[cm] になります。

プログラム4　関数を使った物体までの距離の測定　　3-4.py

```
import wiringpi as pi                    wiringpi のライブラリを読み込み、wiringpi を pi に置き換える
import time                              time のライブラリを読み込む

trig=20                                  ポート番号 20 を変数 trig に代入
echo=21                                  ポート番号 21 を変数 echo に代入

pi.wiringPiSetupGpio()                   GPIO を初期化
pi.pinMode(trig,pi.OUTPUT)               trig を出力モードに設定
pi.pinMode(echo,pi.INPUT)                echo を入力モードに設定
pi.digitalWrite(trig,pi.LOW)             trig に LOW を出力

print("start")                           "start" と表示

def Dis():                                             関数 Dis の定義❶
    pi.digitalWrite(trig,pi.HIGH)                      trig に HIGH を出力
    time.sleep(0.00001)                                タイマ（10μs）
    pi.digitalWrite(trig,pi.LOW)                       trig に LOW を出力

    while pi.digitalRead(echo)==0:                     while（条件式）（条件式）は echo が 0 の間、次を繰り返す
        ta=time.time()                                 現在の時間を取得し、ta に代入

    while pi.digitalRead(echo)==1:                     while（条件式）（条件式）は echo が 1 の間、次を繰り返す
        tb=time.time()                                 現在の時間を取得し、tb に代入

    t=tb-ta                                            超音波パルスの往復の時間を計算し、その値を t に代入
    d=t*17000                                          物体までの距離［cm］を計算し、その値を d に代入
    dis=int(d)                                         d の値を整数になおし、dis に代入
    return dis                                         dis は戻り値❷

def main():                                            関数 main の定義
    while True:                                        繰り返しのループ
        dis=Dis()                                      関数 Dis を呼び出し、戻り値 dis の値を main 関数の変
                                                       数 dis に代入
        print("distance=",dis," [cm]")                 一例として distance =15[cm] のように表示
        time.sleep(1)                                  タイマ（1s）
main()                                                 関数 main を呼び出す
```

◆ プログラム4の説明

1 def Dis ()：

関数 Dis の定義です。以下に続くインデントされた複数の処理が関数の本体です。

関数とは、名前を付けて複数の処理を1つにまとめておいて、あとから何度でも呼び出せるようにしたものです。このため、読みやすいプログラムにすることができます。

def は英語の「定義する」という意味をもつ define の略です。Dis は関数の名前になります。

書式　基本的な関数の定義

```
def 関数名（引数1, 引数2, 引数3, …）:
        複数の処理            #ここはインデントが必要
        return  戻り値
```

() の中の引数とは、関数を処理するときに使う値のことで、複数を指定することもあれば、1つもないこともあります。このプログラムでは引数はありません。

2 return dis

ここで、dis は戻り値です。

戻り値とは、関数を使ったときに生じた結果を return で関数に渡す値のことです。

戻り値 dis を return することで、dis は**1**の関数の中だけではなく、関数の呼び出し元でも使えるようになります。

関数に戻り値がない場合は、return を省略できます。

第4章
A-D コンバータを使ったセンサ回路

4.1 照度センサを使用した高輝度白色 LED 点灯回路

◆　照度センサ回路

図 4.1 は、「照度センサ」回路です。この照度センサは「フォトトランジスタ」でもあり、コレクタ(C)とエミッタ(E)の 2 つの電極があります。そして光を取り入れる窓があります。トランジスタには 3 つの電極、コレクタ(C)、ベース(B)、エミッタ(E)がありますが、フォトトランジスタにはベース(B)がありません。ベース(B)の働きをするのが光を取り入れる窓です。この窓に光が入ってくると、光を受けて発生した小さな電流を増幅し、コレクタ電流(I_C)は大きくなります。コレクタ電流のことをフォト電流ともいいます。フォトトランジスタのまわりが明るいとコレクタ電流は大きく、暗いとコレクタ電流は小さくなります。照度センサの照度とは、物体の表面を照らす光の明るさです。図 4.1 において、フォトトランジスタのまわりが明るいと、コレクタ電流(I_C)は大きくなり、I_C は抵抗 R=680kΩ とフォトトランジスタに流れます。抵抗 R に I_C が流れると、R の両端に電圧がかかり、電圧降下によってコレクタ(C)の電圧は下がります。例えば、電源の電圧が 3.3V（ボルト）で、電圧降下が 3.2V ならば、コレクタ(C)の電圧は 0.1V になります。この場合、R の両端にかかる電圧は 3.2V です。

計算式は　　　　3.3-3.2=0.1V

フォトトランジスタのまわりが暗くなると、I_C は小さくなるので、抵抗 R における電圧降下は小さくなります。例えば R での電圧降下が 1.5V ならば、コレクタ(C)の電圧は 1.8V になります。この場合、R の両端にかかる電圧は 1.5V です。

計算式は　　　　3.3-1.5=1.8V

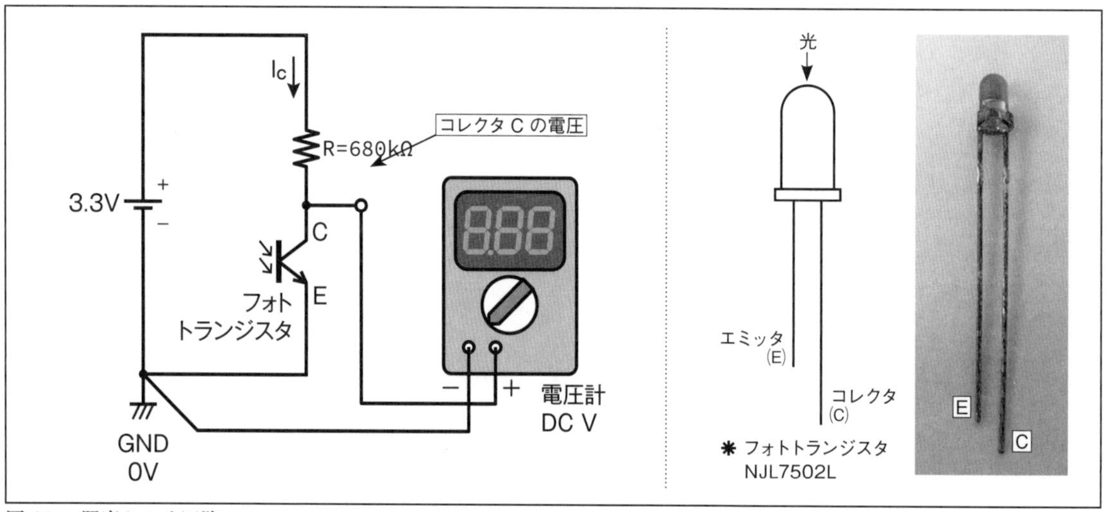

図 4.1　照度センサ回路

◆ 高輝度白色 LED 点灯回路

図 4.2 は、照度センサ（フォトトランジスタ）、A-D コンバータ（Analog to Digital Converter）MCP3002、トランジスタ、3 つの高輝度白色 LED などを使用した高輝度白色 LED 点灯回路です。

フォトトランジスタのコレクタ(C)の電圧は、フォトトランジスタのまわりの明るさに応じて変化するアナログ電圧です。実測によると、この電圧の範囲は 50mV ～ 3V ほどになります。

MCP3002 は照度センサからのアナログ電圧を、Raspberry Pi が判断することができるデジタル値に変換する回路です。MCP3002 は、アナログ電圧が 0 ～ 3.3V ならば、0 ～ 1023 までのデジタル値に変換します。MCP3002 の分解能は 10 ビットなので、2^{10}=1024、 0 を含めるので 1023 が最大値になります。MCP3002 には CH0 と CH1 の 2 つのアナログ入出力端子があります。

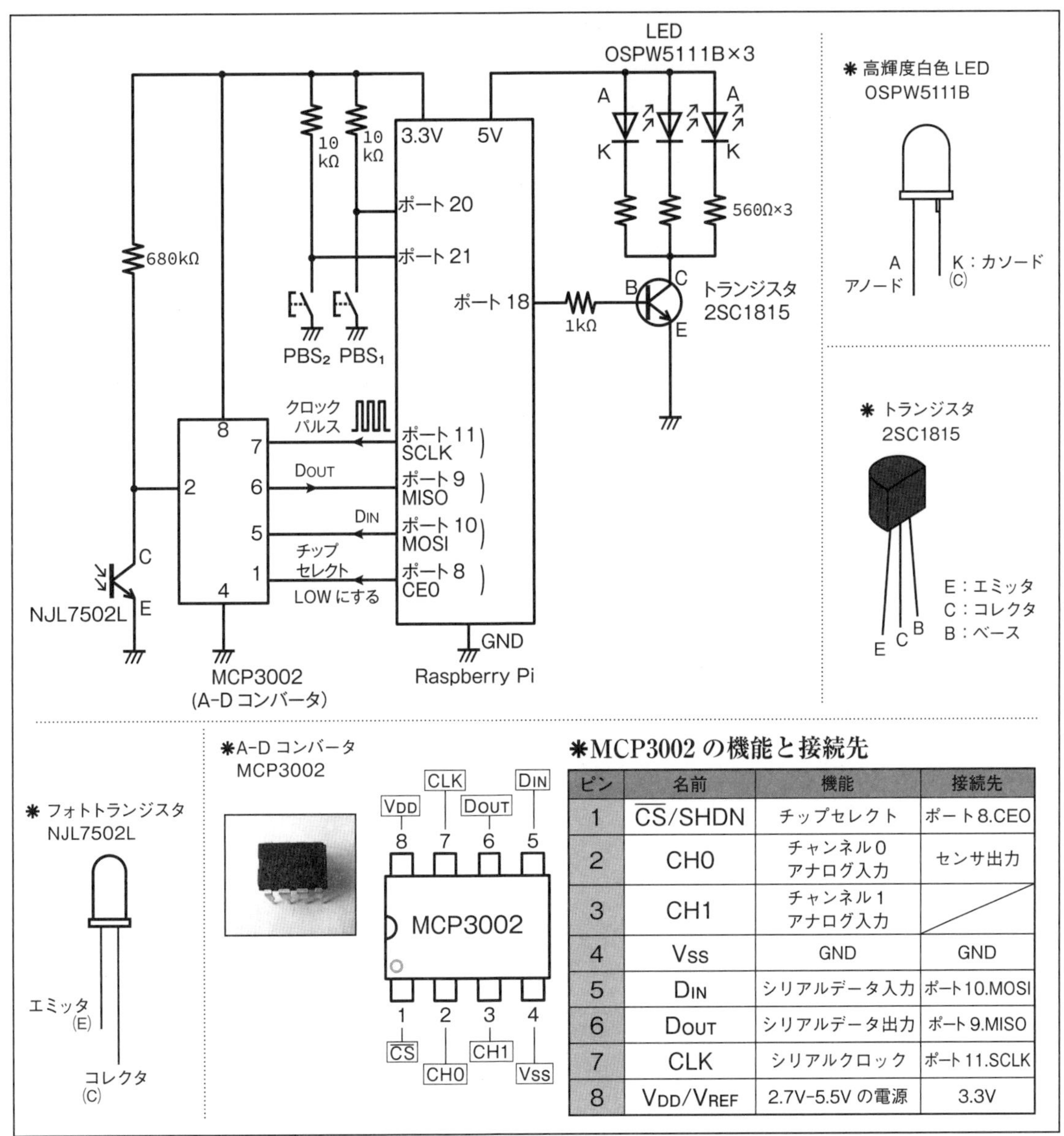

✱MCP3002 の機能と接続先

ピン	名前	機能	接続先
1	CS/SHDN	チップセレクト	ポート 8.CEO
2	CH0	チャンネル 0 アナログ入力	センサ出力
3	CH1	チャンネル 1 アナログ入力	
4	Vss	GND	GND
5	DIN	シリアルデータ入力	ポート 10.MOSI
6	DOUT	シリアルデータ出力	ポート 9.MISO
7	CLK	シリアルクロック	ポート 11.SCLK
8	VDD/VREF	2.7V-5.5V の電源	3.3V

図 4.2 高輝度白色 LED 点灯回路

フォトトランジスタ NJL7502L の替わりに、「CdS セル」（硫化カドミウムセル）を使う方法もあります。しかし、CdS セルは有害物質のカドミウム Cd を含んでいるので、廃棄が困ります。また、CdS セルはいろいろな種類があるので、その特性がバラバラです。このため、特性がわかっている NJL7502L を使います。

図 4.3 は、高輝度白色 LED 点灯回路の実体配線図です。

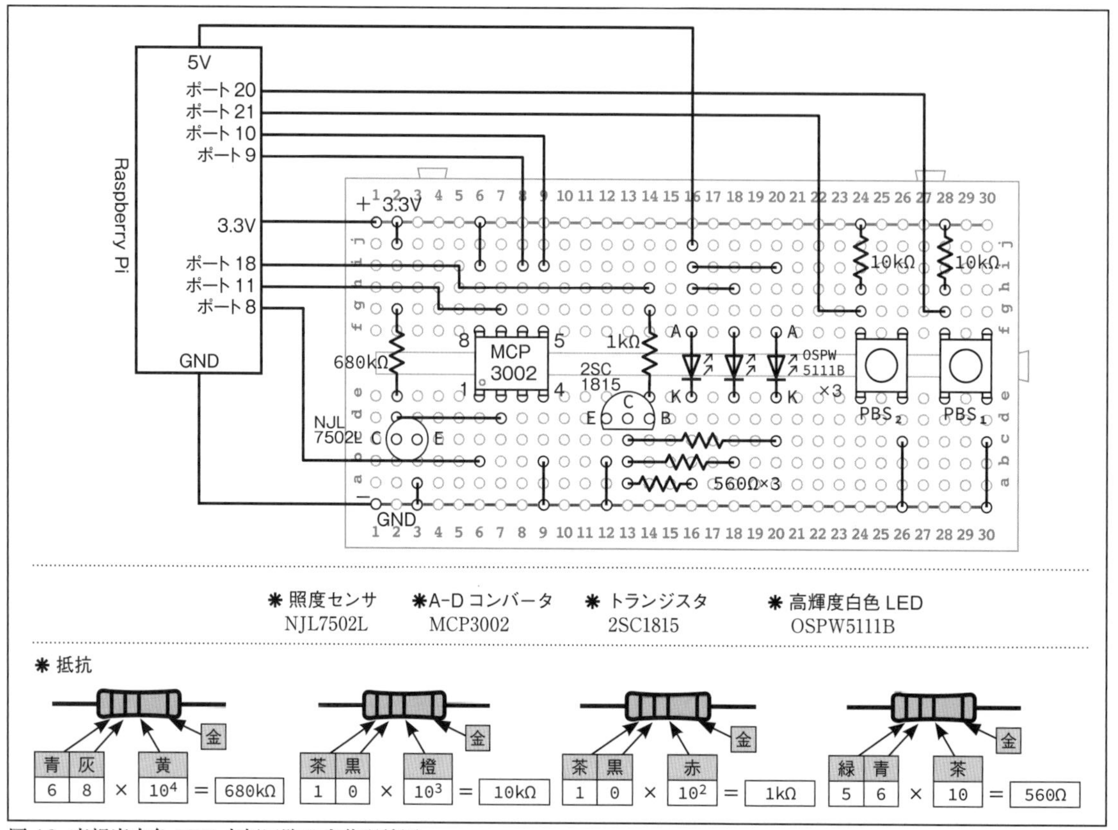

図 4.3 高輝度白色 LED 点灯回路の実体配線図

図 4.2 において、押しボタンスイッチ PBS_1 を押すと、プログラムに従い、NJL7502L のコレクタ電圧が MCP3002 のアナログ入力(CH0、ピン 2)となり、A-D 変換されたデジタル値が Raspberry Pi に取り込まれます。このデジタル値は、NJL7502L の周囲が暗ければ大きく、明るければ小さくなります。

例えば、プログラムによって、デジタル値が 300 を超えたら暗いと判断し、ポート 18 に HIGH の信号を出力します。すると、トランジスタにベース電流 I_B が流れ、電流増幅された大きなコレクタ電流（I_C）が、高輝度白色 LED とトランジスタのコレクタに流れ、$I_B + I_C = I_E$ に従い、エミッタ電流(I_E)がエミッタに流れます。3 つの高輝度白色 LED は点灯します。

NJL7502L の周囲が明るくなると、LED は消灯します。プログラムの動きを停止させるには、LED が消灯のとき PBS_2 を押します。

◆ Raspberry Pi と MCP3002 による SPI 通信方式

A-D コンバータ MCP3002 は、SPI 通信方式でアナログ電圧をデジタル値に変換します。SPI（Serial Peripheral Interface）は、Raspberry Pi のようなシングルボードコンピュータと IC などの電子部品との通信のために開発された通信方式です。Raspberry Pi は制御するデバイスで「マスター」と呼び、MCP3002 のように制御されるデバイスを「スレーブ」と呼びます。

SPI 通信を行うには、次のように設定します。

> デスクトップで画面左上のメニューアイコン、ラズパイマークをクリックします。その後、「設定」→「Raspberry pi の設定」を選択します。出てきた画面の「インターフェイス」をクリックすると、画面左側に「SPI」があるので、「有効」にチェックを入れます。そして、画面右下にある OK をクリックすると SPI が有効化されます。

図 4.4 の Raspberry Pi と MCP3002 による SPI 通信方式で通信の様子を見てみましょう。

① Raspberry Pi のポート 8 CE0 から、チップセレクト($\overline{\text{CS}}$) という LOW 出力の信号を出します。MCP3002 のピン 1 はチップセレクトピンで、ここが LOW の間、通信ができます。
② ポート 11 SCLK から、通信のタイミングを合わせるクロックパルスを出します。MCP3002 のピン 7 は、クロックパルスを受け入れるピンです。
③ ポート 10 MOSI から、MCP3002 のアナログ入力ピン CH0(ピン 2)を選択する送信データを送信します。MCP3002 のピン 5 は D_{IN} で、シリアルデータ入力ピンです。
④ ポート 9 MISO は、MCP3002 からの A-D 変換されたデジタル値を受信するピンです。MCP3002 のピン 6 は D_{OUT} で、シリアルデータ出力ピンです。
⑤ SPI 通信はシリアル通信で、$\overline{\text{CS}}$ が LOW の間、クロックパルスのタイミングに合わせ、送信データと受信データを送信、受信することができます。

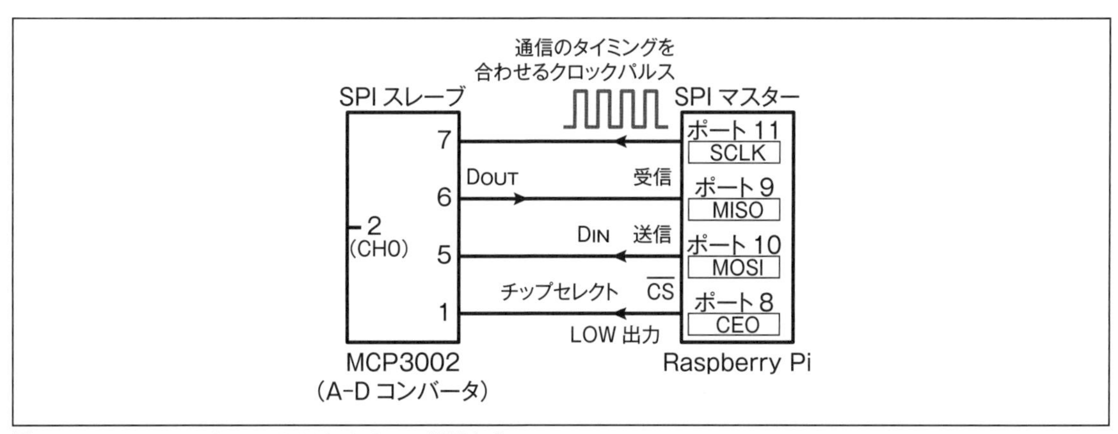

図 4.4　Raspberry Pi と MCP3002 による SPI 通信方式

プログラム 1　高輝度白色 LED 点灯回路　　　4-1.py

```
import wiringpi as pi              wiringpi のライブラリを読み込み、wiringpi を pi に置き換える
import spidev                      spidev のライブラリを読み込む
import time                        time のライブラリを読み込む

pi.wiringPiSetupGpio()             GPIO を初期化
pi.pinMode(20,pi.INPUT)            ポート 20 を入力モードに設定
pi.pinMode(21,pi.INPUT)            ポート 21 を入力モードに設定
pi.pinMode(18,pi.OUTPUT)           ポート 18 を出力モードに設定

spi=spidev.SpiDev()                SPI 通信の設定
spi.open(0,0)                      SPI 通信の開始❶
spi.max_speed_hz=1000000           最大周波数の設定

while True:                                      繰り返しのループ
    if (pi.digitalRead(20)==pi.LOW):             if 文。PBS1 ON、ポート 20 が LOW (0) ならば次へ行く
        while(1):                                繰り返しのループ
            ad=spi.xfer2([0x68,0x00])            xfer2 でデータを送信。MCP3002 の CH0 を選択❷
            value=((ad[0] << 8)+ ad[1]) & 0x3FF
                                                 A-D 変換された値を変数 value に代入❸
            print(value)                         value の値を表示
            time.sleep(0.1)                      タイマ (0.1 秒)
            if(value > 300):                     if 文。value>300 ならば次へ行く
                pi.digitalWrite(18,pi.HIGH)      ポート 18 に HIGH(1) を出力
            else:                                value>300 でないならば次へ行く
                pi.digitalWrite(18,pi.LOW)       ポート 18 に LOW(0) を出力
                if (pi.digitalRead(21)==pi.LOW):
                                                 if 文。PBS2 ON、ポート 21 が LOW (0) ならば次へ行く
                    break                        break 文で while (1) のループを脱出
```

◆ プログラムの説明

❶ spi.open (0,0)

SPI 通信の開始

書式　spi.open (bus,dev)

bus には 0 を指定し、dev には Raspberry Pi の CE0/CE1 のポート番号を指定。使うポートはポート 8（CE0）なので、dev には CE0 の 0 を入れます。

よって、spi.open (0,0)

図 4.5 は、Raspberry Pi と MCP3002 との SPI 通信です。ここからはこの図で説明します。送受信が 8 ビットずつに分けられて 2 回送られて来ています。

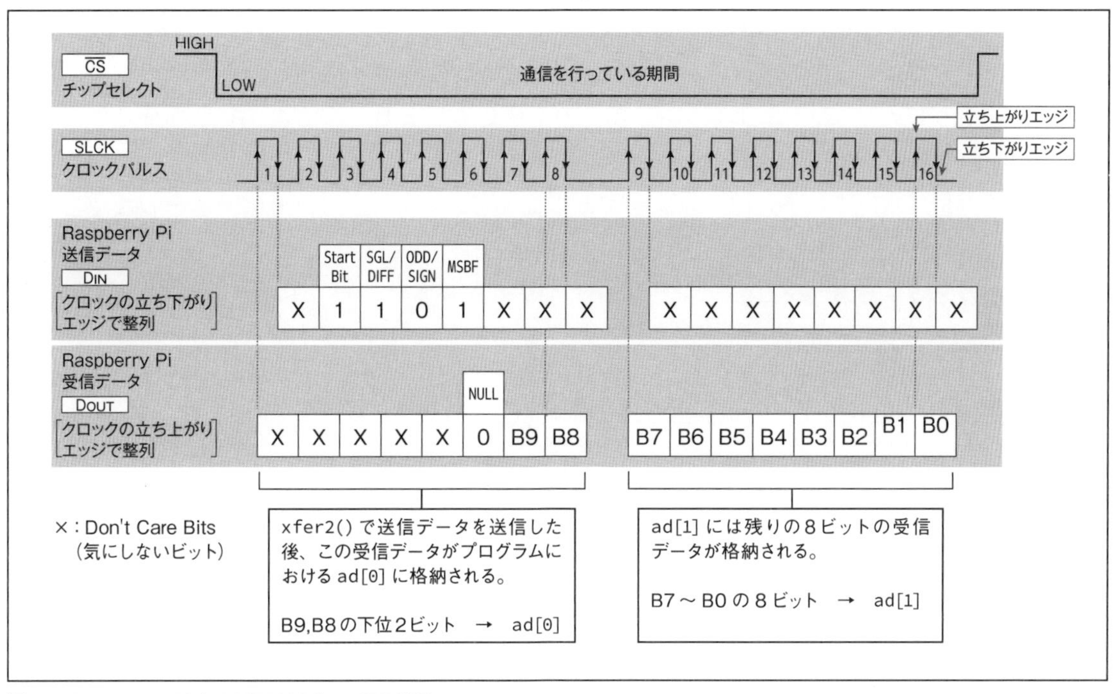

図 4.5 Raspberry Pi と MCP3002 との SPI 通信

2 ad=spi.xfer2 ([0x68,0x00])

`spi.xfer2 ()` で送信データを送ります。図において、Raspberry Pi 送信データ D_{IN} の初めの8ビットは、

	Start Bit	SGL/DIFF	ODD/SIGN	MSBF			
X	1	1	0	1	X	X	X

になっています。

SGL/DIFF は1、ODD/SIGN は0にすると、MCP3002 のデータシートから分かることは、MCP3002 のピン 2(CH0)が選択されます。ピン3(CH1) を選択するときは、ODD/SIGN を1にします。ここで、Start Bit は1、MSBF は1にしておくと、送信が始まり、データを取得してくれます。

そこで、送信すべきデータは「X1101XXX」、続く次の8ビットは「XXXXXXXX」になります。ここで、X は「Don't Care Bits」の部分で、気にしないビットということなので、0を入れておきます。すると、送信すべきデータは 2進数で「01101000 00000000」になり、16進数に直すと「0x68 , 0x00」となります。(CH1) を選択すると、「0x78 ,0x00」になります。

3 value= ((ad [0] << 8) + ad [1]) & 0x3FF

図において、Raspberry Pi 受信データ DOUT の初めの8ビットは、

					NULL		
X	X	X	X	X	0	B9	B8

続く8ビットは、

B7	B6	B5	B4	B3	B2	B1	B0

になっています。

2において、`ad=spi.xfer2()` で送信データを送ると、MCP3002 で A-D 変換されたデジタル値が、返り値として ad［0］に「X X X X X 0 B9 B8」、ad［1］に「B7 B6 B5 B4 B3 B2 B1 B0」のように入ります。ここで、ad［0］の下位 2 ビット B9、B8 は、A-D 変換されたデジタル値の上位 2 ビットで、ad［1］がデータの残り下位 8 ビットになります。

そこで、上位 2 ビットの ad［0］のデータと下位 8 ビットの ad［1］のデータをつなぐと、求める A-D 変換されたデジタル値になります。

具体的にはビット演算子 << を使い、ad［0］のデータを左に 8 ビットシフトさせ、ad［1］のデータに足します。

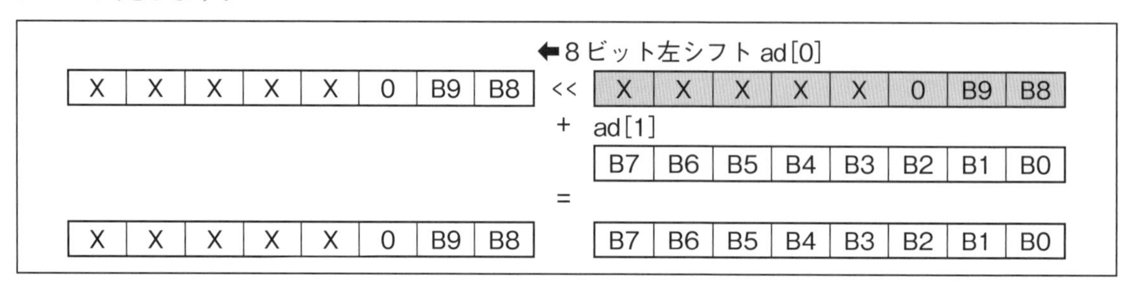

すると、

「X X X X X 0 B9 B8 B7 B6 B5 B4 B3 B2 B1 B0 」のようになります。

ここで、X に何か入っていると、正しいデジタル値を得ることができません。そこで、すべての X の値を 0 にしてしまいます。AND 演算子 & を使い、16 進数「0x03FF」で AND 演算すると、X の値はすべて 0 になります。16 進数「0x03FF」は、2 進数にすると、「0 0 0 0　0 0 1 1　1 1 1 1　1 1 1 1 」になります。

「0x03FF」は「0x3FF」と同じです。AND 演算を分かりやすくするため、「0x03FF」を使います。

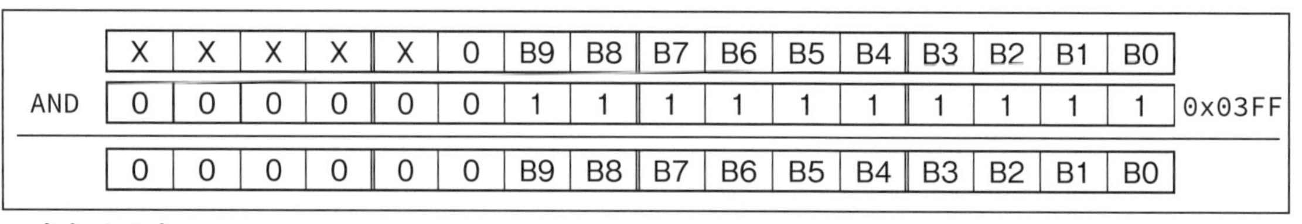

まとめると、

```
value=((ad[0] << 8)+ ad[1]) & 0x3FF
```

`(ad[0] << 8)` で ad[0] の値を 8 ビット左にシフトさせ、

`(ad[0] << 8)+ ad[1]` で ad[0] と ad[1] をつなぎ、

`((ad[0] << 8)+ ad[1]) & 0x3FF` で X の部分を 0 にし、

`value=((ad[0] << 8)+ ad[1]) & 0x3FF` でデジタル値を変数 value に代入します。

`value=((ad[0] << 8)+ ad[1]) & 0x3FF` は、次のように表すこともできます。

```
value=((ad[0] *256) + ad[1]) & 0x3FF
```

9 ビットのデータの重み付けは　下位ビットから「1 2 4 8　16 32 64 128　256」。

これは、$2^1=2$　$2^2=4$　$2^3=8 \cdots 2^8=256$　から分かります。データを8ビット左シフトさせると、元の1ビット目は9ビット目になり、重み付けは256になります。
(ad[0] << 8) において、ad[0]を8ビット左にシフトさせることは、(ad[0] *256) のように、ad[0]×256　と同じことになります。

4.2 焦電型赤外線センサによる周囲が暗いときの人検知回路

◆ 誘電体の性質

図4.6は、コンデンサに蓄えられた「電荷」の様子を表しています。同一形状、同一電圧Vにおいて、図(a)のように、電極間が真空の場合、電源の電圧によって回路に充電電流が流れ、±の電荷 Q_f が2つの電極に蓄積します。図(b)のように、電極間に「誘電体」といわれる絶縁体があると、電極に蓄積する全電荷Qは $Q_f + Q_b$ のように大きくなります。

電極間の電界の強さEは、印加電圧Vに比例し、電極間の距離dに反比例します。

$$E=V / d \ [V / m]$$

このように、電界の強さEは図(a)、図(b)ともに同じです。しかし、電極に蓄えられる電荷の量は、図(a)より図(b)の方が多くなります。

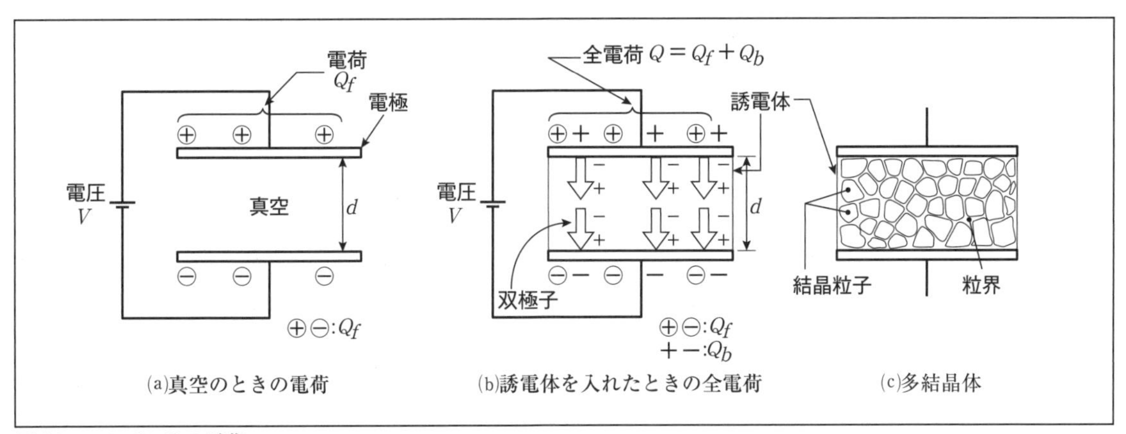

図4.6　コンデンサの電荷

この理由を考えてみましょう。例えば、セラミックスのような誘電体では、図(c)のように、誘電体の構造は多くの結晶粒子が集まった多結晶体でできています。この結晶粒子の中で、双極子といわれる正負の電荷の中心がずれた荷電粒子が、電界の印加によって、図(b)のように、微視的な距離だけ電界の方向に変位します。この現象を双極子分極といい、分極の一つに数えられます。

この結果、誘電体の表面に、印加電圧Vの正側はマイナスの電荷（$-Q_b$)、負側はプラスの電荷（$+Q_b$）が誘起され、これらを電気的に中和するために、Vの正側の電極に $+Q_b$、負側の電極に $-Q_b$ の電荷が新たに蓄積されることになります。

電荷を蓄積する能力を「**静電容量**」C と呼び、次式で与えられます。

$$C = Q / V \ [F]$$

ここで、Q：電荷［C］、V：印加電圧［V］

図(a)、図(b)を比較すると、図(b)の方が Q は大きいので、C も大きくなります。

◆ 強誘電体の分極と分極処理

図 4.7 は、強誘電体のヒステリシス曲線です。分極 P と電界の強さ E との関係が図のように、ヒステリシス曲線になる物質を強誘電体といいます。

図 4.7 において、E を大きくしていくと P も大きくなり、飽和状態になります。次に E を小さくしていき、E=0 にしても Pr だけ分極が残ります。この Pr を残留分極と呼び、Pr を 0 にするように、逆方向に E を大きくしていくと、Ec で Pr=0 になります。この Ec を抗電力と呼び、さらに、逆方向に E を大きくしていくと、逆方向に P は飽和します。ここから E を正方向に大きくしていくと、E と P の関係の曲線が描けます。この曲線をヒステリシス曲線といいます。

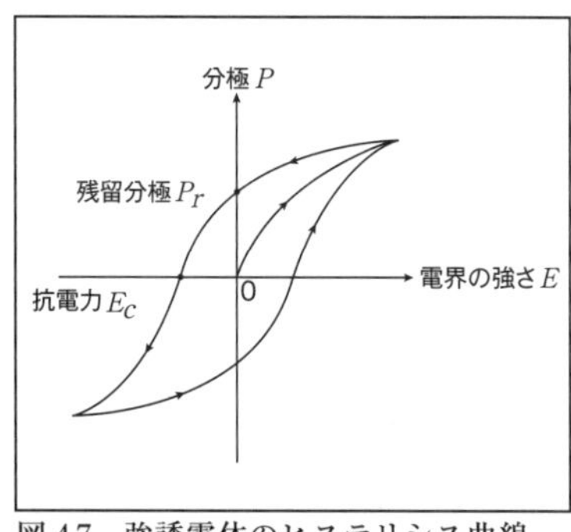

図 4.7　強誘電体のヒステリシス曲線

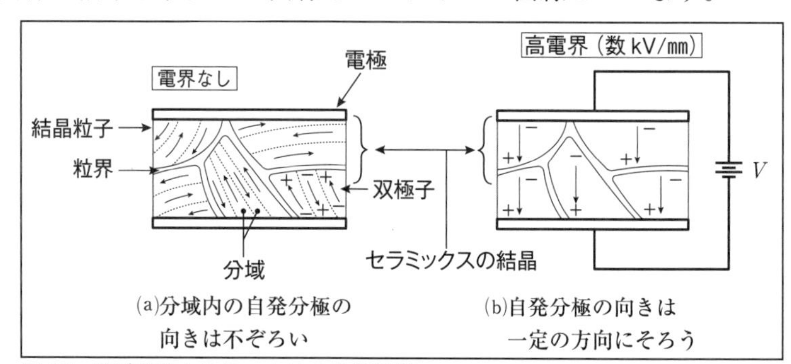

図 4.8　強誘電体セラミックスの分極処理

図 4.8 は、「**強誘電体セラミックスの分極処理**」の原理です。強誘電体は分域構造といって、図(a)に示すように、結晶粒子内がいくつかの群に分かれて分域を作っています。その区域内に双極子があり、電界のない状態でも分極を生じています。この分極を自発分極といいます。この場合、自発分極は一様に勝手な方向を向いているので、巨視的にみると分極は 0 になります。

図(b)は分極の原理で、セラミックスを電極間にはさみ、厚さ 1mm 当り数千ボルトもの高電圧をかけた場合です。こうすると、高電界によって、双極子（自発分極）の向きは全体的に電界の方向にそろいます。電界を取り去っても、残留分極が生じます。

◆ 焦電体の動作原理

焦電型赤外線センサは、強誘電体セラミックスのような「**焦電体**」といわれる素子の焦電効果を利用します。焦電効果というのは、人体が放射する赤外線のようなわずかな熱エネルギーの変化で、焦電体の表面に電荷が誘起され、起電力を発生する現象です。このような素子に、PZT（チタン酸ジルコン酸塩）系焦電体セラミックスがあります。

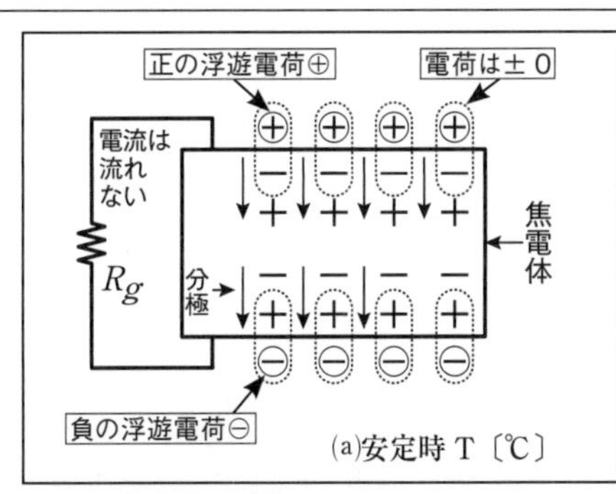

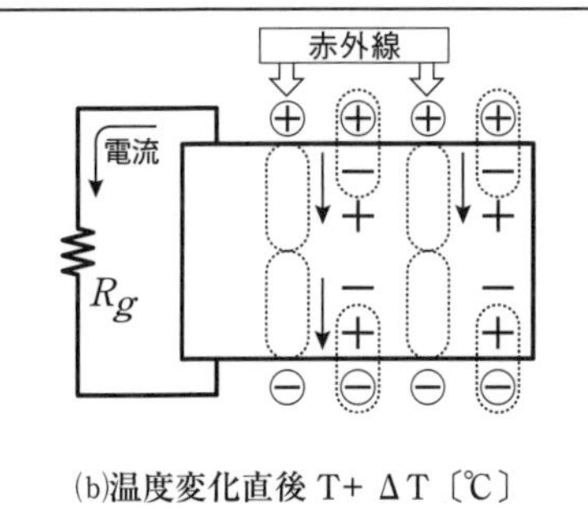

赤外線による熱エネルギーの変化で、分極の大きさが変わる。すると、いままで動けなかった⊕⊖の表面電荷は、Rg を通じて一緒になろうとして電流が流れる。ここで⊕の電荷は動けず、⊖の電荷が自由電子として⊕の方向へ動く。この自由電子の動きが電流を形成する。

図 4.9　焦電体の動作原理

図 4.9 は、焦電体の動作原理です。図(a)のように、一定温度 T［℃］において焦電体の分極は安定しています。この状態では、静電気の性質により、分極のマイナス面には周囲にある正の浮遊電荷が吸引され、分極のプラス面には負の浮遊電荷が吸引されます。浮遊電荷には空気イオンなどがあります。すると、焦電体の表面の電荷は見かけ上± 0 になります。すなわち、焦電体の上面、下面間には電位差はありません。

図には記入していないが、焦電体セラミックスの表面にはニッケル - クロムなどを蒸着した電極があり、赤外線の入射する側には黒化膜があります。ここで、人体などが放射する赤外線が入射すると、黒化膜でその赤外線エネルギーを熱エネルギーに変換し、焦電体に温度変化⊿ T[℃] を生じさせます。

焦電体の分極には温度依存性があるため、図(b)に示すように、温度変化⊿ T によって、 焦電体内部の分極の大きさが変化します。このとき、浮遊電荷による表面電荷は、分極の変化ほど速く温度変化に対応できないので、素子表面では短時間、分極の変化した分だけ電荷が存在します。すなわち、焦電体の表面に電荷が誘起され、この電荷による起電力によって、高抵抗 Rg に電流が流れます。このとき、焦電体は、電気的には静電容量を持つ電流源素子とみなすことができます。

この焦電体の特徴は、赤外線の波長依存性がないことです。よって、検出したい赤外線の波長範囲をフィルタ窓材で選択できます

◆　焦電型赤外線センサ回路

デュアル（2 つ）タイプの「焦電型赤外線センサ」AKE-1、D203B などは、図 4.10、図 4.11 に示すように、2 × 1㎜の 2 つの焦電素子が逆極性で直列に接続されているため、次のような特徴があります。

① 図 4.10 のように、2 つの焦電素子を横切る方向に赤外線を放射する人体などが移動すると、順次＋、－の方向に 1 kHz 程度の交流的な電圧変化が発生します。

② 太陽光などの外光が 2 つの焦電素子に同時に入射した場合、焦電素子は逆極性に接続されているので、互いに打ち消しあって出力は出ません。このため、誤作動を防げます。

③ その他、振動や温度などの周囲の環境変化に対し強くなります。

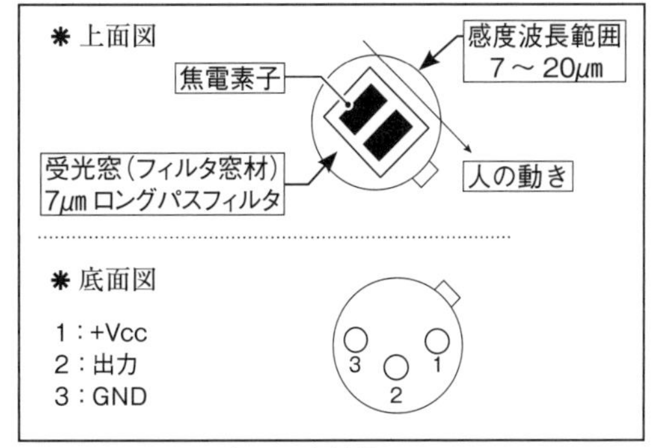

図 4.10　焦電型赤外線センサ

次に、図 4.11 の焦電型赤外線センサ回路の動作原理を述べます。

① 赤外線を放射する人体などがセンサに近づくと、焦電素子の赤外線エネルギーが変化するので、焦電効果によって、焦電素子は電荷すなわち起電力を発生します。

② 焦電素子の電極間に接続された高抵抗 Rg に電流が流れ、Rg の両端に電圧が発生します。

③ 焦電素子のインピーダンスは非常に大きいので、FET ソースフォロワ回路によって、インピーダンスを下げ、Rg の両端の電圧は、抵抗 Rs の両端の電圧変化として出力信号 V_O になります。交流分である V_O は、直流バイアス電圧 I_DRs に重畳します。

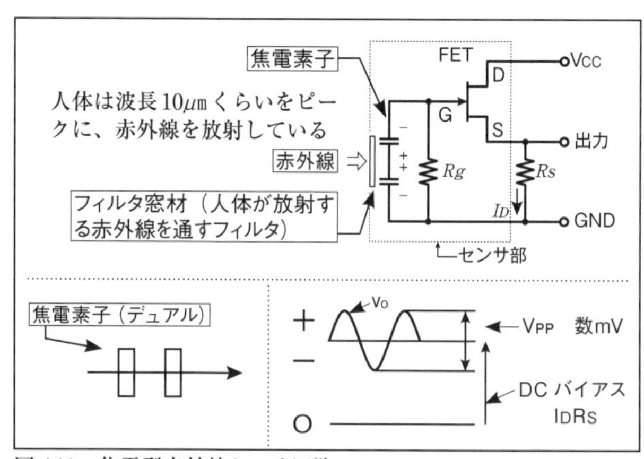

図 4.11 焦電型赤外線センサ回路

④ この交流分 V_O は V_{PP} が数 mV なので、後段に続く増幅回路で増幅します。

図 4.12 は、焦電型赤外線センサモジュール SKU-20-019-157 です。焦電型赤外線センサモジュールは、焦電型赤外線センサ回路で作られた微小出力電圧 Vo を増幅回路で増幅し、コンパレータやその他の回路によって、出力デジタル信号 3V を発生させます。また、効率よく赤外線を集めるため、ドーム型のフレネルレンズを使い、人を検知する距離を決める感度調整、検知出力保持時間の調整ができます。このように、すべての回路が基板上にモジュール化されています。

焦電型赤外線センサモジュールは、人の侵入検知や自動スイッチなどに応用されています。

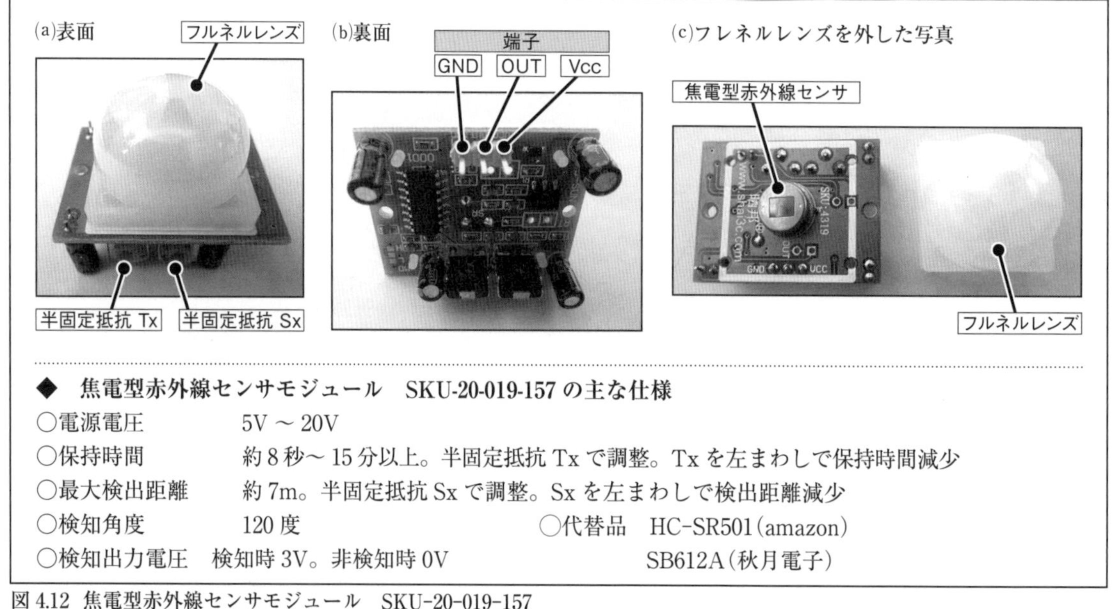

◆ 焦電型赤外線センサモジュール SKU-20-019-157 の主な仕様

○電源電圧　5V ～ 20V
○保持時間　約 8 秒～ 15 分以上。半固定抵抗 Tx で調整。Tx を左まわしで保持時間減少
○最大検出距離　約 7m。半固定抵抗 Sx で調整。Sx を左まわしで検出距離減少
○検知角度　120 度
○検知出力電圧　検知時 3V。非検知時 0V
○代替品　HC-SR501（amazon）
SB612A（秋月電子）

図 4.12 焦電型赤外線センサモジュール SKU-20-019-157

◆　周囲が暗いときの人検知回路

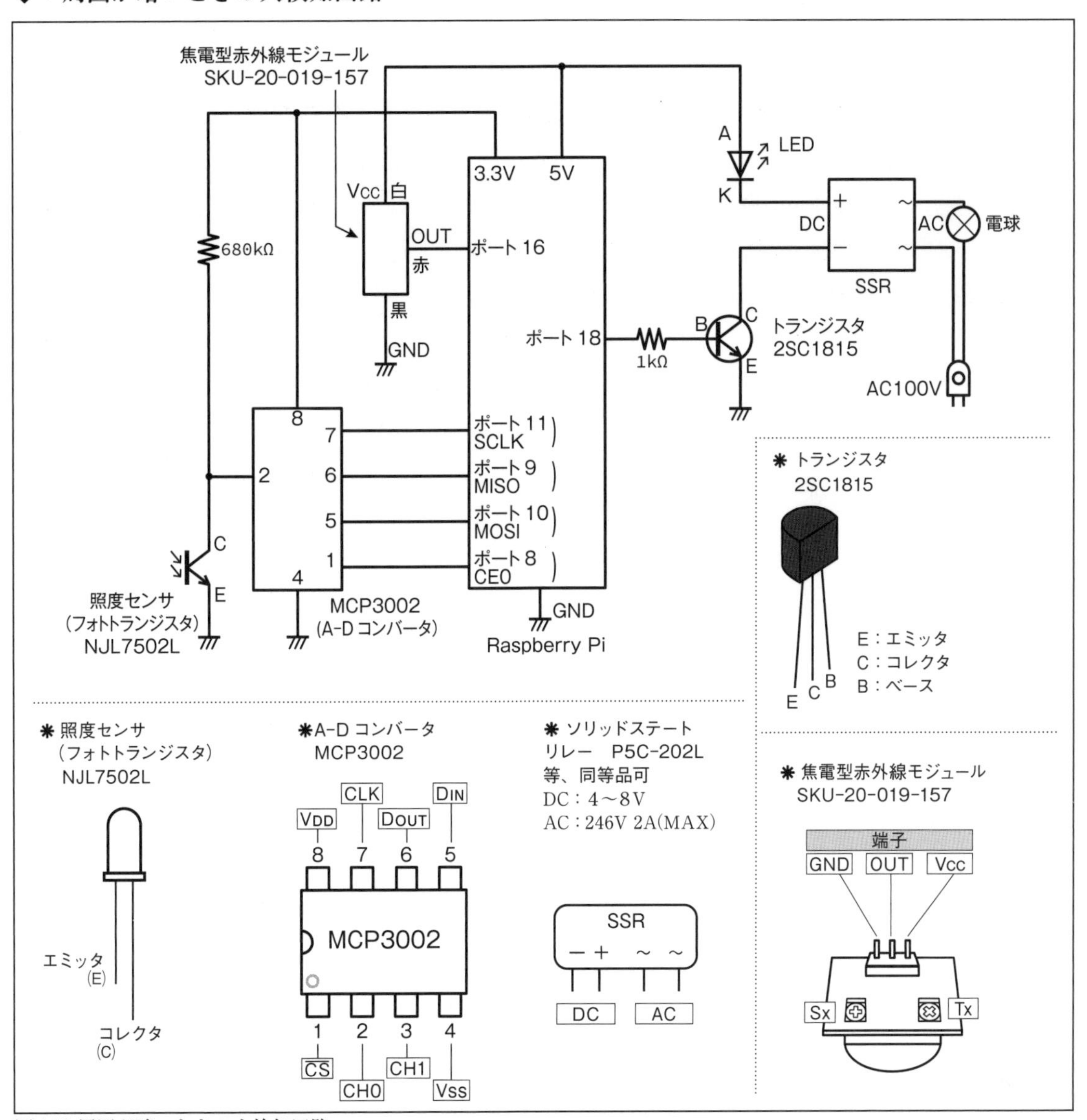

図 4.13 周囲が暗いときの人検知回路

図 4.13 は、「周囲が暗いときの人検知回路」です。デジタルテスタ（DC V）で測定した実測値を基に回路の動作を見てみましょう。

① 焦電型赤外線センサモジュールの半固定抵抗 Sx と Tx は、左まわし一杯にしておきます。これで検出距離は最短になります。半固定抵抗 Tx は保持時間を決めるが、ここではプログラムで保持時間を 10 秒とします。

② 照度センサ（フォトトランジスタ）の周囲が明るいと、コレクタ電流 Ic は大きくなり、Ic は抵抗 R=680kΩ とフォトトランジスタに流れます。抵抗 R に Ic が流れると、R の両端に電圧がかかり、電圧降下が大きくなってコレクタ C の電圧は下がります。例えばコレクタ

Cの電圧は0.12Vになり、この電圧がA-DコンバータMCP3002のアナログ入力ピン2に入ります。

③ フォトトランジスタの周囲が暗いと、コレクタ電流Icは小さくなり、抵抗R=680kΩでの電圧降下も小さくなります。このため、例えばコレクタCの 電圧は1.5Vになり、この電圧がMCP3002のアナログ入力ピン2に入ります。アナログ電圧0～3.3Vを、デジタル値0～1023にA-D変換します。プログラムでは、デジタル値が300より大きければ、フォトトランジスタの周囲が暗いと判断します。

④ 人が焦電型赤外線センサモジュールに近づくと、焦電型赤外線センサモジュールの出力電圧は3.0V程度に上昇します。人の動きがあるときのみ出力電圧の上昇があります。
人の動きがないときや人がセンサに近づかないときは、出力電圧は0Vです。この出力電圧は、ポート16のデジタル入力になり、3.0Vは"HIGH"、0Vは"LOW"になります。

⑤ プログラムでは、フォトトランジスタの周囲が暗く、人が焦電型赤外線センサモジュールに近づくと、ポート18に"HIGH"の信号を出します。

⑥ ポート18に"HIGH"の信号、例えば3.2Vの電圧を出します。すると、トランジスタにベース電流I_Bが流れ、電流増幅された大きなコレクタ電流I_Cが流れます。このI_Cは、Raspberry Piの5VピンからLED、SSRの+－間、トランジスタに流れます。LEDは点灯します。実測によると、Icは7mAほどです。

⑦ SSRはSolid State Relayの略で、ソリッドステートリレーといいます。SSRの+－間に直流電流が流れると、2本のAC端子間がつながり、交流100Vの電球が点灯します。

⑧ 以上のように、暗いとき、焦電型赤外線センサモジュールに人が近づくと、LEDと電球は点灯します。このとき、画面に「Who is here」と表示します。LEDが消灯のときは、「No one」と表示します。LEDと電球の点灯時間はプログラムで自由に設定できます。

図4.14は、周囲が暗いときの人検知回路の実体配線図です。

プログラム2　周囲が暗いときの人検知回路　　4-2.py

```
import wiringpi as pi          wiringpiのライブラリを読み込み、wiringpiをpiに置き換える
import spidev                  spidevのライブラリを読み込む
import time                    timeのライブラリを読み込む

pi.wiringPiSetupGpio()         GPIOを初期化
pi.pinMode(16,pi.INPUT)        ポート16を入力モードに設定
pi.pinMode(18,pi.OUTPUT)       ポート18を出力モードに設定

spi=spidev.SpiDev()            SPI通信の設定
spi.open(0,0)                  SPI通信の開始
spi.max_speed_hz=1000000       最大周波数の設定
pi.digitalWrite(18,pi.LOW)     ポート18にLOWを出力
```

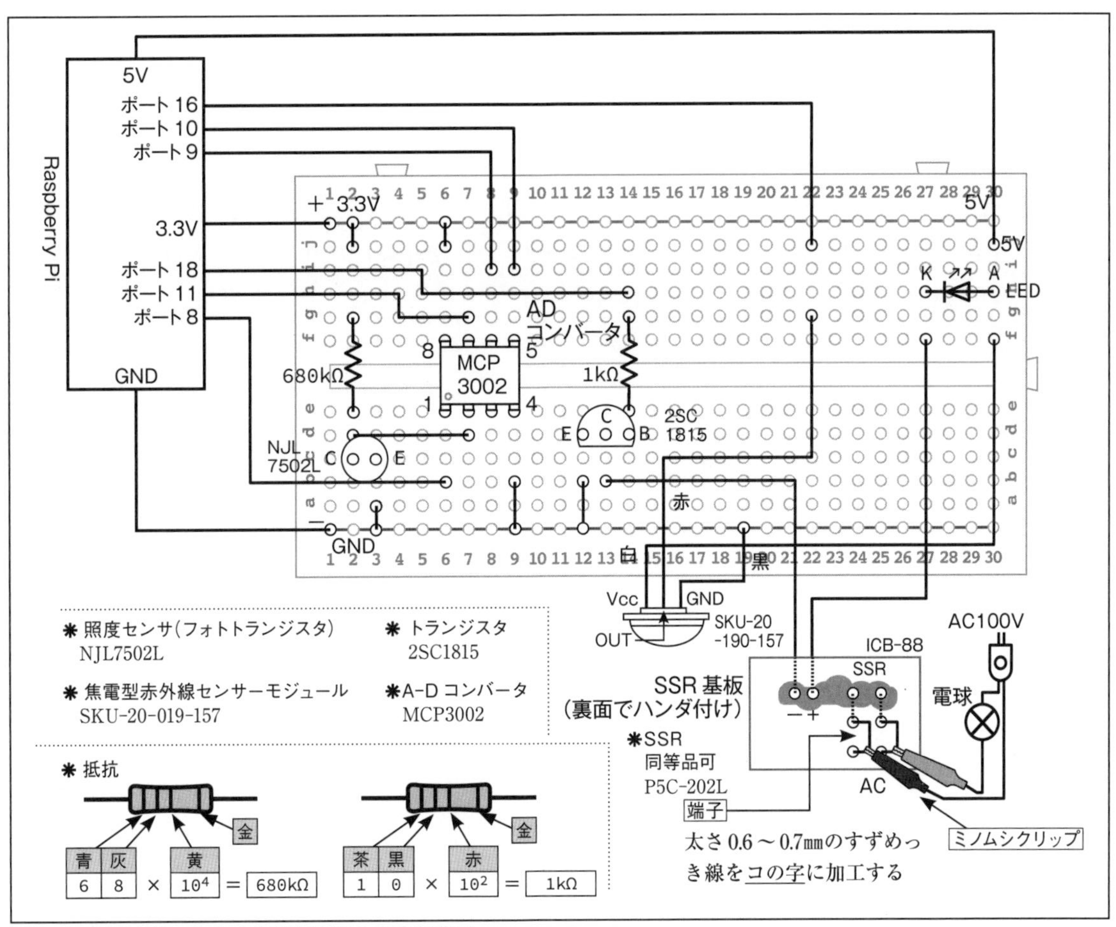

図 4.14　周囲が暗いときの人検知回路の実体配線図

```
while True:                                     繰り返しのループ
    if(pi.digitalRead(16)==pi.HIGH):            if 文。ポート16 が HIGH（1）ならば、次へ行く
        ad=spi.xfer2([0x68,0x00])               xfer2 でデータを送信
        value=((ad[0] << 8)+ ad[1]) & 0x3FF     A-D 変換された値を変数 value に代入

        if(value >300):                         if 文。value>300 ならば、次へ行く
            print(value)                        value の値を表示
            print("Who is here")                who is here と表示
            pi.digitalWrite(18,pi.HIGH)         ポート18 に HIGH（1）を出力
            time.sleep(10)                      タイマ（10 秒）
            print("No one")                     No one と表示
            pi.digitalWrite(18,pi.LOW)          ポート18 に LOW（0）を出力
```

4.3 圧力センサや曲げセンサを使ったフルカラー LED の点灯制御

図 4.15 は、「圧力センサ」、A-D コンバータ、「フルカラー LED」 などを使った圧力センサによるフルカラー LED の点灯制御回路です。

図 4.16 は、圧力センサの替わりに「曲げセンサ」を使ったフルカラー LED の点灯制御回路です。

どちらも同じような回路なので、図 4.17 のように、実体配線図はまとめて描いています。圧力センサのときは、曲げセンサと抵抗 24k Ωは外します。曲げセンサのときは、圧力センサと抵抗 51k Ωを外します。

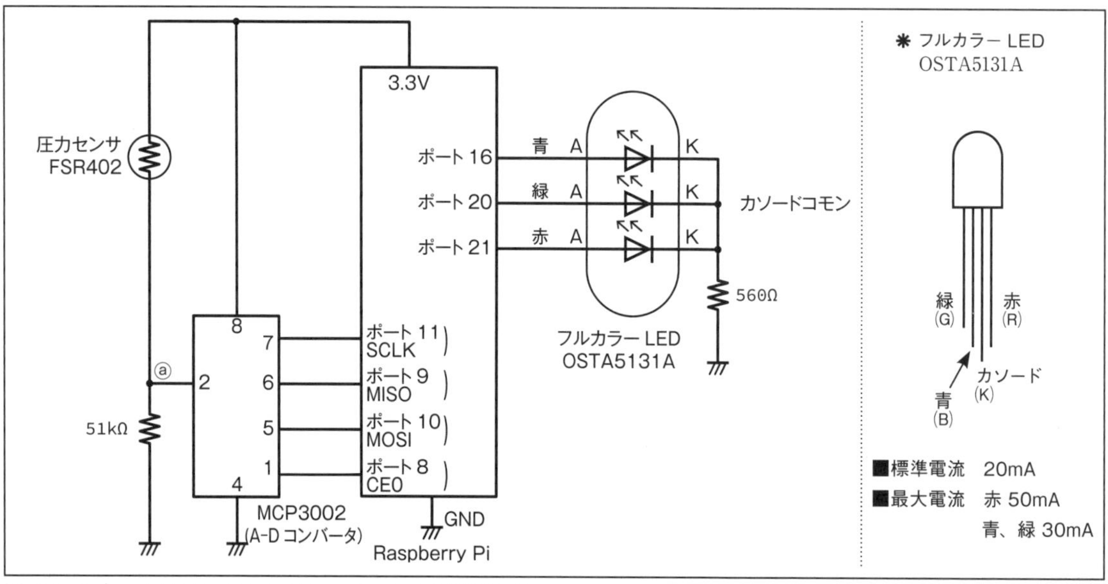

図 4.15 圧力センサによるフルカラー LED の点灯制御回路

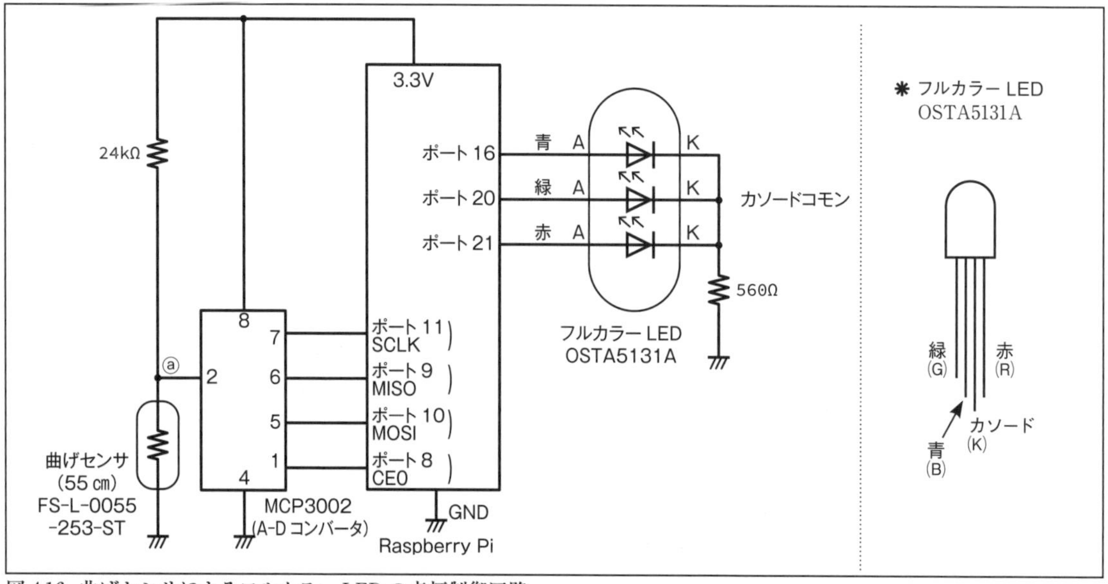

図 4.16 曲げセンサによるフルカラー LED の点灯制御回路

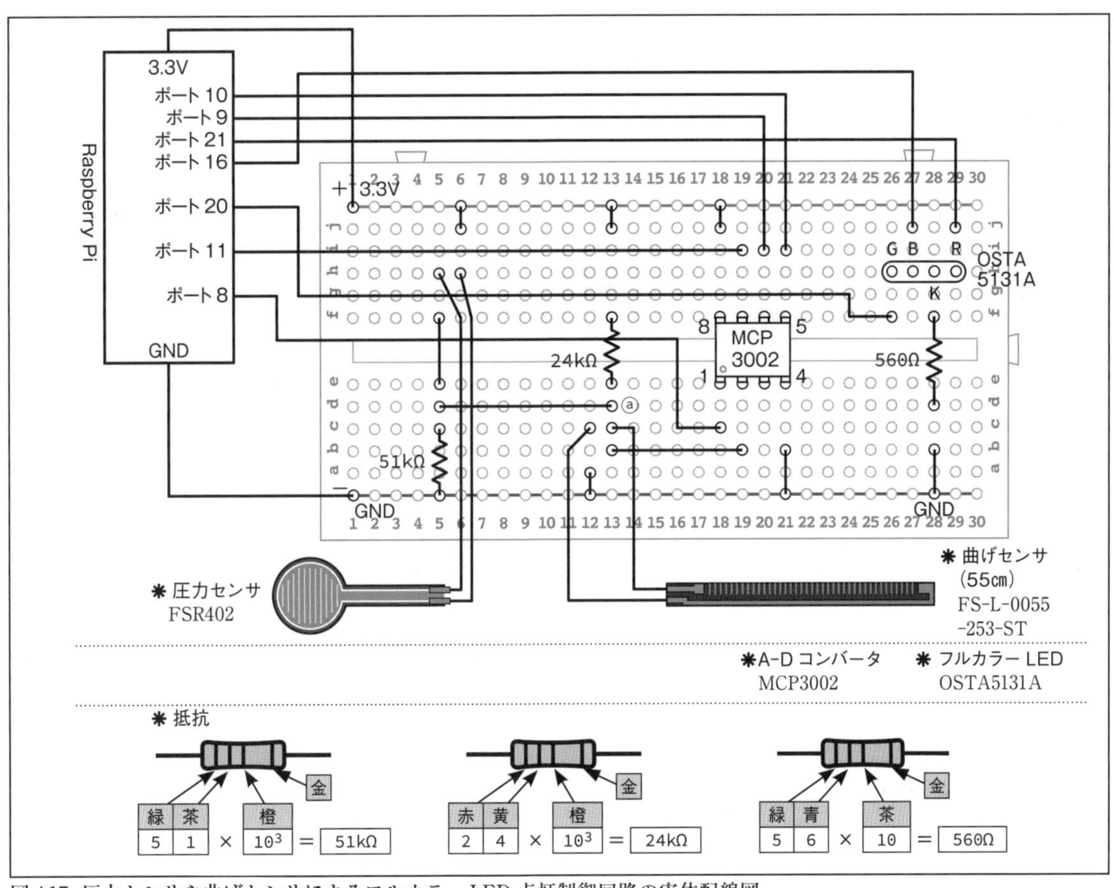

図 4.17　圧力センサや曲げセンサによるフルカラー LED 点灯制御回路の実体配線図

◆ 圧力センサとフルカラー LED

図 4.18 は、「圧力センサ FSR402」の主な仕様と圧力によって抵抗値が減少する様子です。FSR402 は、高分子厚膜フィルムデバイスの一種です。

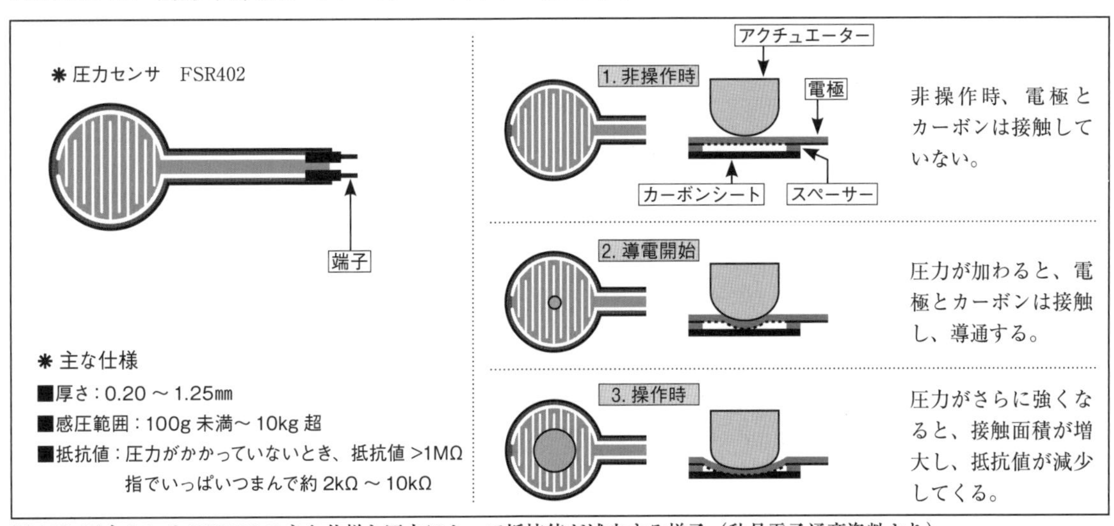

図 4.18　圧力センサ FSR402 の主な仕様と圧力によって抵抗値が減少する様子（秋月電子通商資料より）

「フルカラー LED」は、砲弾形のケースの中に緑（GREEN)、青（BLUE)、赤（RED）の3色のLEDが組み込まれています。3色を調光することで、点灯する色を可変することができます。

図4.15の中で示すように4つの端子を持ち、一番長い端子カソードKを左から3つ目に見たとき、左から緑、青、K、赤と並び、緑、青、赤はアノードAの端子です。各LEDのカソードKは1つにまとめられ、「カソードコモン」といいます。

各LEDの光る位置は少し異なります。また、まぶしさが気になる場合、LED光拡散キャップをかぶせることもできます。

図4.15では、フルカラーLEDのカソードコモンとグランド（GND）の間に抵抗が1つしかありません。これは回路を簡単にしています。

◆ 圧力センサによるフルカラーLEDの点灯制御回路

圧力センサによるフルカラーLEDの点灯制御回路の動作を見てみましょう。

① 図4.15において、圧力センサFSR402に圧力が加わると、FSR402の抵抗は減少します。すると、FSR402の抵抗と51kΩの抵抗で電源電圧3.3Vを分圧するので、ⓐ点の電圧は上昇します。

② いま、FSR402に圧力が加わり、FSR402の抵抗値が2kΩになったとします。分圧の計算により、ⓐ点の電圧は3.175Vになります。

$$\text{ⓐ点の電圧} = \frac{51}{51+2} \times 3.3 = 3.175\text{V}$$

③ ⓐ点の電圧は、A-DコンバータMCP3002のアナログ入力ピン2の入力になり、MCP3002でデジタル値に変換されます。MCP3002は10ビットのA-Dコンバータなので、$2^{10}=1024$の分解能をもち、0から1023までのデジタル値になります。

④ デジタル値valueは次のように計算されます。

$$\frac{\text{value}}{1023} = \frac{3.175}{3.3}$$

$$\text{value} = \frac{3.175}{3.3} \times 1023 \fallingdotseq 984$$

⑤ この実習でのデジタル値valueは、実測によると、0～約1000の範囲にあり、プログラムによって4つに分岐し、フルカラーLEDを点灯させます。

value >= 900 ならば 青色LEDを点灯させます。

value > 500 かつ value < 900 ならば 緑色LEDを点灯させます。

value >= 20 かつ value <= 500 ならば 赤色LEDを点灯させます。

value < 20 ならば 青色LEDと緑色LEDを点灯させます。すると 青色と緑色が混ざり、水色の光に見えます。

プログラム3　圧力センサによるフルカラー LED の点灯制御回路　　4-3.py

```
import wiringpi as pi                 wiringpi のライブラリを読み込み、wiringpi を pi に置き換える
import spidev                         spidev のライブラリを読み込む
import time                           time のライブラリを読み込む

pi.wiringPiSetupGpio()                GPIO の初期化
pi.pinMode(16,pi.OUTPUT)              ポート 16 を出力モードに設定
pi.pinMode(20,pi.OUTPUT)              ポート 20 を出力モードに設定
pi.pinMode(21,pi.OUTPUT)              ポート 21 を出力モードに設定

spi=spidev.SpiDev()                   SPI 通信の設定
spi.open(0,0)                         SPI 通信の開始
spi.max_speed_hz=1000000              最大周波数の設定

while True:                                         繰り返しのループ
    ad=spi.xfer2([0x68,0x00])                       xfer2 でデータを送信
    value=((ad[0] *256)+ ad[1]) & 0x3FF             A-D 変換された値を変数 value に代入
    print(value)                                    value の値を表示

    if(value >=900):                                if 文。value>=900 ならば、次へ行く
        pi.digitalWrite(16,pi.HIGH)                 ポート 16 に HIGH(1) を出力。青色 LED 点灯
        pi.digitalWrite(20,pi.LOW)                  ポート 20 に LOW(0) を出力
        pi.digitalWrite(21,pi.LOW)                  ポート 21 に LOW(0) を出力
        time.sleep(1)                               タイマ（1秒）
    elif (value >500 and  value <900):              elif 文。value>500 かつ value<900 ならば、次へ行く
        pi.digitalWrite(16,pi.LOW)                  ポート 16 に LOW(0) を出力
        pi.digitalWrite(20,pi.HIGH)                 ポート 20 に HIGH(1) を出力。緑色 LED 点灯
        pi.digitalWrite(21,pi.LOW)                  ポート 21 に LOW(0) を出力
        time.sleep(1)                               タイマ（1秒）
    elif(value >= 20 and  value <=500):             elif 文。value>=20 かつ value<=500 ならば、次へ行く
        pi.digitalWrite(16,pi.LOW)                  ポート 16 に LOW(0) を出力
        pi.digitalWrite(20,pi.LOW)                  ポート 20 に LOW(0) を出力
        pi.digitalWrite(21,pi.HIGH)                 ポート 21 に HIGH(1) を出力。赤色 LED 点灯
        time.sleep(1)                               タイマ（1秒）
    elif(value < 20):                               elif 文。value<20 ならば、次へ行く
        pi.digitalWrite(16,pi.HIGH)                 ポート 16 に HIGH(1) を出力。青色 LED 点灯
        pi.digitalWrite(20,pi.HIGH)                 ポート 20 に HIGH(1) を出力。緑色 LED 点灯
        pi.digitalWrite(21,pi.LOW)                  ポート 21 に LOW(0) を出力
        time.sleep(1)                               タイマ（1秒）
```

◆ 曲げセンサ

図 4.19 は、曲げセンサ FS-L-0055-253-ST の特徴や主な仕様です。

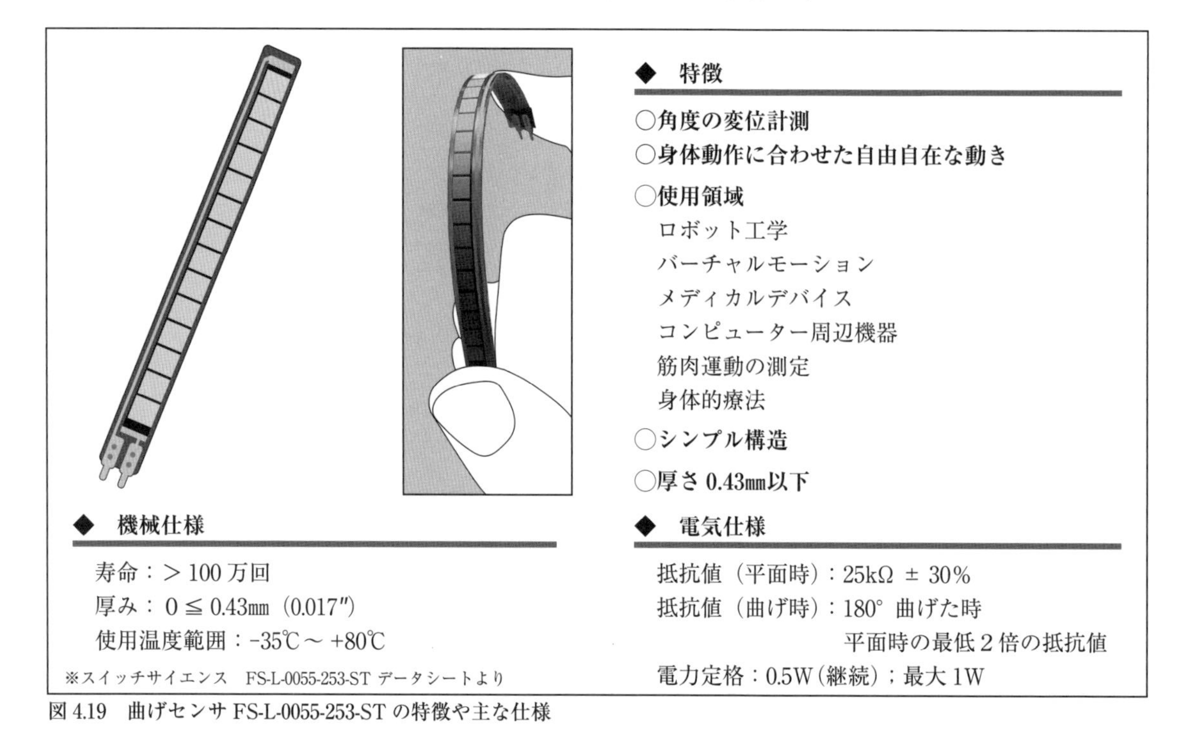

図 4.19 曲げセンサ FS-L-0055-253-ST の特徴や主な仕様

図 4.20 は曲げセンサの見た目と、図の方向に曲げていくと抵抗値が増加する様子です。

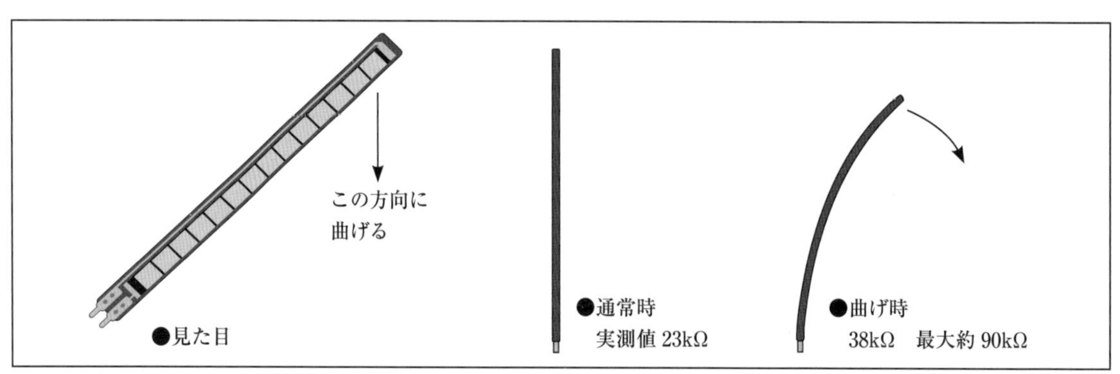

図 4.20 曲げセンサの見た目と、図の方向に曲げていくと抵抗値が増加する様子

この曲げセンサは、対象物と一体になって、対象物の曲げによる曲げセンサの抵抗の変化を、電気的に検出することができます。

構造は、弾性変形のしやすい絶縁基板上に一対の電極を形成し、電極間に炭素等の抵抗体被膜を絶縁基板と一体に形成したものです。

曲げセンサの角度変化の増加とともに、絶縁基板と一体になった抵抗体被膜が曲げられ、抵抗体被膜の内部に歪みが生じることで、非線形に抵抗値が増加します。

◆ 曲げセンサによるフルカラー LED の点灯制御回路

曲げセンサによるフルカラー LED の点灯制御回路の動作を見てみましょう。

① 図 4.16 において、曲げセンサを曲げていくと、曲げセンサの抵抗は増加します。曲げセンサの抵抗と 24kΩ の抵抗で電源電圧を分圧するので、ⓐ点の電圧は上昇します。

② いま、曲げセンサの抵抗値が 70kΩ になったとします。分圧の計算により、ⓐ点の電圧は 2.457V になります。

$$\text{ⓐ点の電圧} = \frac{70}{70+24} \times 3.3 = 2.457\text{V}$$

③ ⓐ点の電圧は、A-D コンバータ MCP3002 のアナログ入力ピン 2 の入力になり、MCP3002 でデジタル値に変換されます。MCP3002 は 10 ビットの A-D コンバータなので、$2^{10}=1024$ の分解能を持ち、0 から 1023 までのデジタル値になります。

④ デジタル値 value は次のように計算されます。

$$\frac{\text{value}}{1023} = \frac{2.457}{3.3}$$

$$\text{value} = \frac{2.457}{3.3} \times 1023 \fallingdotseq 762$$

⑤ この実習でのデジタル値 value は、実測によると、約 500 ～約 800 の範囲にあり、プログラムによって 3 つに分岐し、フルカラー LED を点灯させます。
value > 750 ならば　青色 LED を点灯させます。
value >= 600　かつ　value <= 750 ならば　緑色 LED を点灯させます。
その他ならば　赤色 LED を点灯させます。この場合 value は 599 以下になります。

プログラム 4　曲げセンサによるフルカラー LED の点灯制御回路　　4-4.py

```
import wiringpi as pi                 wiringpi のライブラリを読み込み、wiringpi を pi に置き換える
import spidev                         spidev のライブラリを読み込む
import time                           time のライブラリを読み込む

pi.wiringPiSetupGpio()                GPIO の初期化
pi.pinMode(16,pi.OUTPUT)              ポート 16 を出力モードに設定
pi.pinMode(20,pi.OUTPUT)              ポート 20 を出力モードに設定
pi.pinMode(21,pi.OUTPUT)              ポート 21 を出力モードに設定

spi=spidev.SpiDev()                   SPI 通信の設定
spi.open(0,0)                         SPI 通信の開始
spi.max_speed_hz=1000000              最大周波数の設定
```

```
while True:                                        繰り返しのループ
    ad=spi.xfer2([0x68,0x00])                      xfer2でデータを送信
    value=((ad[0]*256)+ad[1]) & 0x3FF              A-D変換された値を変数valueに代入
    print(value)                                   valueの値を表示

    if(value > 750):                               if文。value>750ならば、次へ行く
        pi.digitalWrite(16,pi.HIGH)                ポート16にHIGH(1)を出力。青色LED点灯
        pi.digitalWrite(20,pi.LOW)                 ポート20にLOW(0)を出力
        pi.digitalWrite(21,pi.LOW)                 ポート21にLOW(0)を出力
        time.sleep(1)                              タイマ（1秒）
    elif(value >= 600 and value <= 750):           elif文。value>=600かつvalue<=750ならば、次へ行く
        pi.digitalWrite(16,pi.LOW)                 ポート16にLOW(0)を出力
        pi.digitalWrite(20,pi.HIGH)                ポート20にHIGH(1)を出力。緑色LED点灯
        pi.digitalWrite(21,pi.LOW)                 ポート21にLOW(0)を出力
        time.sleep(1)                              タイマ（1秒）
    else:                                          さもなければ
        pi.digitalWrite(16,pi.LOW)                 ポート16にLOW(0)を出力
        pi.digitalWrite(20,pi.LOW)                 ポート20にLOW(0)を出力
        pi.digitalWrite(21,pi.HIGH)                ポート21にHIGH(1)を出力。赤色LED点灯
        time.sleep(1)                              タイマ（1秒）
```

4.4 IC温度センサによる温度測定

図4.21は、「IC温度センサ」LM35DZとA-DコンバータMCP3002を使った温度測定です。図4.22に、実体配線図を示します。

IC温度センサLM35DZは、1℃当り10.0mVという温度に比例したアナログ電圧を出力し、精度は±0.75℃（室温では±0.25℃）です。LM35DZは半導体温度センサで、センサ内部のダイオードに一定の順方向電流を与えたとき、順方向電圧がPN接合の温度に依存する性質を利用します。基本的な温度測定範囲は2℃～100℃です。

図4.21において、LM35DZの出力電圧を電源電圧3.3VのA-DコンバータMCP3002のアナログ入力ピン2に入力します。例えば、室温20.9℃のとき、LM35DZの出力電圧は0.209Vになります。このアナログ電圧0.209VをA-DコンバータMCP3002でA-D変換すると、デジタル値valueは次のように計算できます。

MCP3002は10ビットのA-Dコンバータのため、$2^{10}=1024$の分解能をもち、0を含めるので1023がA-D変換データの最大値になります。

$$\frac{\text{value}}{1023} = \frac{\text{volt}}{3.3} \quad \cdots\cdots 式(1)$$

式(1)から value を求めると、volt=0.209 なので、

$$\text{value} = \frac{0.209}{3.3} \times 1023=64.79$$

value は整数なので value=64 とします。
次に式(1)から電圧 volt を求めます。

$$\text{volt} = 3.3 \times \frac{\text{value}}{1023}$$

volt の値の 100 倍が温度 temp の値になるので、

temp=volt × 100

プログラムでは、次式を使います。

temp=(3.3 × value/1023) × 100

value=64 を上の式に代入すると

temp=(3.3 × 64/1023) × 100=20.6

室温 20.9℃に近い値の 20.6℃になりました。

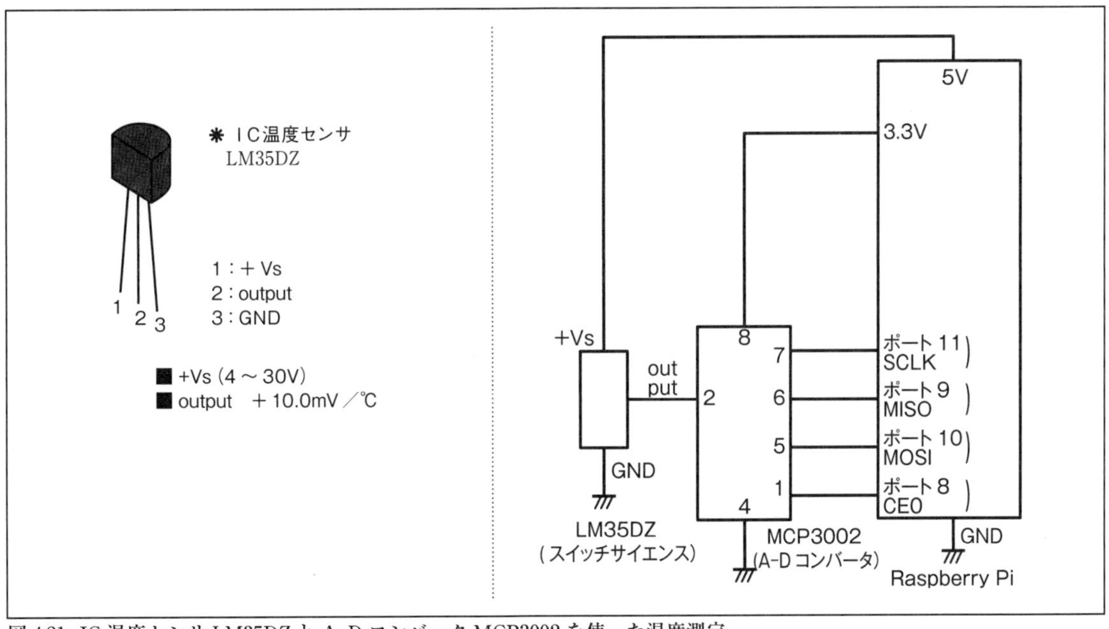

図 4.21 IC 温度センサ LM35DZ と A-D コンバータ MCP3002 を使った温度測定

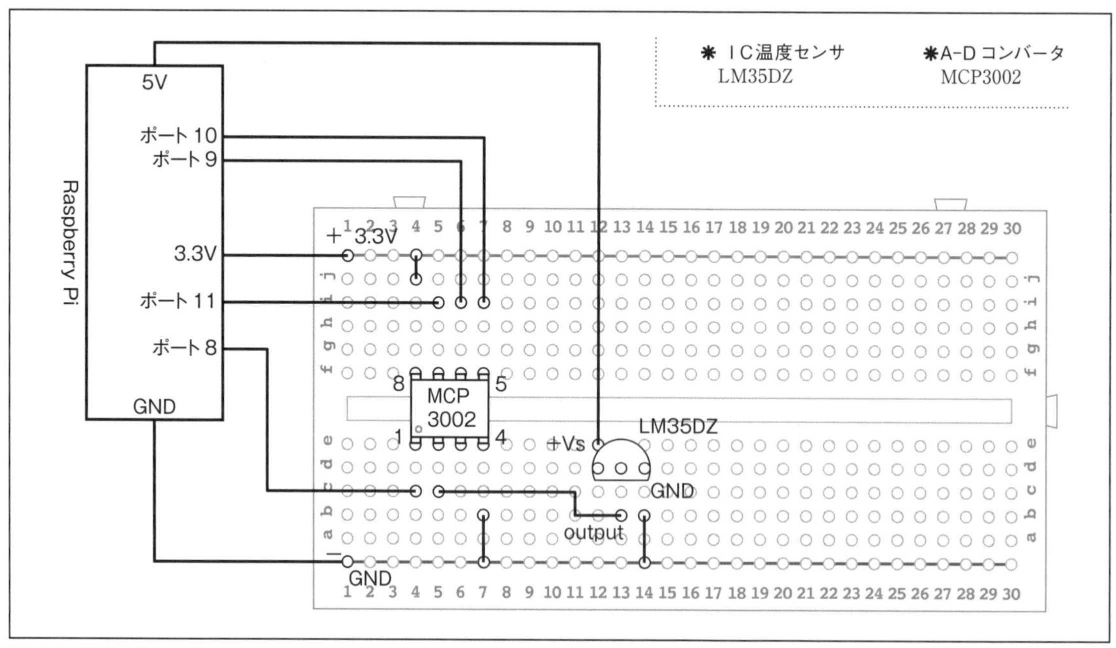

図 4.22 IC 温度センサ LM35DZ と A-D コンバータ MCP3002 を使った温度測定の実体配線図

プログラム 5　IC 温度センサ LM35DZ と A-D コンバータ MCP3002 を使った温度測定　　4-5.py

`import spidev`	spidev のライブラリを読み込む
`import time`	time のライブラリを読み込む
`spi=spidev.SpiDev()`	SPI 通信の設定
`spi.open(0,0)`	SPI 通信の開始
`spi.max_speed_hz=1000000`	最大周波数の設定
`while True:`	繰り返しのループ
`    ad=spi.xfer2([0x68,0x00])`	xfer2 でデータを送信
`    value=((ad[0]*256)+ad[1]) & 0x3FF`	A-D 変換された値を変数 value に代入
`    temp=(3.3*value/1023)*100`	温度の測定
`    print("Ondo=%.1f do C" % temp)`	温度の表示
`    time.sleep(2)`	タイマ（2秒）

「Run」→「Run Module」で プログラムを走らせると、Python Shell のウィンドウに一例として、

```
Ondo=23.7 do C
Ondo=23.3 do C
```

のように、2 秒間隔で温度が表示されます。

4.5　圧電振動ジャイロモジュールを使用した緊急電源停止回路

◆　緊急電源停止回路と圧電振動ジャイロの動作原理

図4.23は、A-Dコンバータ、「圧電振動ジャイロモジュール」などを使用した緊急電源停止回路です。圧電振動ジャイロモジュールは、2軸周りの回転（角速度）を検出するため、設置個所が異なる2つの圧電振動ジャイロを搭載しています。

押しボタンスイッチPBS_1を押すと、プログラムに従い、SSR（ソリッドステートリレー）の＋－間は通電し、LEDは点灯します。このため、SSRの交流側（AC）はONになり、負荷にAC100Vが印加され、電流が流れます。

地震などの激しい揺れを想定し、圧電振動ジャイロモジュールが左右前後のどちらかの角速度を検出すると、負荷電源が落ちます。圧電振動ジャイロの静止時の出力電圧は、実測によると1.44Vです。左右あるいは前後の振動の向きによって、1.44Vを基準にして、プラス・マイナスの高低出力電圧が発生します。このアナログ電圧をA-DコンバータMCP3002がデジタル値に変換します。変換されたデジタル値に応じてSSRの電源は切られます。AC100V負荷が通電中にPBS_2を押すと、SSRはOFFになります。

図4.24は、圧電振動ジャイロの動作原理です。図(a)に示す振り子のように、X軸方向に単振動を繰り返している物体があります。いま、この物体のZ軸まわりに回転角速度を加えてみます。すると、振り子の運動のX軸方向に対し、垂直のY軸方向にコリオリの力が発生し、振り子はやがて円を描くように動き出します。

圧電振動ジャイロは、コリオリの力という力学現象を利用しています。図(b)は、圧電振動ジャイロの電気信号を検出する原理です。圧電セラミックス素子に電圧を加えると、X軸方向に振動を繰り返します。この振動の動きは図(a)の振り子の振動に相当します。この圧電セラミックス素子をZ軸のまわりに回転させると、コリオリの力がY軸方向に発生します。すると、Y軸に張り合わせた別の圧電セラミックス素子はコリオリの力によって歪みが生じ、この歪みを電気信号（電圧）として取り出します。この電圧の大小は回転速度の大小を表し、角速度を検出できます。

図4.25は、圧電振動ジャイロモジュールの参考資料です。

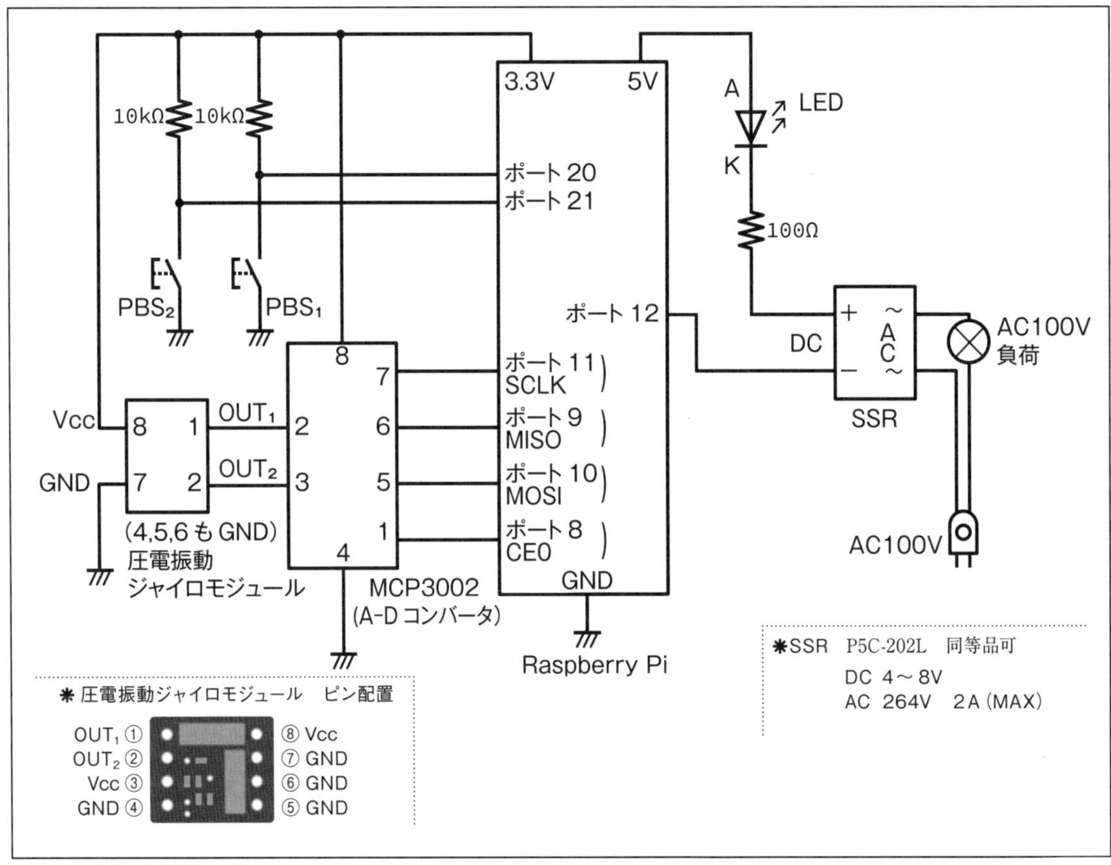

図 4.23 緊急電源停止回路

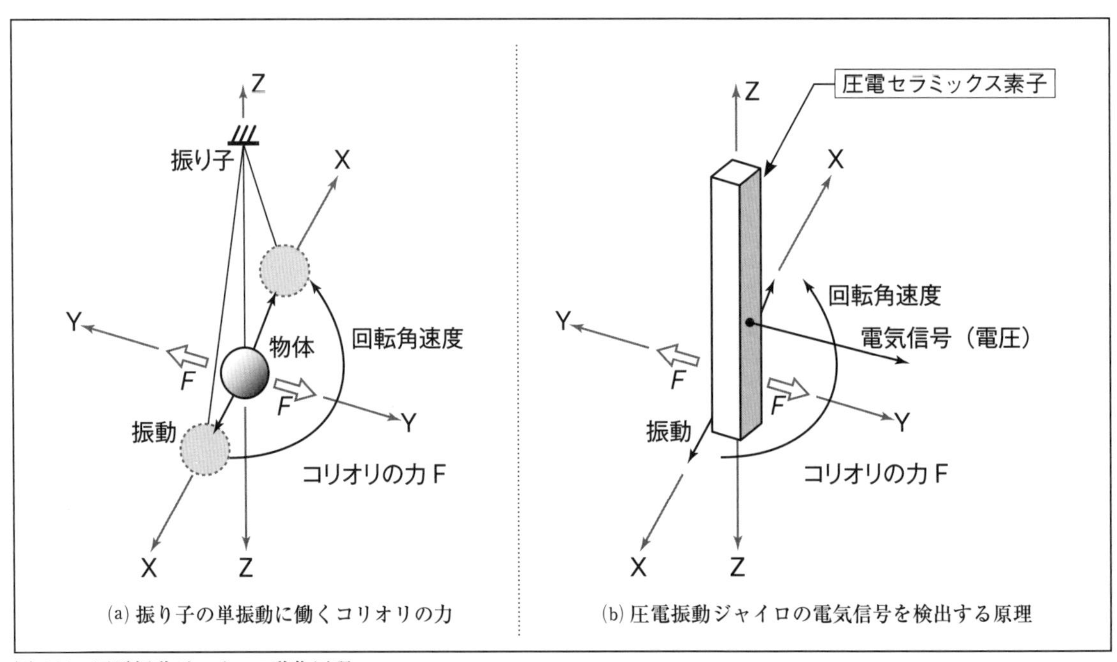

図 4.24 圧電振動ジャイロの動作原理

◆　参考資料（秋月電子通商製作資料より）圧電振動ジャイロモジュール

村田製作所製の圧電振動ジャイロ（ENC-03R）を使用し、ロボットなどの制御姿勢、カメラの手ぶれ検出、各種動き検出に使用できる。

＊圧電振動ジャイロ（ENC-03R）
- 供給電圧：（DC）2.7 ～ 5.25V
- 検出範囲：± 300deg./sec
- 静止時　：1.35V（DC）
- 感度　　：0.67mV/deg./sec

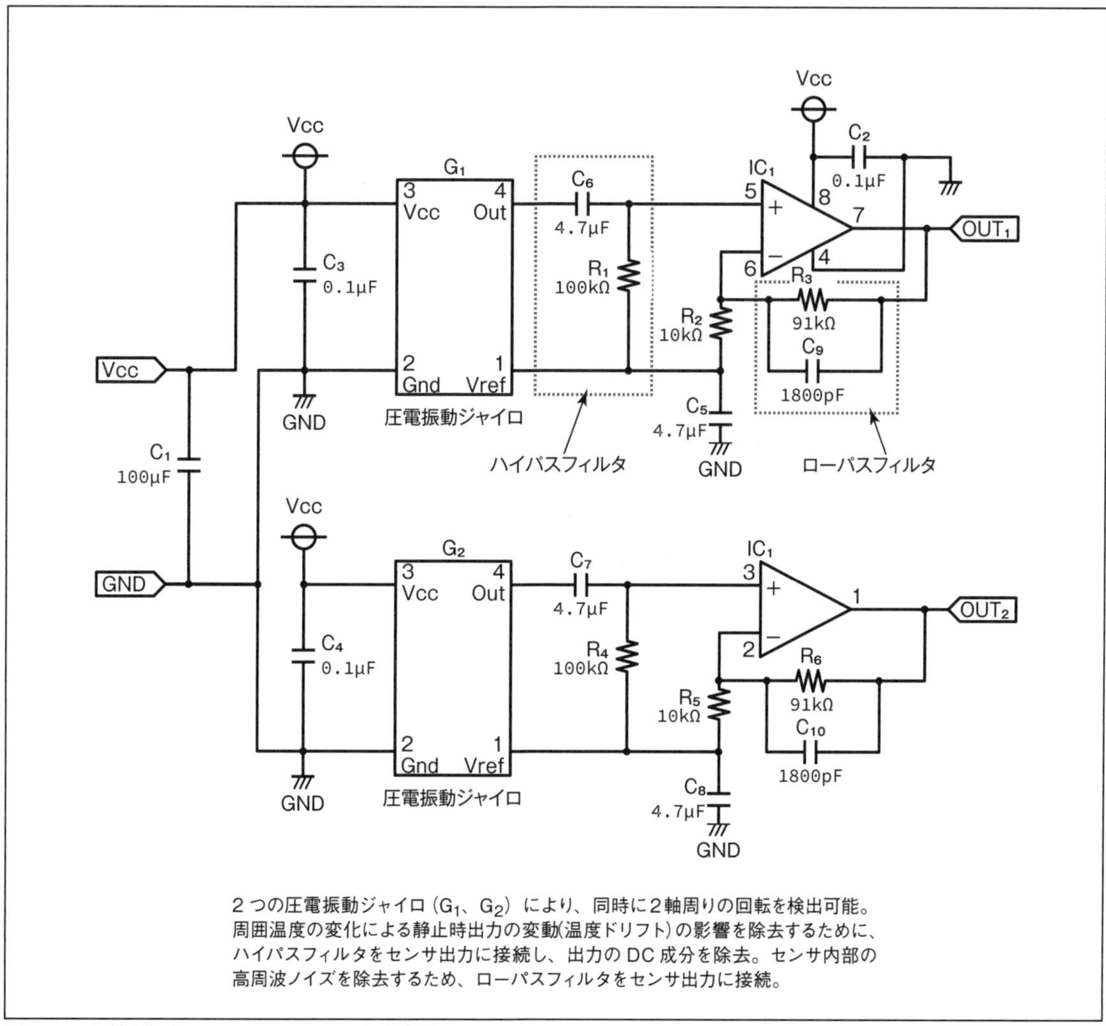

図4.25 圧電振動ジャイロモジュールの参考資料

図 4.26 は、緊急電源停止回路の実体配線図です。図 4.27 に、圧電振動ジャイロモジュールを取り付ける操作基板を示します。

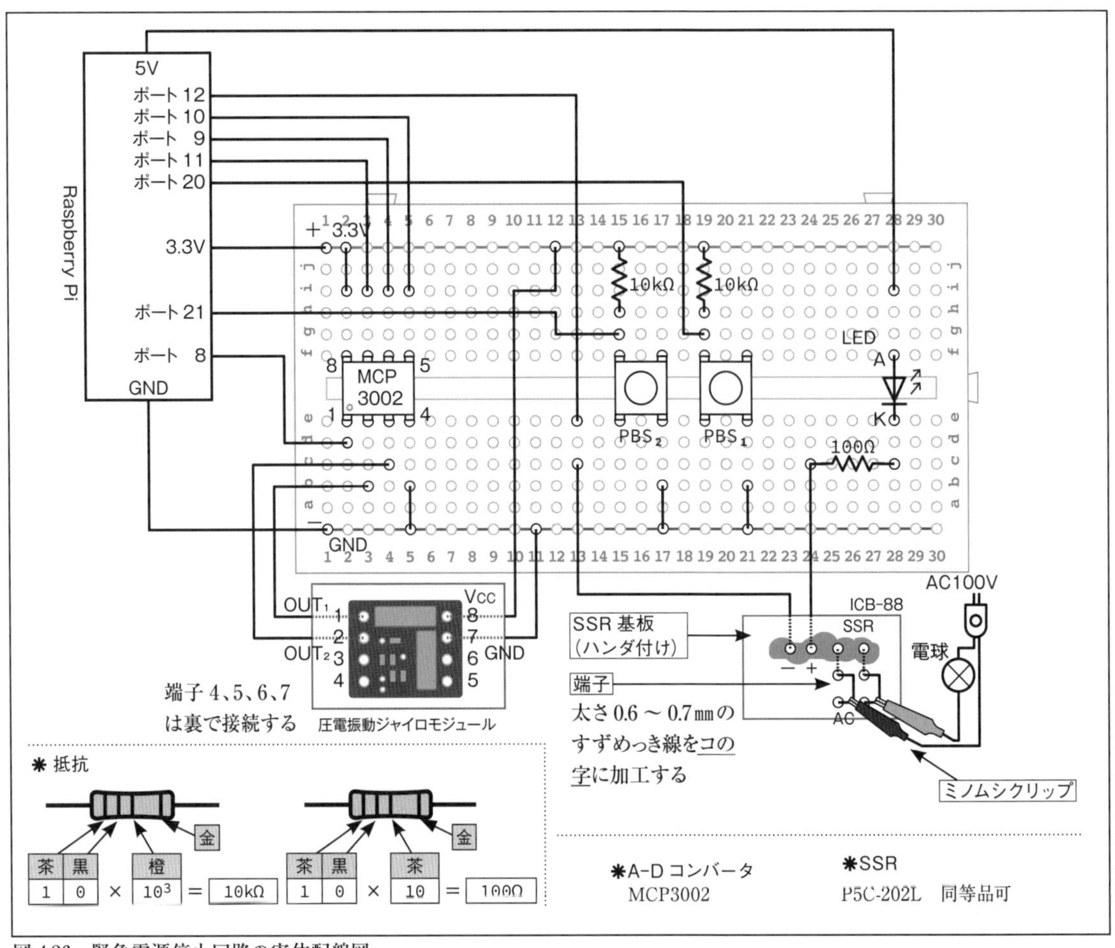

図 4.26 緊急電源停止回路の実体配線図

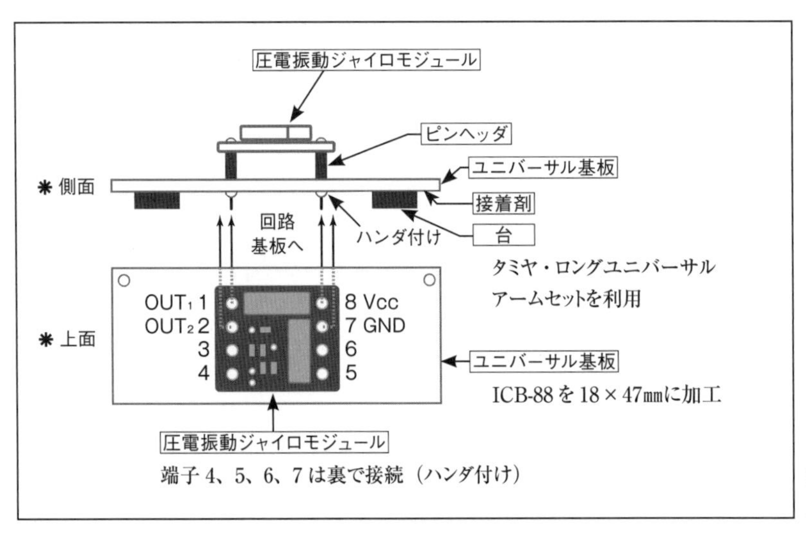

図 4.27 圧電振動ジャイロモジュールを取り付ける操作基板

プログラム6　圧電振動ジャイロモジュールを使用した緊急電源停止回路　　4-6.py

```
import wiringpi as pi                wiringpi のライブラリを読み込み、wiringpi を pi に置き換える
import spidev                        spidev のライブラリを読み込む
import time                          time のライブラリを読み込む

pi.wiringPiSetupGpio()               GPIO を初期化
pi.pinMode(20,pi.INPUT)              ポート20 を入力モードに設定
pi.pinMode(21,pi.INPUT)              ポート21 を入力モードに設定
pi.pinMode(12,pi.OUTPUT)             ポート12 を出力モードに設定
pi.digitalWrite(12,pi.HIGH)          ポート12 に HIGH(1)を出力。SSR は OFF

spi=spidev.SpiDev()                  SPI 通信の設定
spi.open(0,0)                        SPI 通信の開始
spi.max_speed_hz=1000000             最大周波数の設定

while True:                                   繰り返しのループ
    if(pi.digitalRead(20)==pi.LOW):           if 文。PBS1ON。ポート20 が LOW (0)ならば、次へ行く
        while(1):                             繰り返しのループ
            a=spi.xfer2([0x68,0x00])                  xfer2 でデータを送信。MCP3002のCH0 を選択
            value1=((a[0]*256)+a[1]) & 0x3FF          A-D 変換された値を変数 value1 に代入
            b=spi.xfer2([0x78,0x00])                  xfer2 でデータを送信。MCP3002 の CH1 を選択
            value2=((b[0]*256)+b[1]) & 0x3FF          A-D 変換された値を変数 value2 に代入

            print(value1)                             value1 の値を表示
            time.sleep(0.2)                           タイマ (0.2 秒)
            print("          ",value2)                value2 の値を右にずらして表示
            time.sleep(0.2)                           タイマ (0.2 秒)

            if(value1 <= 460 and value2 <=  460):  if 文❶
                pi.digitalWrite(12,pi.LOW)            ポート12 に LOW (0) を出力。SSR ON

            if(value1 <= 440 or value1 >= 460):   if 文❷
                pi.digitalWrite(12,pi.HIGH)           ポート12 に HIGH (1) を出力。SSR OFF
                break                                 break 文で While (1) のループを脱出

            if(value2 <= 440 or value2 >= 460):   if 文❷
                pi.digitalWrite(12,pi.HIGH)           ポート12 に HIGH (1) を出力。SSR OFF
                break                                 break 文で While (1) のループを脱出

            if(pi.digitalRead(21)==pi.LOW):       if 文。PBS2 ON、ポート21 が LOW
                                                  ならば次へ行く
                pi.digitalWrite(12,pi.HIGH)           ポート12 に HIGH (1) を出力。SSR OFF
                break                                 break 文で While (1) のループを脱出
```

◆プログラム6の説明

1 if(value1 <= 460 and value2 <= 460):

```
pi.digitalWrite(12,pi.LOW)
```

ここで、and は論理演算子の論理積です。value1 <= 460 かつ value2 <= 460 という条件が成り立てば、次に行き、ポート12にLOW（0）を出力します。

ポート12がLOW（0）になるので、電源5V→LED→100Ωの抵抗→SSRの±間→ポート12の方向に電流が流れます。LEDは点灯し、SSRはONになり、AC100V負荷は通電します。これは、地震などの揺れがない通常の負荷の運転です。

圧電振動ジャイロ（ENC-03R）の静止時出力電圧は、実測によると1.44でした。アナログ入力電圧=3.3Vのとき、A-D変換されたデジタル値value1、value2の最大値は1023になります。

ここで、静止時の1.44Vのデジタル値value1を計算すると、

$$\frac{value1}{1023} = \frac{1.44}{3.3}$$

より、

$$value1 = \frac{1.44}{3.3} \times 1023 = 446.4$$

になります。value2も同様です。そこで、value1 <= 460 のように、446.4より少し大きい460にしました。

2 if(value1 <= 440 or value1 >= 460):

```
pi.digitalWrite(12,pi.HIGH)
```

ここで、or は論理演算子の論理和です。value1 <= 440 または value1 >=460 という条件が成り立てば、次に行き、ポート12にHIGH(1)を出力します。SSRはOFFになり、LEDは消灯、AC100V負荷は通電が停止します。圧電振動ジャイロモジュールが左右前後のどちらかの角速度を検出したときです。

if(value2 <= 440 or value2 >= 460): も同様です。

第5章
DCモータ回路

5.1 DCモータの構造と回転原理

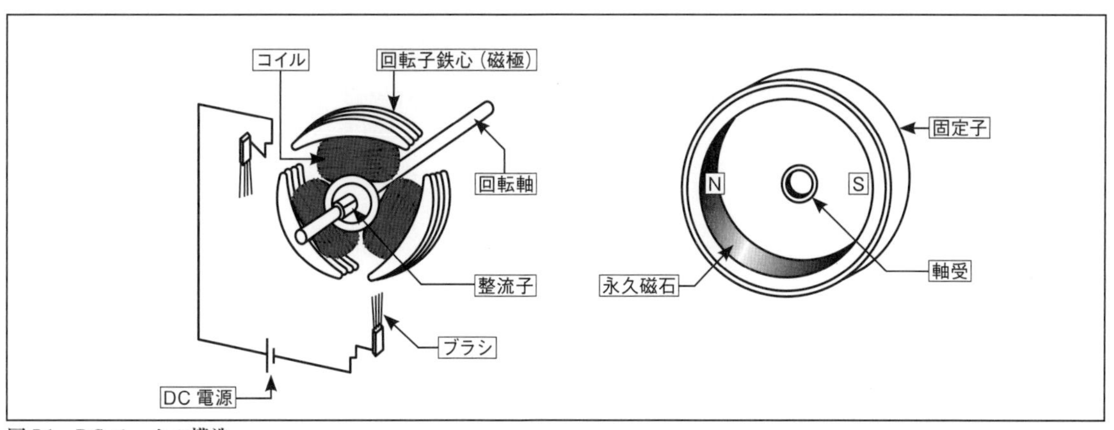

図5.1　DCモータの構造

図5.1は、この本で使うDC（Direct Current：直流）モータの回転子と固定子の概略構造です。

「回転子」は、薄い鉄板（ケイ素鋼板）を積み重ねた積層鉄心に、3つの「コイル」が巻かれています。このコイルに電流を流すために、3枚の「整流子」片を「回転軸」に取り付けています。

電源のプラス極から流れ出た電流は、「ブラシ」から整流子片を通り、コイルの中を流れ、コイルが巻かれている「鉄心」をN極やS極に磁化し、他の整流子片からもう一方のブラシを通り、マイナス極へ戻ります。

「固定子」には「永久磁石」が使用され、この内側（回転子側）の永久磁石のN極・S極と回転子の磁極との間で、吸引力・反発力が生じ、DCモータは回転します。

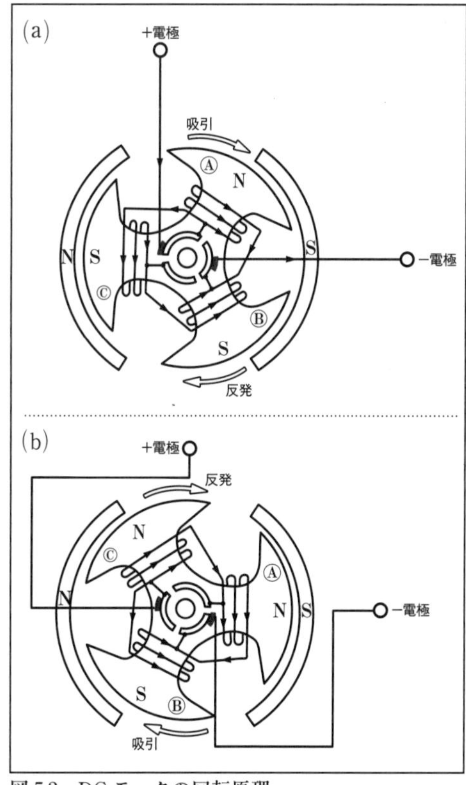

図5.2　DCモータの回転原理

図5.2は、DCモータの回転原理です。図(a)において、回転子のコイルに電流が流れると、磁極ⒶはN

極、Ⓑと©はS極になります。すると、固定子のS極とⒶは吸引し、Ⓑは反発する力が働きます。この力は固定子のN極と©との間に働く吸引力よりも大きいので、回転子は右方向へ60°回転します。すると、図(b)のようになり、固定子のN極側で同様な力が生じ、回転子は右回転を続けます。

5.2 DCモータの正転・停止・逆転回路

図5.3は、2ピン(2P)および6ピン(6P)トグルスイッチと赤色LED、緑色LEDなどを使ったDCモータの正転・停止・逆転回路です。2Pトグルスイッチは電源スイッチで、6Pトグルスイッチは正転・逆転の切り替えスイッチです。

図(a)は正転回路です。6Pトグルスイッチを正転側に倒し、2Pトグルスイッチを入れます。すると、DCモータは正転し、赤色LEDが点灯します。次に2Pトグルスイッチを切り、モータを停止させます。電流の流れを「→」で示します。

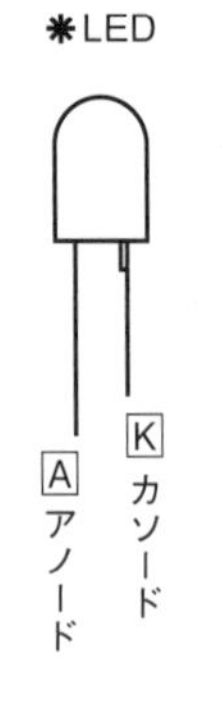

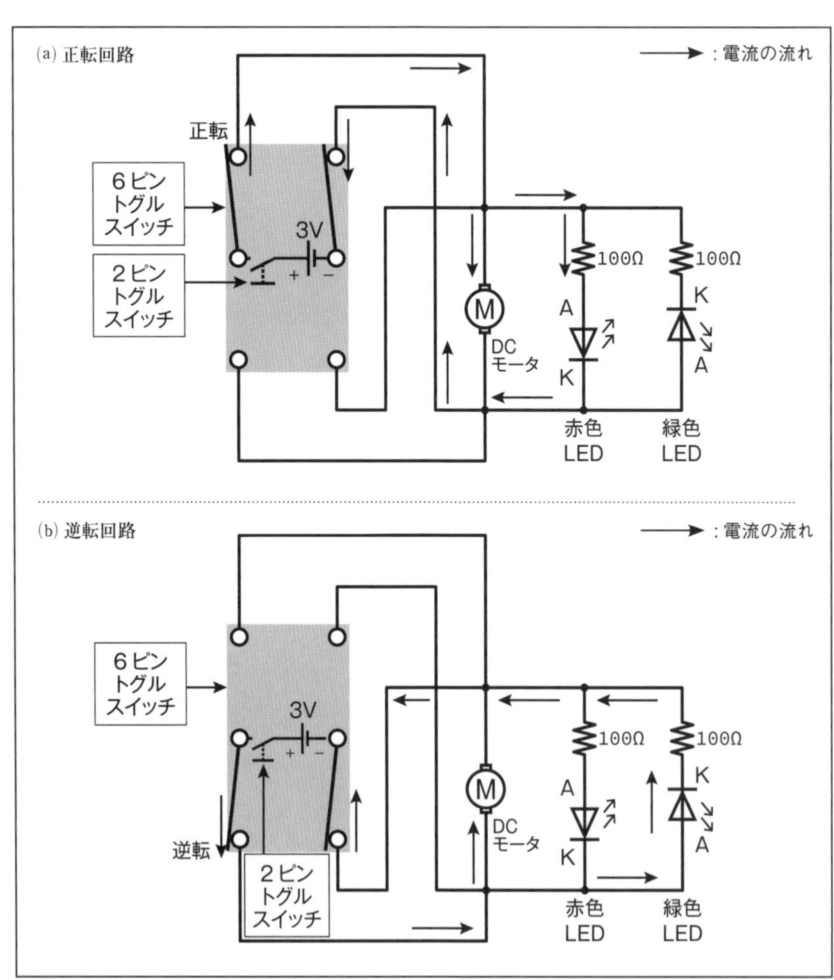

図5.3 6ピン(6P)トグルスイッチの切り替えによるDCモータの正転・停止・逆転回路

図(b)は逆転回路です。6Pトグルスイッチを逆転側に倒し、2Pトグルスイッチを入れます。すると、DCモータは逆転し、緑色LEDが点灯します。次に2Pトグルスイッチを切り、モータを停止させます。このように、2Pトグルスイッチでモータを停止させ、正転・逆転の切り替えをします。モータを停止させずに正転・逆転の切り替えをすると、大きな電流が流れ、モータを壊すおそれがあります。

図5.4は、6Pトグルスイッチの切り替えによるDCモータの正転・停止・逆転回路の実体配線図です。2つのトグルスイッチの個所に、ドリルでφ 6mmの穴をあけます。

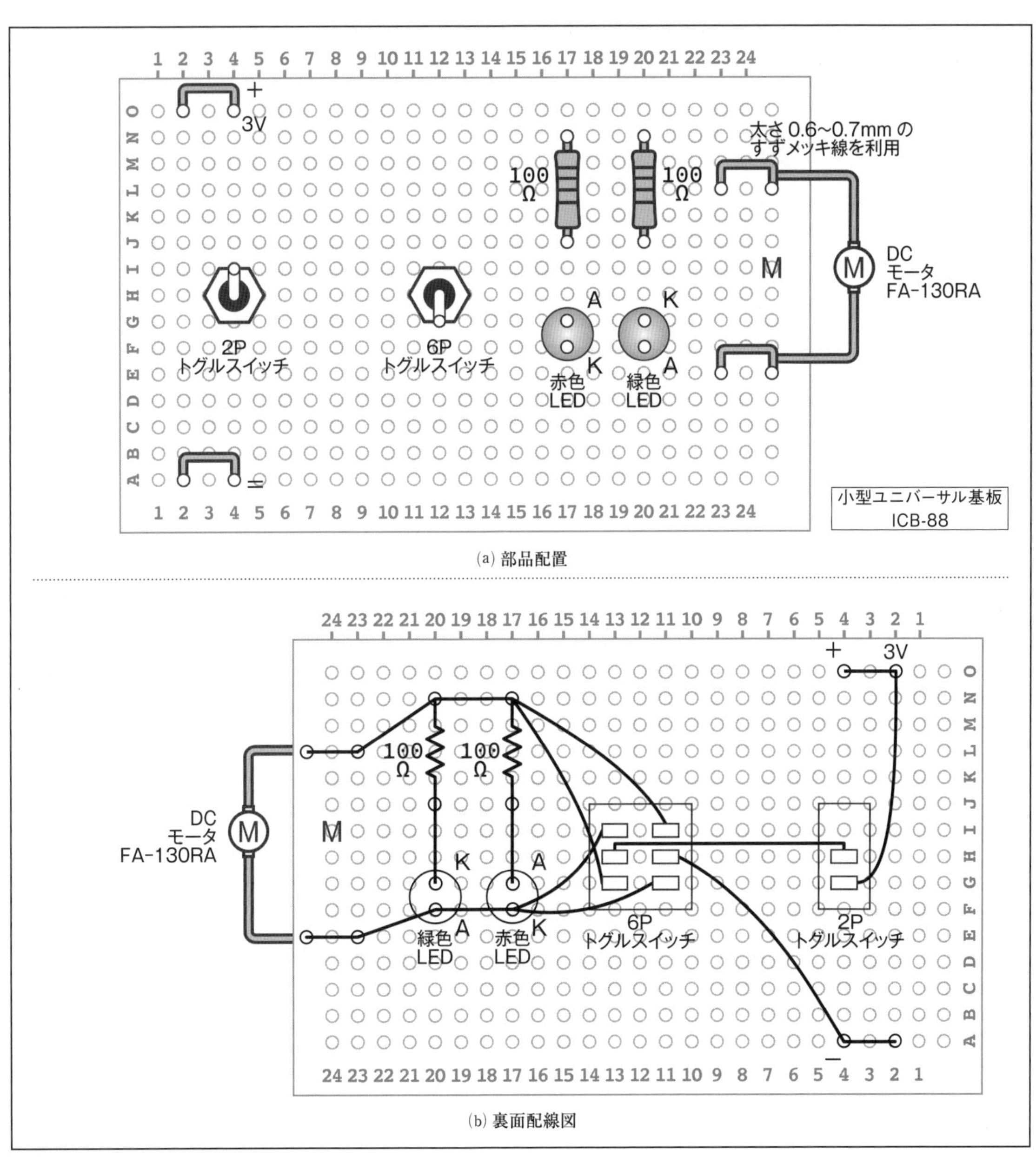

図5.4　6Pトグルスイッチの切り替えによるDCモータの正転・停止・逆転回路の実体配線図

3ピンや6ピントグルスイッチは、ON-OFF-ONタイプの中点OFFがあるスイッチと中点OFFがないON-OFFタイプがあります。中点OFFがあると、スイッチのレバーを中点OFFにすると回路は断になります。ON-OFF-ONタイプの6ピントグルスイッチを使うと、2ピントグルスイッチがなくても図5.3の実験はできます。

図5.3で使う6ピントグルスイッチはON-OFFタイプなので、回路を切るために2ピントグルスイッチを使います。間違いなく回路を切ることができます。

5.3　DCモータの速度制御

図5.5は、A-DコンバータMCP3002、可変抵抗器VR、「パワーMOS FET」などを使用したDCモータの速度制御回路です。押しボタンスイッチPBS_1を押し、可変抵抗器VR20kΩをプラスドライバで右方向にまわしていくと、DCモータはだんだんと高速回転になり、VR20kΩを左方向にまわしていくと低速回転になります。PBS_2を押すと、DCモータは停止します。

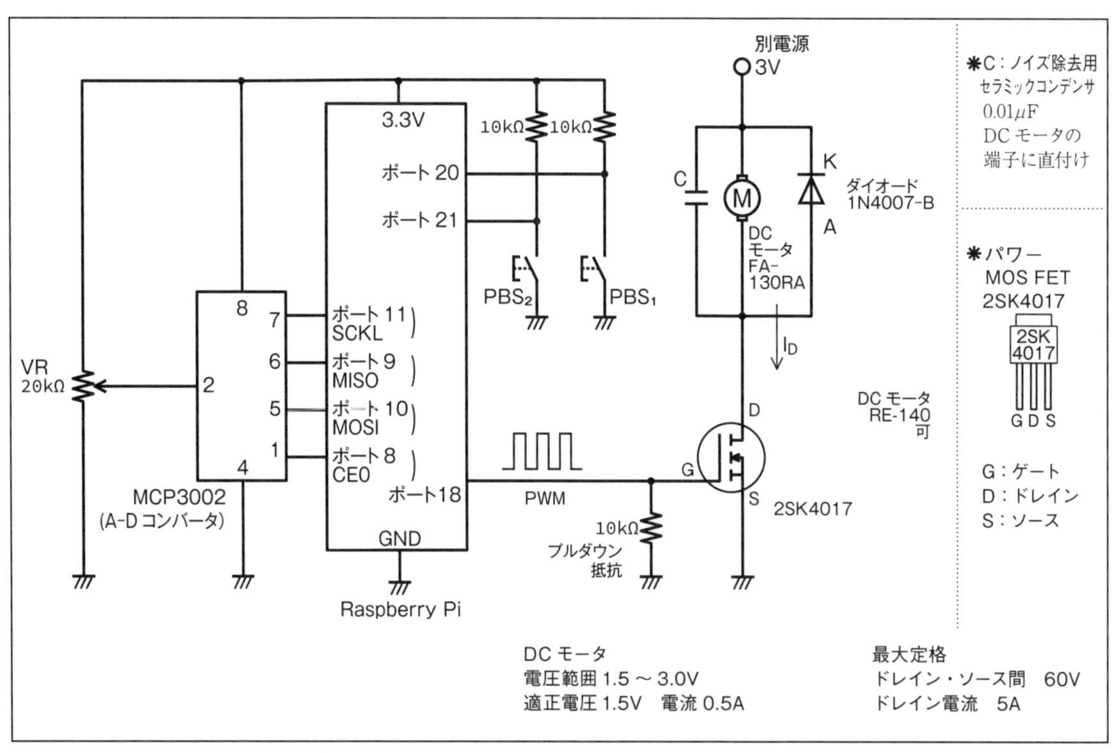

図5.5 DCモータの速度制御回路

ここでのDCモータの速度制御は、図5.6のようなPWM制御によります。
このとき、PWM制御の波形は周期 T=10ms、周波数 f=100Hz です。

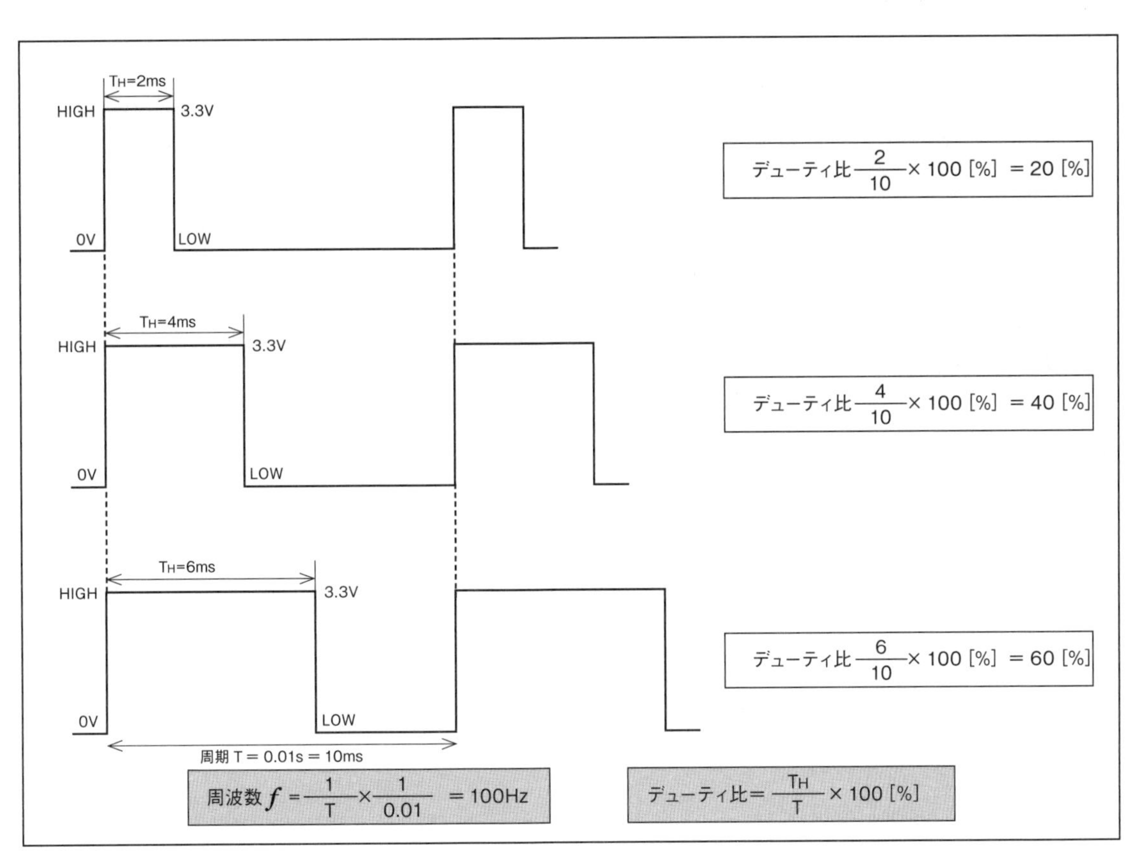

図5.6　PWM制御の波形

パワーMOS FET　2SK4017は、比較的大きな電力(60V、5A)が扱える電圧駆動型の電界効果トランジスタ(FET)です。FETは、ドレインD、ソースS、ゲートGの3つの電極があります。電圧駆動型とは、ドレインDとソースS間に電圧 V_{DS} を加えておき、ゲート・ソース間電圧 V_{GS} のみでドレイン電流 I_D を制御します。

図5.7は、2SK4017のドレイン電流 I_D －ゲート・ソース間電圧 V_{GS} 特性です。

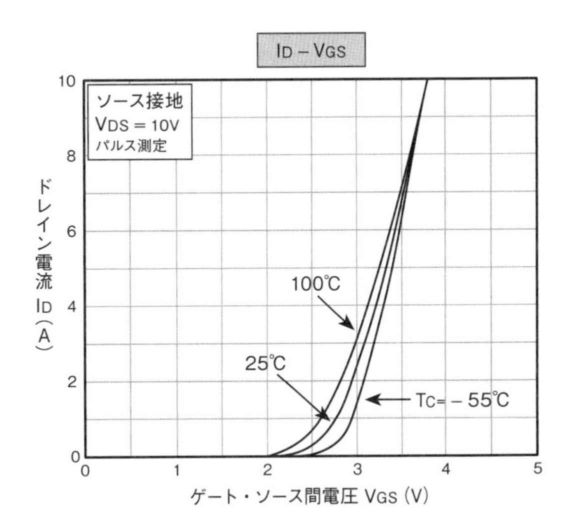

図5.7　2SK4017の
ドレイン電流 I_D －ゲート・ソース間電圧 V_{GS} 特性

ここで、DCモータの速度制御回路の動作を見てみましょう。

① 図5.5において、パワーMOS FET 2SK4017のドレインDをDCモータを介して別電源の正電圧3V、ソースSをGND(0V)につなげます。ゲートGに、0Vの状態から2V以上の正電圧を印加すると、ドレインDからソースSに向けて大きなドレイン電流I_Dが流れ、2SK4017はONになり、DCモータは回転します。このとき、ポート18からゲートGに電流は流れません。

② 続いて、ゲート電圧を正電圧から0Vにすると、ドレイン電流I_Dは流れなくなり、2SK4017はOFFになり、DCモータは停止します。このように、ゲート電圧のON－OFF(パルス)の繰り返しによって、ドレイン電流I_Dを制御することができます。

③ このような制御をPWM制御といいます。PWMとは、(Pulse Width Modulation：パルス幅変調)の略で、一定の周期で、パルスがHIGHになっている時間とLOWになっている時間を調整して、擬似的なアナログ出力ができます。第1章で述べたソフトウェアPWMです。

④ 図5.6は、オシロスコープで観測したPWM制御の波形で、可変抵抗器VR20kΩの調整によって、Raspberry Piのポート18からPWMパルスが出力されます。図において、デューティ比が大きくなるに従い、ゲートGにかかる平均電圧が増加するので、DCモータは高速回転になっていきます。

⑤ 図5.7の2SK4017のドレイン電流I_D－ゲート・ソース間電圧V_{GS}特性からわかることは、ドレイン電圧V_{DS}=10V一定において、V_{GS}が2Vを超えたあたりからI_Dは急激に増加していきます。

⑥ 図5.5において、DCモータには、逆並列にダイオードが接続されています。これは、DCモータはコイルを有し、PWM波のようなパルスのON－OFFで動作するので、パルスのOFF時に発生する高電圧(ノイズ)を吸収し、ダイオードに流しています。このように、ノイズの抑制とパワーMOS FETの保護をしています。

⑦ また、DCモータと並列の0.01μF (マイクロファラッド)のコンデンサもノイズ抑制用として入れています。

⑧ 2SK4017のゲートG－グランド(GND)間に接続している10kΩのプルダウン抵抗は、電源投入時にパワーMOS FETが不安定な動作をせず、ゲートの電圧を0Vに安定させています。この10kΩの抵抗は省略しても構いません。Raspberry Piのポート18には、内蔵プルダウン抵抗約48kΩがあるからです。

図5.8は、DCモータ速度制御回路の実体配線図です。

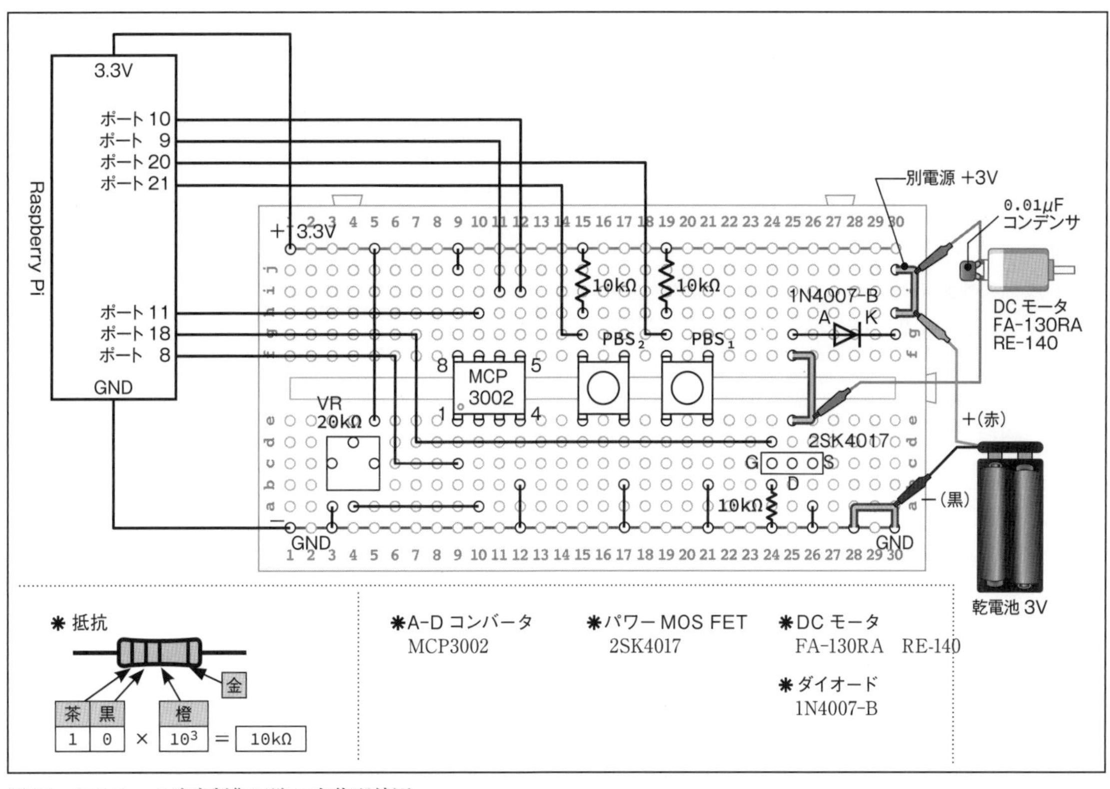

図 5.8　DC モータ速度制御回路の実体配線図

■ 参考

図 5.5 の VR20kΩ の代わりに測距モジュール(距離センサ)GP2Y0A21YK を使うと、物体までの距離が近づくにつれて DC モータは高速回転になります。ここで、GP2Y0A21YK の Vcc は Raspberry Pi の 5V、Vo は MCP3002 のピン 2 につなぎます。

PWM 制御のパルスのデューティ比は約 5 ～ 95%になります。

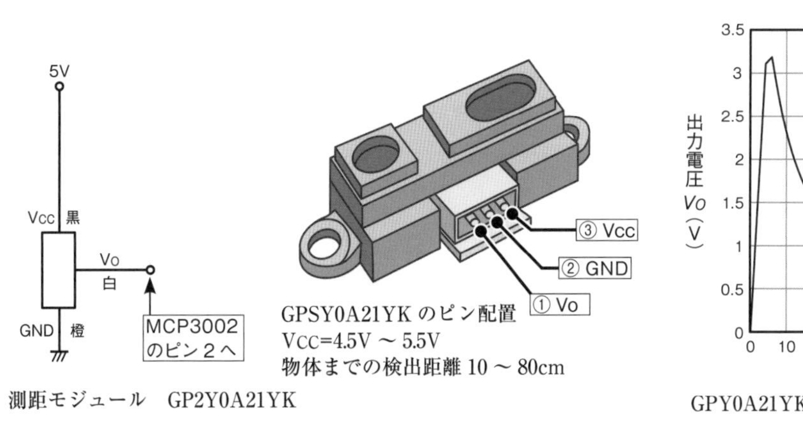

測距モジュール　GP2Y0A21YK

GPSY0A21YK のピン配置
Vcc=4.5V ～ 5.5V
物体までの検出距離 10 ～ 80cm

GP2Y0A21YK
出力電圧 Vo(V)
距離 L (cm)
---白紙(反射率 90%)
一灰色紙(反射率 18%)

GPY0A21YKの距離　L－出力電圧 Vo特性

プログラム 1　DC モータ速度制御　　　5-1.py

```
import wiringpi as pi                  wiringpi のライブラリを読み込み、wiringpi を pi に置き換える
import spidev                          spidev のライブラリを読み込む
import time                            time のライブラリを読み込む

pi.wiringPiSetupGpio()                 GPIO を初期化
pi.pinMode(20,pi.INPUT)                ポート 20 を入力モードに設定
pi.pinMode(21,pi.INPUT)                ポート 21 を入力モードに設定
pi.pinMode(18,pi.OUTPUT)               ポート 18 を出力モードに設定

spi=spidev.SpiDev()                    SPI 通信の設定
spi.open(0,0)                          SPI 通信の開始
spi.max_speed_hz=1000000               最大周波数の設定

while True:                            繰り返しのループ
    if (pi.digitalRead(20)==pi.LOW):     if 文。PBS1 ON、ポート 20 が LOW（0）ならば、次へ行く
        while(1):                        繰り返しのループ
            ad=spi.xfer2([0x68,0x00])    xfer2 でデータを送信
            value=((ad[0] << 8)+ ad[1]) & 0x3FF   A-D 変換された数値を value に代入
            print(value)                 value の値を表示
            time.sleep(0.2)              タイマ（0.2 秒）

            a=int (value/10)             value/10 の値を整数に変え、a に代入
            print(a)                     a の値を表示
            pi.softPwmCreate(18,0,100)   ポート 18 を PWM 出力にする。PWM の割合は 0 ～ 100 ❶
            pi.softPwmWrite(18,a)        ポート 18 から PWM 出力❷
            if (pi.digitalRead(21)==pi.LOW):   PBS2 ON。ポート 21 が LOW（0）ならば次へ行く
                pi.softPwmWrite(18,0)    ポート 18 に LOW（0）を出力。DC モータ停止
                break                    break 文で while(1) のループを停止
```

◆ プログラム 1 の説明

❶ pi.softPwmCreate（18,0,100）

使用するポートから PWM 出力ができるように、`pi.softPwmCreate()` で設定します。() の中の 18 はポート 18 のことで、「0,100」は 0 から 100 の範囲で PWM の割合を決められます。

❷ pi.softPwmWrite（18,a）

`pi.softPwmWrite()` で PWM 出力が指定されます。❶で指定した数値の範囲で、ポート 18 から “HIGH” と “LOW” を切り替え、一定の周期でパルスが出力されます。VR20kΩ を可変することによって、a の値は変わり、例えば a が 20 ならば、HIGH が 20%、LOW が 80%の割合でパルスが出力されます。a が 60 であれば、HIGH が 60%、LOW が 40%の割合でパルスが出力されます。図 5.6 PWM 制御の波形のように、オシロスコープで観測できます。

◆ **DC 発電機の実験**

図 5.9 は、「DC モータ」であるマブチモータ FA-130RA を 2 つ、マブチモータ専用ジョイントでその回転軸をつないだものです。左側の FA-130RA を DC モータとして使うと、右側の FA-130RA は DC 発電機になります。

DC モータの端子にはノイズ除去用のコンデンサ 0.01μF をハンダ付けします。DC 発電機の出力端子には、負荷として可変抵抗器 VR100Ω をつなぎます。FA-130RA や VR100Ω は、強力両面テープでユニバーサルプレートに貼り付けます。図 5.10 は、DC モータと DC 発電機の見た目です。

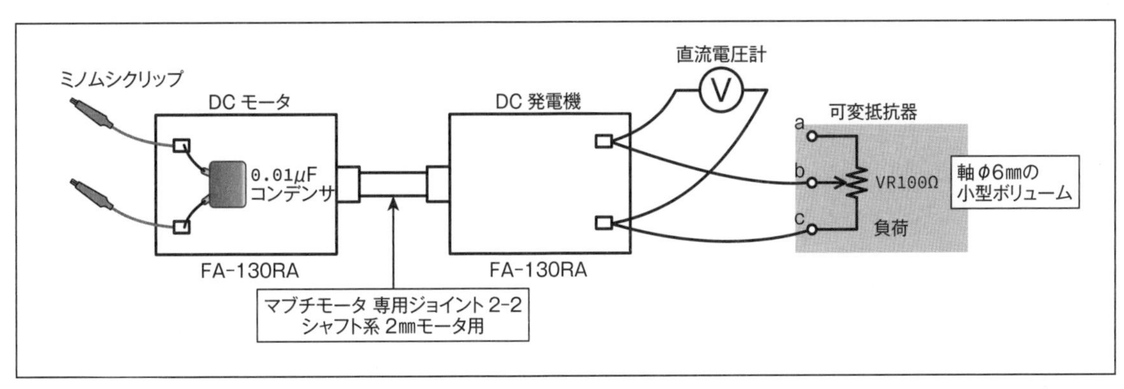

図 5.9　DC モータと DC 発電機

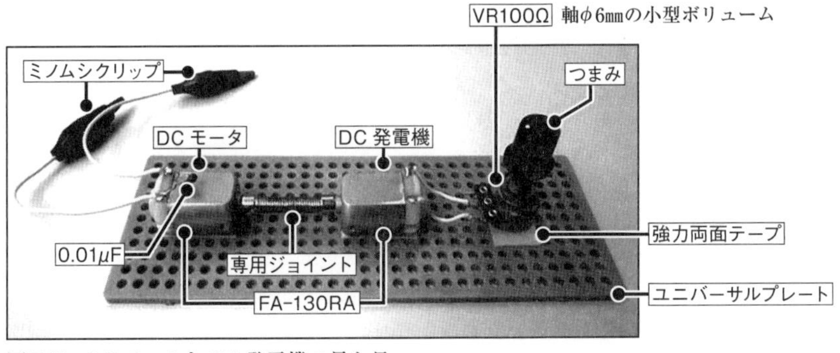

図 5.10　DC モータと DC 発電機の見た目

図 5.5 と図 5.8 において、DC モータを図 5.9 の DC モータと DC 発電機の装置に変更します。この回路の動作を見てみましょう。プログラムはプログラム 1 と同じです。

① 図 5.5 において、押しボタンスイッチ PBS_1 を押します。

② 図 5.5 の可変抵抗器 VR20kΩ をプラスドライバで右方向にまわしていくと、DC モータはだんだんと高速回転になります。このとき、DC 発電機の負荷である可変抵抗器 VR100Ω は左まわしいっぱいの 100Ω にしておきます。

③ DC モータの回転速度が増加するにしたがい、DC 発電機の出力電圧は増加し、最大で 1.3V 程度になります。この値はモータの別電源の電圧によって異なります。テスタの DC V（直流電圧計）

などで測定します。

④ 図 5.5 の VR20kΩ は右回しいっぱいの状態にしておきます。DC 発電機の負荷 VR100Ω のつまみを右方向にまわしていくと、図 5.9 における VR100Ω の b−c 間の抵抗は小さくなります。右まわしいっぱいでほぼ 0Ω になります。このため、DC 発電機の出力電流は増加し、出力電圧は 0.6V 程度に減少します。DC モータの回転速度は遅くなります。

⑤ 負荷が重たくなるので、DC モータに流れる入力電流は増加します。実測によると、VR100Ω が左まわしいっぱいの 100Ω のとき、DC モータに流れる入力電流は 0.53A。VR100Ωが右まわしいっぱいの 0Ω のとき、0.79A でした。

⑥ 押しボタンスイッチ PBS_2 を押すと DC モータは停止します。

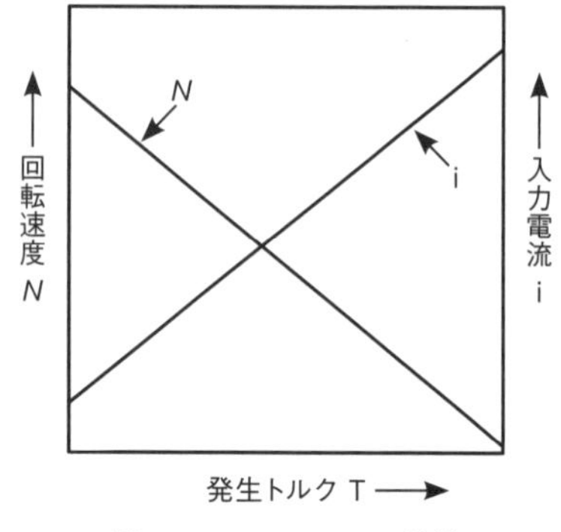

図 5.11　DC モータの特性

図 5.11 は、DC モータの特性です。図 5.9 と前述の動作④、⑤に関連して、VR100Ω のつまみを右方向にまわしていくと、負荷は重たくなり、発生トルク T が大きくなります。同時に入力電流 i は増加し、回転速度 N は減少していきます。

5.4 DC モータの正転・逆転・停止・速度制御回路

図 5.12 は、A-D コンバータ MCP3002、可変抵抗器 VR、DC モータドライバ DRV8835 などを使用した DC モータの正転・逆転・停止・速度制御回路です。押しボタンスイッチ PBS_1 を押すと DC モータは正転し、赤色 LED は点灯、緑色 LED は消灯のままです。PBS_3 を押すと DC モータは停止します。同時に赤色 LED は消灯します。PBS_2 を押すと DC モータは逆転し、緑色 LED は点灯、赤色 LED は消灯のままです。

正転・逆転時に、可変抵抗器 VR20kΩ をプラスドライバで右方向にまわしていくと、モータの回転速度は増加します。正転時は、ポート 22 に PWM 出力、ポート 23 には LOW の信号を出します。逆転時は、ポート 23 に PWM 出力、ポート 22 に LOW 信号を出します。VR20kΩ を左方向にまわすとモータの回転速度は低下します。モータの回転方向の切り替えは、PBS_3 を押し、一度モータを停止させます。

ドライバ DRV8835 のモータ側の電源端子 V_M は別電源にします。これは、モータに発生した電気的ノイズが、Raspberry Pi に入って誤作動を起こさないようにしています。また、モータには比較的大きな電流が流れるので別電源にし、Raspberry Pi に過電流が流れないようにしています。DC モータの端子に 0.01μF のコンデンサを付けるのも、ノイズを除くためです。

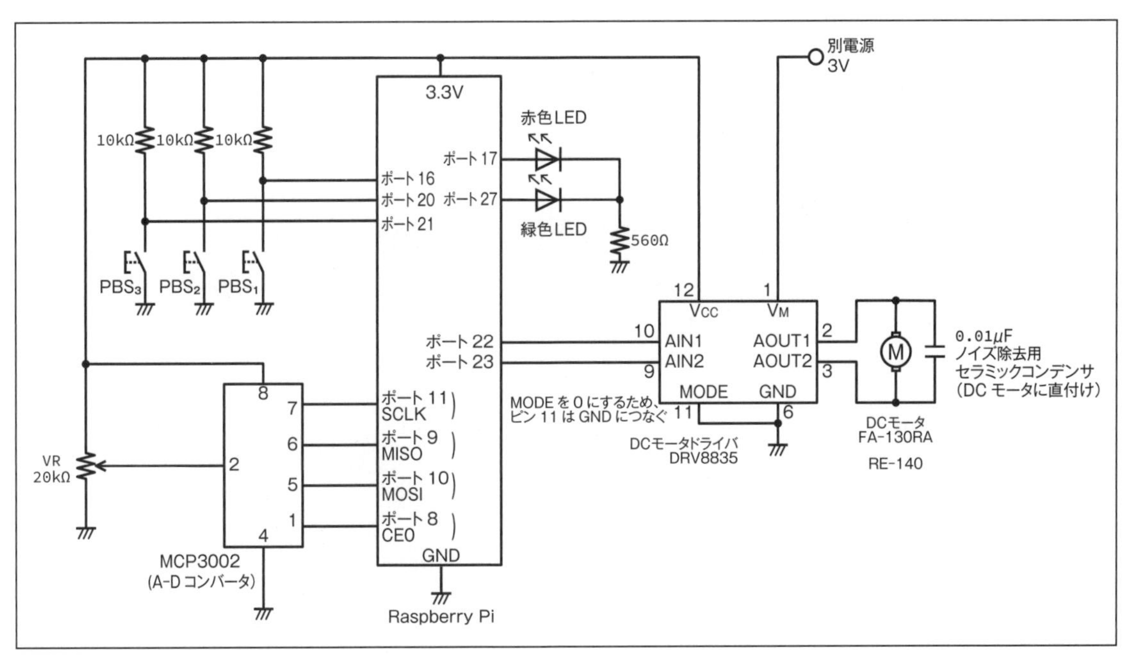

図 5.12　DC モータの正転・逆転・停止・速度制御回路

図 5.13 は、DC モータドライバ DRV8835 の見た目と端子の説明です。

✱DC モータドライバ DRV8835 ピン端子の名称と機能

ピン	名称	機能	ピン	名称	機能
1	VM	モータ電源	12	Vcc	ロジック電源
2	AOUT1	A 出力 1	11	MODE	モード設定
3	AOUT2	A 出力 2	10	AIN1	A 入力 1 ／ APHASE
4	BOUT1	B 出力 1	9	AIN2	A 入力 2 ／ AENBL
5	BOUT2	B 出力 2	8	BIN1	B 入力 1 ／ BPHASE
6	GND	グランド	7	BIN2	B 入力 2 ／ BENBL

図 5.13　DC モータドライバ DRV8835 の見た目と端子の説明

◆　DRV8835 の基板とピンヘッダのハンダ付け

図 5.14 は、DRV8835 の基板とピンヘッダのハンダ付けです。図(a)の基板に図(b)のピンヘッダをハンダ付けします。図 (c) の付属のピンヘッダは、ハンダ付けをする個所のピンの頭が短いので、ハンダ付けをしても接触不良になることがあります。このため、別に用意した図(b)の頭の長いピンヘッダを使います。図(d)は基板とピンヘッダのハンダ付け前、図(e)はハンダ付け後の写真です。

ハンダ付けに使うハンダごては、消費電力 15W か 20W 程度のこて先の細いものを使うとよいでしょう。

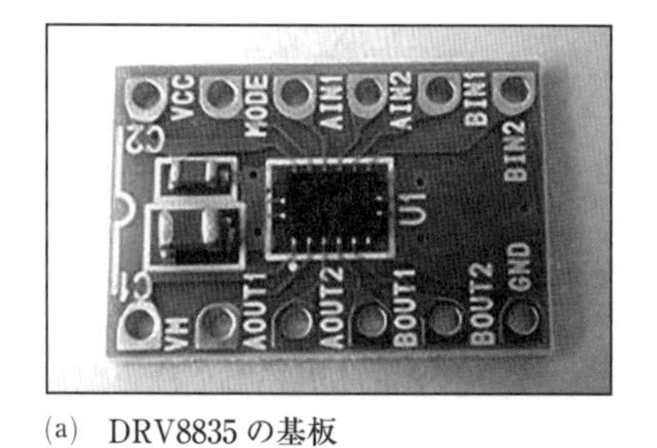

(a) DRV8835の基板

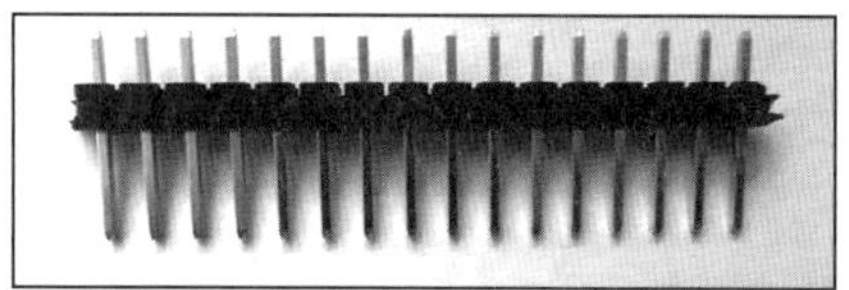
(b) 使うピンヘッダ

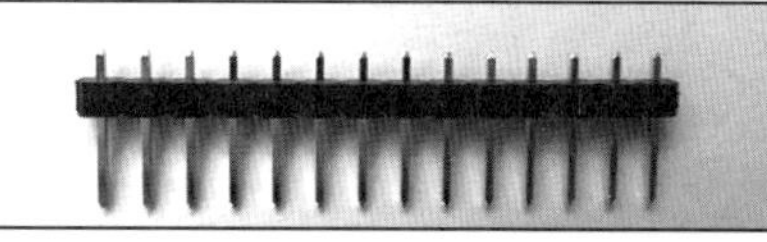
(c) 付属のピンヘッダ

(d) ピンヘッダのハンダ付け前

(e) ピンヘッダのハンダ付け後

図5.14　DRV8835の基板とピンヘッダのハンダ付け

DRV8835には次のような特徴があります。

■ 特徴

○ DRV8835には制御回路が2つ入っているので、2つのDCモータの正転・逆転・停止・ブレーキ動作を制御することができます。

○ ロジック電源(V_{CC})とモータ電源(V_M)にノイズ除去用のコンデンサを実装しています。このため、新たにV_{CC}とV_Mにノイズ除去用のコンデンサを付ける必要はありません。

○ 1回路で1.5Aのドライブ能力があり、2つの回路を並列接続すると最大3A駆動ができます。

○ モード設定は、IN/INモード(MODE=0)、PHASE/ENABLEモード(MODE=1)があります。

○ 従来からあるDCモータドライバ　TA7267BPやTA7291Pの代替品として使えます。TA7267BPやTA7291Pと比較し、内部の電圧降下が少なく、モータの印加電圧が高くなります。

○ V_{CC}は2～7V、V_Mは0～11Vです。

表5.1はDCモータドライバDRV8835のIN/INモード（MODE=0）の真理値表です。ここでは、一般的なIN/INモードを使います。(MODE=0)は、DRV8835のピン11(MODE)をGNDにつなぎます。真理値表は、入力と出力の関係とモータの回転の様子を示します。

❋表 5.1　DCモータドライバ DRV8835 のIN/INモード(MODE=0) の真理値表

入力		出力		モータの回転
IN1	IN2	OUT1	OUT2	
0	0	Z	Z	停止
0	1	L	H	逆転／正転
1	0	H	L	正転／逆転
1	1	L	L	ブレーキ

図5.15は、DCモータの正転・逆転・停止・速度制御回路の実体配線図です。

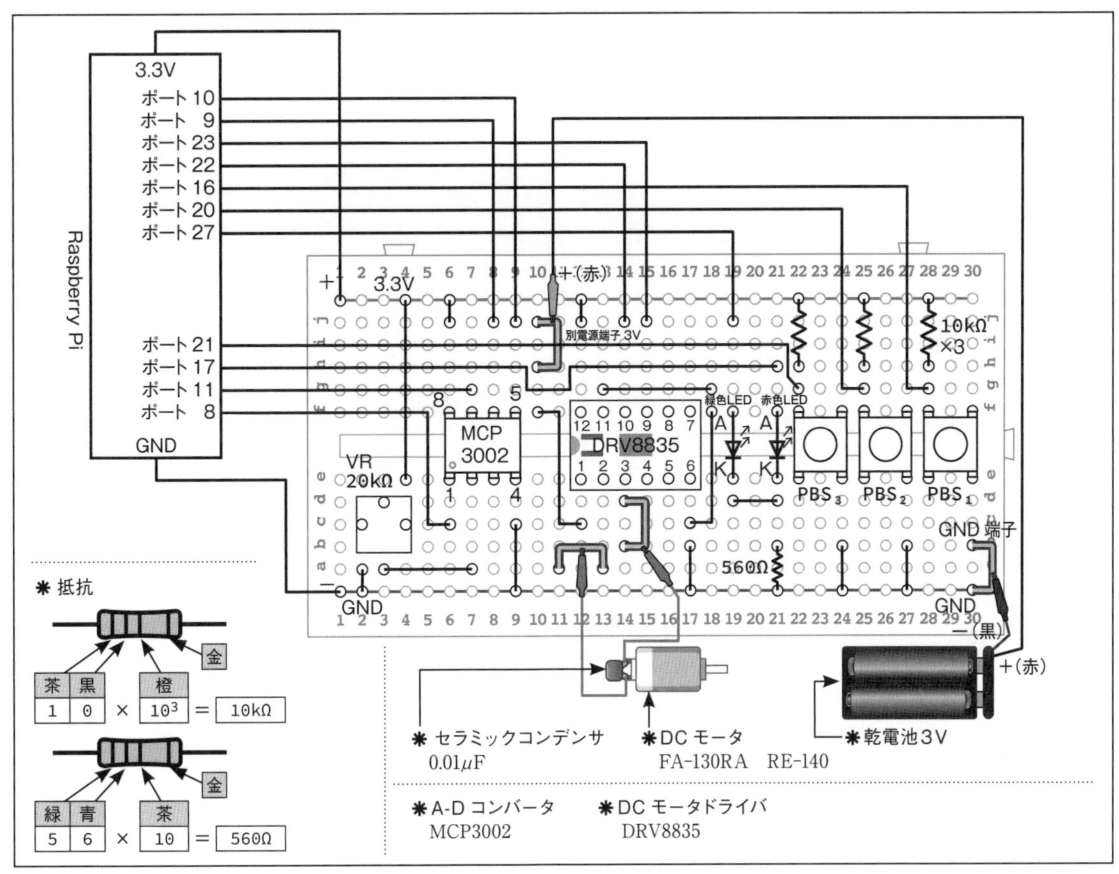

図5.15　DCモータの正転・逆転・停止・速度制御回路の実体配線図

プログラム2　DCモータの正転・逆転・停止・速度制御　　5-2.py

```
import wiringpi as pi          wiringpiのライブラリを読み込み、wiringpiをpiに置き換える
import spidev                  spidevのライブラリを読み込む
import time                    timeのライブラリを読み込む

pi.wiringPiSetupGpio()         GPIOを初期化
pi.pinMode(16,pi.INPUT)        ポート16を入力モードに設定
pi.pinMode(20,pi.INPUT)        ポート20を入力モードに設定
pi.pinMode(21,pi.INPUT)        ポート21を入力モードに設定
pi.pinMode(17,pi.OUTPUT)       ポート17を出力モードに設定
pi.pinMode(27,pi.OUTPUT)       ポート27を出力モードに設定
pi.pinMode(22,pi.OUTPUT)       ポート22を出力モードに設定
pi.pinMode(23,pi.OUTPUT)       ポート23を出力モードに設定

spi=spidev.SpiDev()            SPI通信の設定
spi.open(0,0)                  SPI通信の開始
spi.max_speed_hz=1000000       最大周波数の設定
```

```
while True:                                       繰り返しのループ
    if (pi.digitalRead(16)==pi.LOW):              if文。PBS1 ON。ポート16がLOW (0) ならば、次へ行く
        while(1):                                 繰り返しのループ
                ad=spi.xfer2([0x68,0x00])         xfer2でデータを送信
                value=((ad[0] << 8)+ ad[1]) &A-0x3FF    変換された値を変数valueに代入
                print(value)                      valueの値を表示
                time.sleep(0.2)                   タイマ (0.2秒)

                a=int (value/10)                  value/10の値を整数に直しaに代入
                pi.digitalWrite(17,pi.HIGH)       ポート17にHIGH (1) を出力。赤色LED点灯
                pi.digitalWrite(27,pi.LOW)        ポート27にLOW (0) を出力。緑色LED消灯
                pi.softPwmCreate(22,0,100)        ポート22をPWM出力にする。PWMの割合は0～100
                pi.softPwmWrite(22,a)             ポート22からPWM出力❶
                pi.digitalWrite(23,pi.LOW)        ポート23にLOW (0) を出力。モータ正転❷

                if(pi.digitalRead(21)==pi.LOW):   if文。PBS3ON。ポート21がLOW (0) ならば、次へ行く
                    pi.digitalWrite(17,pi.LOW)    ポート17にLOW (0) を出力。赤色LED消灯
                    pi.softPwmWrite(22,0)         ポート22にLOW (0) を出力
                    pi.digitalWrite(23,pi.LOW)    ポート23にLOW (0) を出力。モータ停止
                    time.sleep(1)                 タイマ (1秒)
                    break                         break文で、while (1) のループを脱出
    if (pi.digitalRead(20)==pi.LOW):              if文。PBS2 ON。ポート20がLOW (0) ならば、次へ行く
        while(1):                                 繰り返しのループ
                ad=spi.xfer2([0x68,0x00])         xfer2でデータを送信
                value=((ad[0] << 8)+ ad[1]) & 0x3FF     A-D変換された値を変数valueに代入
                print(value)                      valueの値を表示
                time.sleep(0.2)                   タイマ (0.2秒)

                a=int (value/10)                  value/10の値を整数に直しaに代入
                pi.digitalWrite(27,pi.HIGH)       ポート27にHIGH (1) を出力。緑色LED点灯
                pi.digitalWrite(17,pi.LOW)        ポート17にLOW (0) を出力。赤色LED消灯
                pi.softPwmCreate(23,0,100)        ポート23をPWM出力にする。PWMの割合は0～100
                pi.softPwmWrite(23,a)             ポート23からPWM出力❸
                pi.digitalWrite(22,pi.LOW)        ポート22にLOW (0) を出力。モータ逆転❹

                if(pi.digitalRead(21)==pi.LOW):   if文。PBS3ON。ポート21がLOW (0) ならば、次へ行く
                    pi.digitalWrite(27,pi.LOW)    ポート27にLOW (0) を出力。緑色LED消灯
                    pi.softPwmWrite(23,0)         ポート23にLOW (0) を出力
                    pi.digitalWrite(22,pi.LOW)    ポート22にLOW (0) を出力。モータ停止
                    time.sleep(1)                 タイマ (1秒)
                    break                         break文で、while (1) のループを脱出
```

◆　**プログラム2の説明**

❶　pi.softPwmWrite(22,a)

❷　pi.digitalWrite(23,pi.LOW)

図5.12において、DCモータドライバDRV8835の入力AIN1に❶のPWM出力信号が入り、AIN2に❷の“LOW”信号が入ります。

AIN2を0Vに固定し、AIN1に図5.6に示したのと同じPWM出力電圧（周期T=10ms、周波数f=100Hzが加わるので、PWM波形のデューティ比に応じてDCモータの速度制御ができます。正転です。モータの動きがよくない場合、新しいモータに取り替えてみるとよく回転することがあります。

❸　pi.softPwmWrite(23,a)

❹　pi.digitalWrite(22,pi.LOW)

図5.12において、DCモータドライバDRV8835の入力AIN1に❹の“LOW”信号が入り、AIN2に❸のPWM出力信号が入ります。

AIN1を0Vに固定し、AIN2にPWM出力電圧が加わるので、PWM波形のデューティ比に応じてDCモータの速度制御ができます。ここは逆転になります。

第6章
ステッピングモータの正転・逆転回路

6.1　ステッピングモータとその特徴

ステッピングモータは、マイコンなどからのパルス信号に同期して回転する同期モータで、パルスモータとも言います。固定子の励磁コイルに、相順に従ってパルス信号を入力させると、磁界が回転し、この磁界と回転子磁極との間に働く吸引・反発力により、1つのパルスで、回転子は1.8°、3.6°など一定の角度だけ回転します。これはステッピングモータの構造によるもので、1パルス当たりの回転角度をステップ角と呼んでいます。パルスが次々と入力するので、入力パルス数に応じて回転します。ステッピングモータは、産業界での位置決め用途や近年の3Dプリンタなどに使われています。

ステッピングモータは、起動・停止・位置決めに優れた制御性があり、次のような特徴があります。

① ステップ角は一定なので、回転角度は入力パルス数に比例します。
② 1ステップ当たりの角度誤差は±5%程度で、この誤差は連続回転させても累積されません。
③ 起動・停止応答性に優れているので、瞬時に正転・逆転ができます。
④ 減速機を使用することなく、パルス間隔を広くすることにより、低速運転ができます。
⑤ 励磁コイルが励磁されていると大きな保持力をもち、回転子に永久磁石を使っているステッピングモータは、停止状態でも保持力をもちます。このため、停止位置がずれません。
⑥ フィードバック機構を必要としません。いわゆるオープンループ制御ができます。

6.2　ステッピングモータの駆動回路と励磁方式

図6.1は、ステッピングモータの内部結線であり、駆動巻線の使い方による分類では、ユニポーラ型ステッピングモータといいます。

図6.2は、パワーMOS FETを使ったステッピングモータの駆動回路です。入力端子3、2、1、0の順に正パルスを繰り返し入力させると、励磁コイルのA相、B相、$\overline{A}$相、$\overline{B}$相の順に、大きな励磁電流が流れ、各コイルは順次励磁され、回転する磁界ができます。ステップ角が1.8°であれば、1パルスで1.8°ずつ回転子は回転します。パルス周波数を高くすれば高速回転となり、パルスを加える相順を逆にすれば逆転します。

各励磁コイルと逆並列に接続されているダイオードは、励磁コイルのOFF時に、コイルに発生する逆起電力を吸収し、パワーMOS FETの破損を防ぐためにあります。

4つあるプルダウン抵抗は、電源投入時にパワーMOS FETが不安定な動作をせず、ゲートG

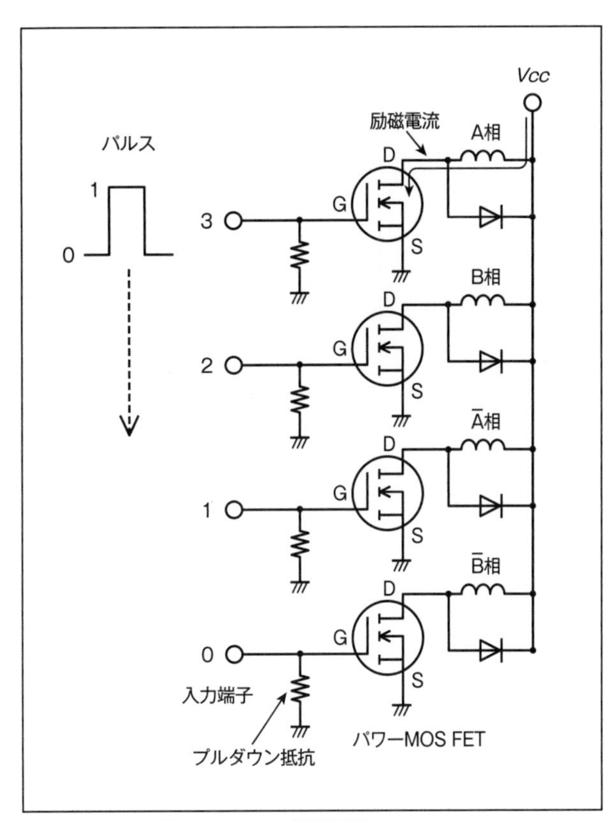

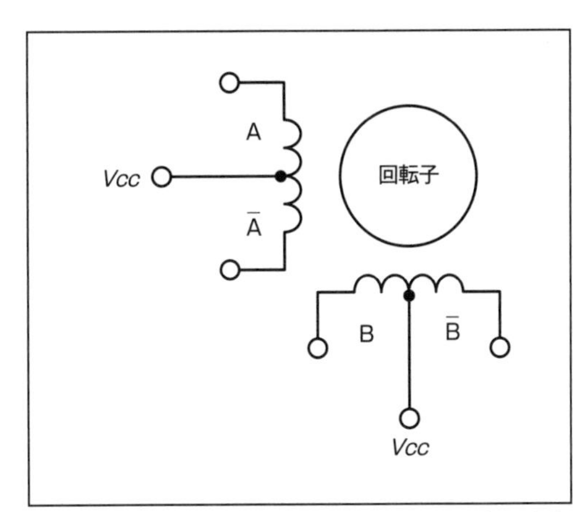

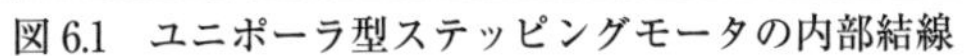
図 6.1　ユニポーラ型ステッピングモータの内部結線

図 6.2　ステッピングモータの駆動回路

の電圧を 0V に安定させています。

ステッピングモータの励磁コイルに、決まった順序で電流を流す方式を励磁方式といいます。この励磁方式を変えることにより、同じモータを駆動しても、それぞれ違った特性を引き出すことができます。

図 6.3 は、ステッピングモータの励磁方式です。

(a)　1 相励磁方式

A 相、B 相、$\overline{A}$ 相、$\overline{B}$ 相の各励磁コイルに対し、順次相を切り替えて電流を流し、常時 1 相ずつ励磁する方式です。消費電力は少なくなるが、ダンピング（振れ止め）効果が少ないため振動が発生しやすくなります。トルクも小さいので、あまり使用されません。

(b) 2 相励磁方式

$AB \to B\overline{A} \to \overline{A}\ \overline{B} \to \overline{B}A$ のように、位相差はあるが、常時 2 相ずつ励磁してステップ送りをする方式です。1 相励磁に対して消費電力は 2 倍になるが、その分、出力トルクも大きくなり、ダンピング特性も優れているので振動が少なく、もっとも多く使用されています。

(c) 1-2 相励磁方式

$A\overline{B} \to A \to AB \to B \to B\overline{A} \to \overline{A} \to \overline{A}\ \overline{B} \to \overline{B}$ のように、1 相励磁方式と 2 相励磁方式を交互に繰り返す方式です。この励磁方式による駆動の特徴は、モータのステップ角が半分になることです。このため、モータの回転がスムーズになり振動が少なくなります。

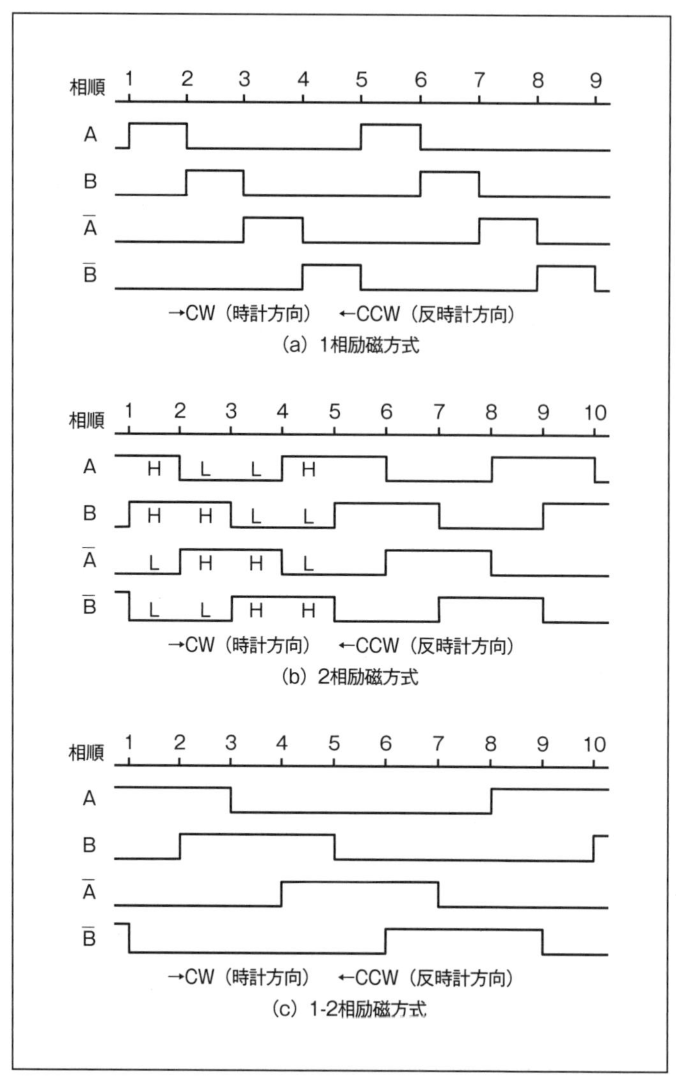

図 6.3　ステッピングモータの励磁方式

6.3　構造と動作原理

図 6.4 は、ステップ角 1.8° のハイブリッド型ステッピングモータの構造であり、その固定子の見た目を図 6.5 に示します。内部結線はユニポーラ型です。

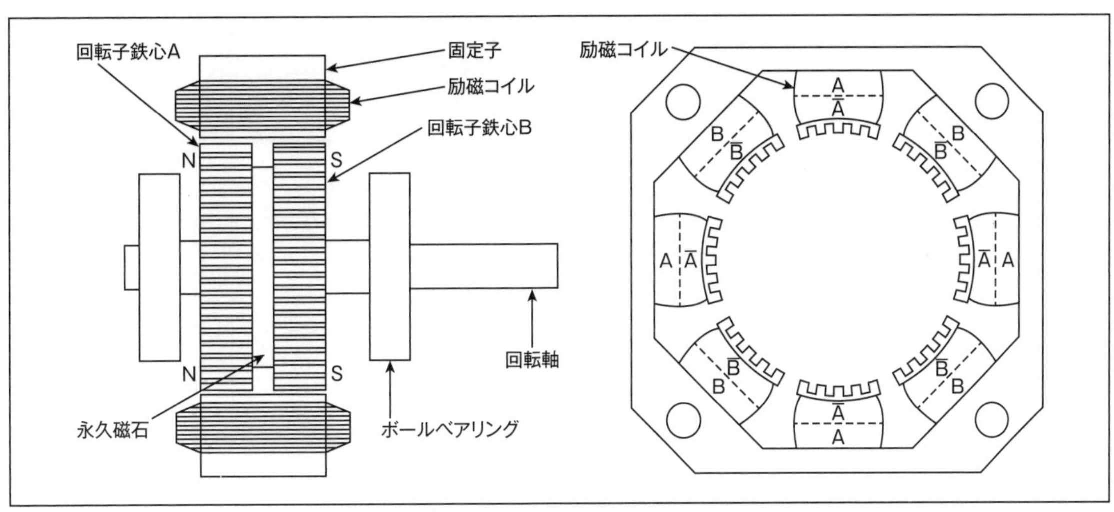

図 6.4　ハイブリッド型ステッピングモータの構造

図 6.4 において、固定子の磁極は 8 つに分割され、4 つの磁極に A 相と $\overline{A}$ 相、他の 4 つに B 相と $\overline{B}$ 相の励磁コイルが巻かれています。コイルが励磁されると、固定子磁極は磁化され、回転子歯を引きつけます。A 相と $\overline{A}$ 相、B 相と $\overline{B}$ 相は巻線の向きが逆であり、逆極性の磁極になります。

図に示すように、回転子には軸方向に磁化された永久磁石が組み込まれ、歯車状の回転子歯の鉄心 A、B があります。鉄心 A と B は、それぞれ N 極と S 極に磁化され、A と B の回転子歯は、互いに半ピッチずれています。

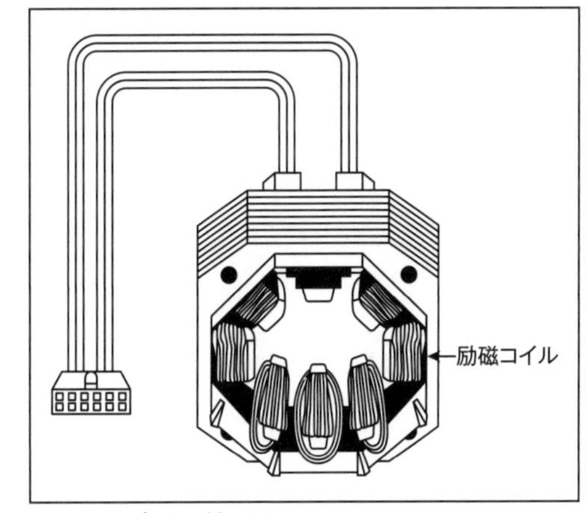

図 6.5　固定子の見た目

A 相→ B 相→ $\overline{A}$ 相→ $\overline{B}$ 相の順で励磁コイルを磁化したとき、図 6.6 のように、各磁極に生じる磁界は 45 度ずつ右回転します。A 相と $\overline{A}$ 相、B 相と $\overline{B}$ 相は、互いに逆極性になります。

図 6.7 は、回転子の N 極側から見た固定子、回転子鉄心 A の磁極の歯の位置関係です。固定子磁極の内周には 48 等分（7.5°）された歯（8 個省略で 40 個）があり、回転子の外周には 50 等分（7.2°）された歯があります。

図の歯の位置関係は A 相励磁の状態です。固定子歯 1（S 極）を中心といた磁極と回転子歯 1'（N 極）を中心とした部分が、N、S の吸引力で向き合い、同様に、固定子歯 25（S 極）と回転子歯 26'（N 極）も向き合います。

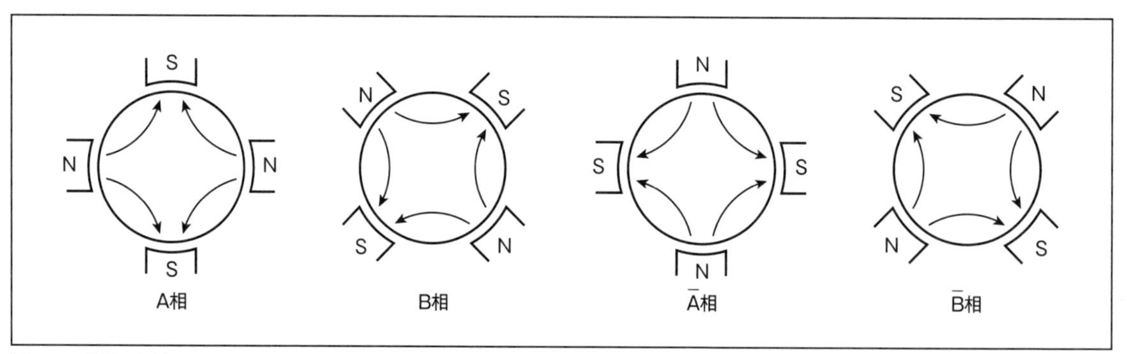

図 6.6　磁界の回転

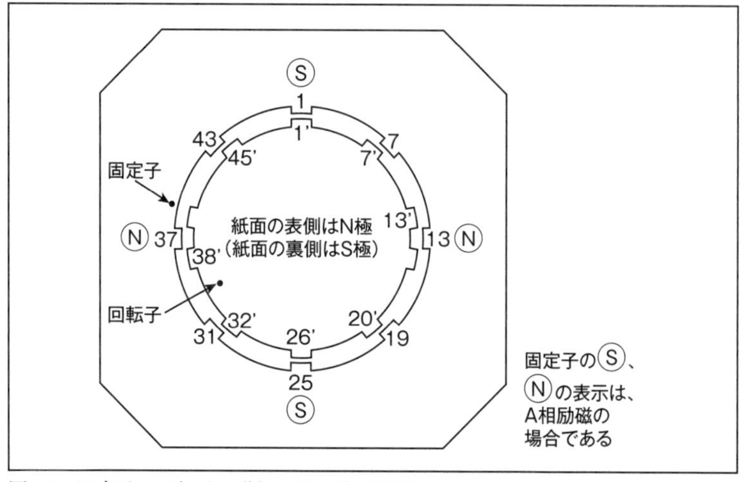

図 6.7　固定子、回転子の磁極の歯の位置関係

次にＢ相が励磁されると、図 6.8 のように、固定子歯 5、6、7、8、9 はＳ極になり、回転子歯 7'(Ｎ極)を中心とした部分がＮ、Ｓの吸引力で回転子歯幅の 1/2、すなわち、1.8°時計方向に回転します。固定子歯 7（Ｓ極）と回転子歯 7'（Ｎ極）が向き合うように、1.8°だけ右方向に回転します。

$$回転子の歯幅角 = \left(\frac{360°}{50}\right) \times \frac{1}{2} = 3.6°$$

$$ステップ角 = \frac{3.6°}{2} = 1.8°$$

同時に、固定子歯 31（Ｓ極）を中心とした磁極により、回転子歯 32'（Ｎ極）を中心とした部分は吸引され、時計方向へ 1.8°回転します。

このとき、固定子歯 19 を中心とした磁極はＮ極になり、回転子歯 20' を中心とした部分のＮ極と反発し、1.8°時計方向へ回ります。同様の反発力が固定子歯 43 と回転子歯 45' の周辺に働きます。

回転子の回転軸の反対側はＳ極であり、回転子鉄心Ｂの歯は半ピッチずれているので、やはり右回転のトルクが同時に働きます。

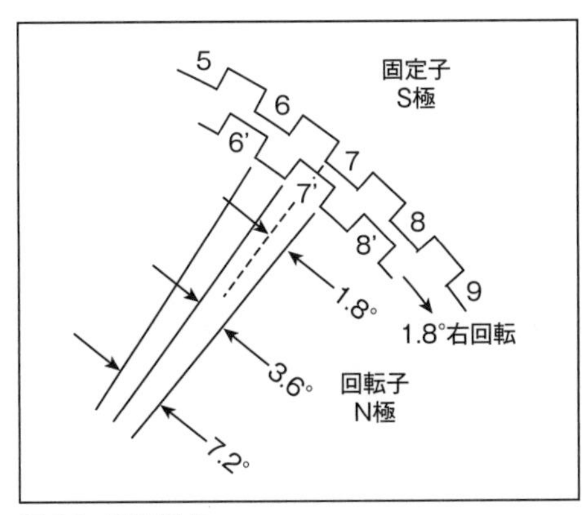

図 6.8　回転動作

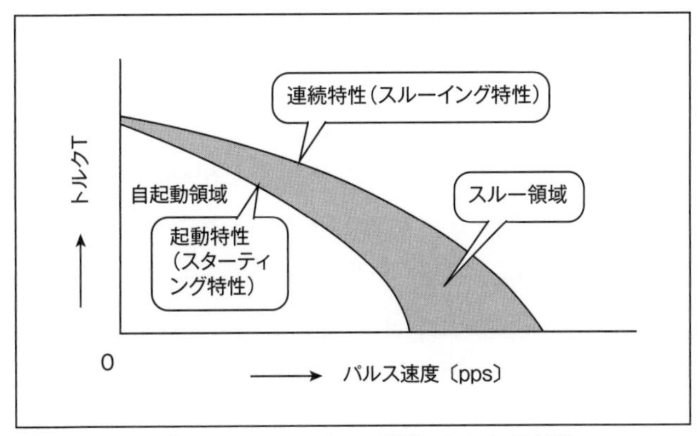

図 6.9　ステッピングモータのパルス速度 - トルク T 特性

6.4　ステッピングモータの特性

図 6.9 は、ステッピングモータのパルス速度 - トルク T 特性で、1 秒間当たり何個のパルスが入力するかを表したのが、パルス速度です。この特性は DC モータの回転速度 N- 発生トルク T 特性と似ていて、パルス速度が高くなるとトルクは小さくなります。

この理由は、励磁コイルにはインダクタンス成分が必ずあり、これにステップ状のパルスを加えても、コイル電流はステップ状にはならないことにあります。この現象は、パルス速度が高く、すなわち入力周波数が高くなるに従って顕著となり、励磁コイルに流れる平均電流が低下し、トルクも低下します。

図の起動特性は、ステッピングモータのステップ数が、入力パルス数と 1 対 1 の関係で起動できるパルス速度に対する負荷トルクの関係です。この特性で囲まれたところを自起動領域といい、入力パルスに同期して、起動・停止・反転の応答が確実にできる領域を示します。

ステッピングモータを自起動領域で起動させ、その後パルス速度を徐々に上げた場合、 ステッピングモータは自起動特性以上のパルス速度で連続して同期運転ができます。しかし、あるパルス速度に達すると同期が外れます。このように連続して同期運転ができるパルス速度に対する最大の負荷トルクが連続特性です。

起動特性と連続特性で囲まれた領域をスルー領域といい、ステッピングモータの運転で最も効率のよい領域となります。

6.5 ユニポーラ型ステッピングモータの正転・逆転回路

図6.10は、パワーMOS FETを使ったユニポーラ型ステッピングモータST-42BYG0506Hの正転・逆転回路です。プログラムで2相励磁方式とします。押しボタンスイッチPBS_1を押すと、ステッピングモータは正転します。この際に、パルス間隔の時間と回転数を聞いてくるので入力します。停止後、PBS_2を押して、パルス間隔の時間と回転数を入力すると、逆転します。

図6.11は、ユニポーラ型ステッピングモータの見た目です。

図6.12に、ユニポーラ型ステッピングモータの正転・逆転回路の実体配線図を示します。

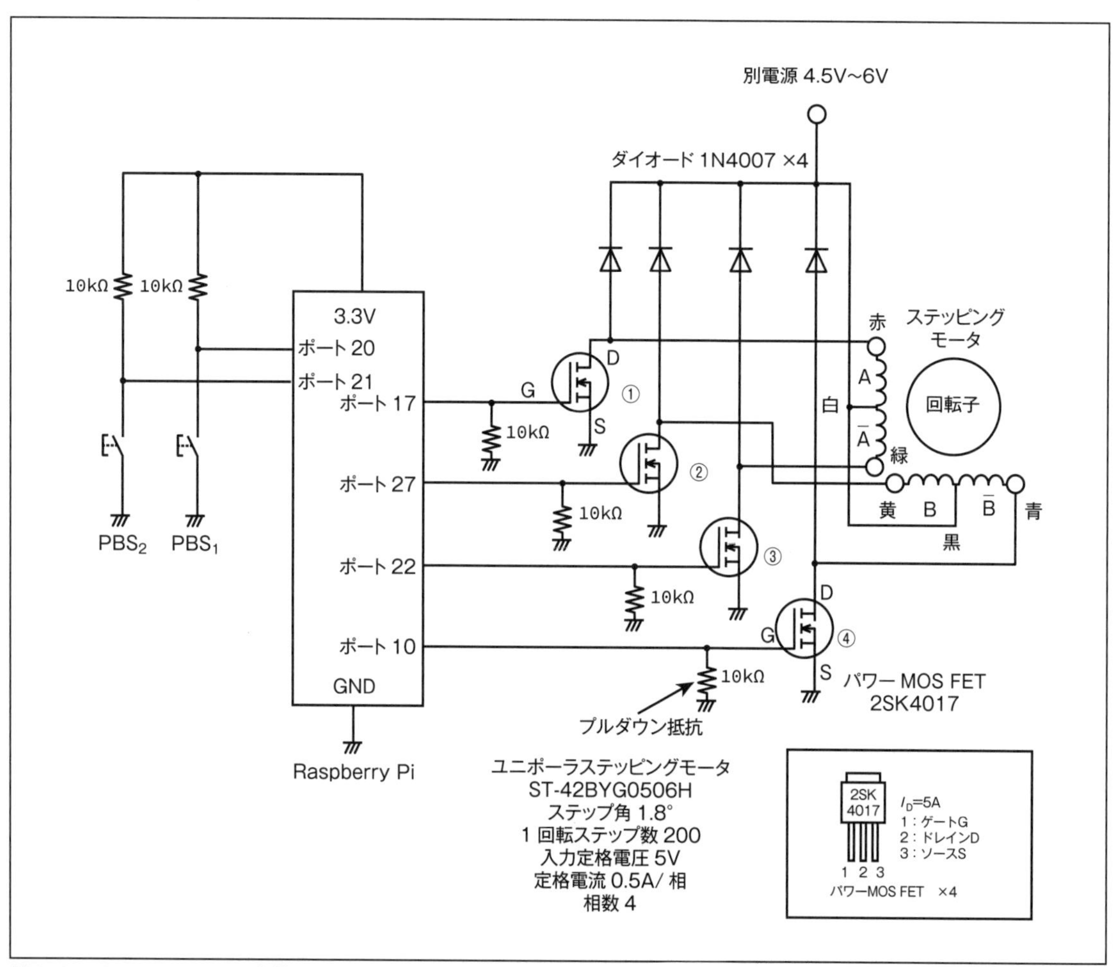

図6.10　パワーMOS FETを使ったユニポーラ型ステッピングモータの正転・逆転回路

図6.10と図6.12において、4つある10kΩのプルダウン抵抗は、ゲートGの電圧を0Vに安定させています。この4つの10kΩの抵抗は省略しても構いません。使用しているRaspberry Piの各ポートには内蔵プルダウン抵抗約48kΩがあるからです。

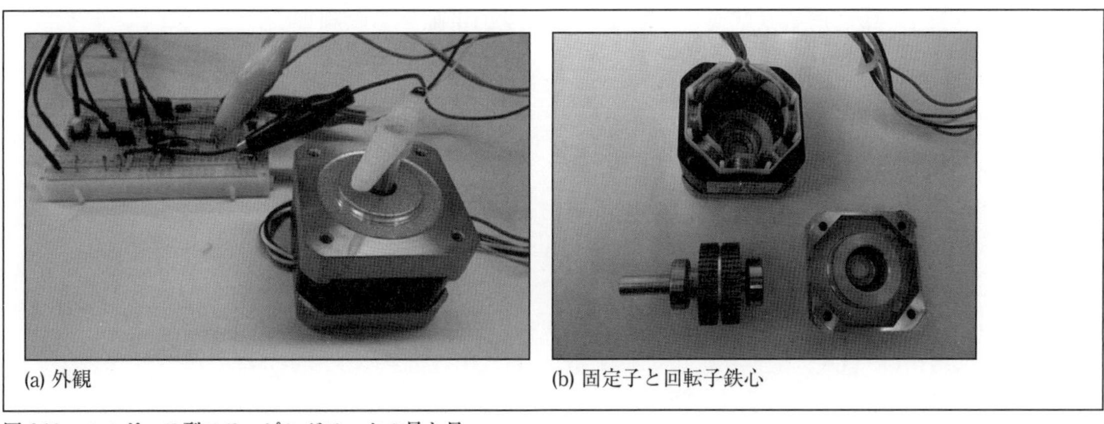
(a) 外観　(b) 固定子と回転子鉄心

図 6.11　ユニポーラ型ステッピングモータの見た目

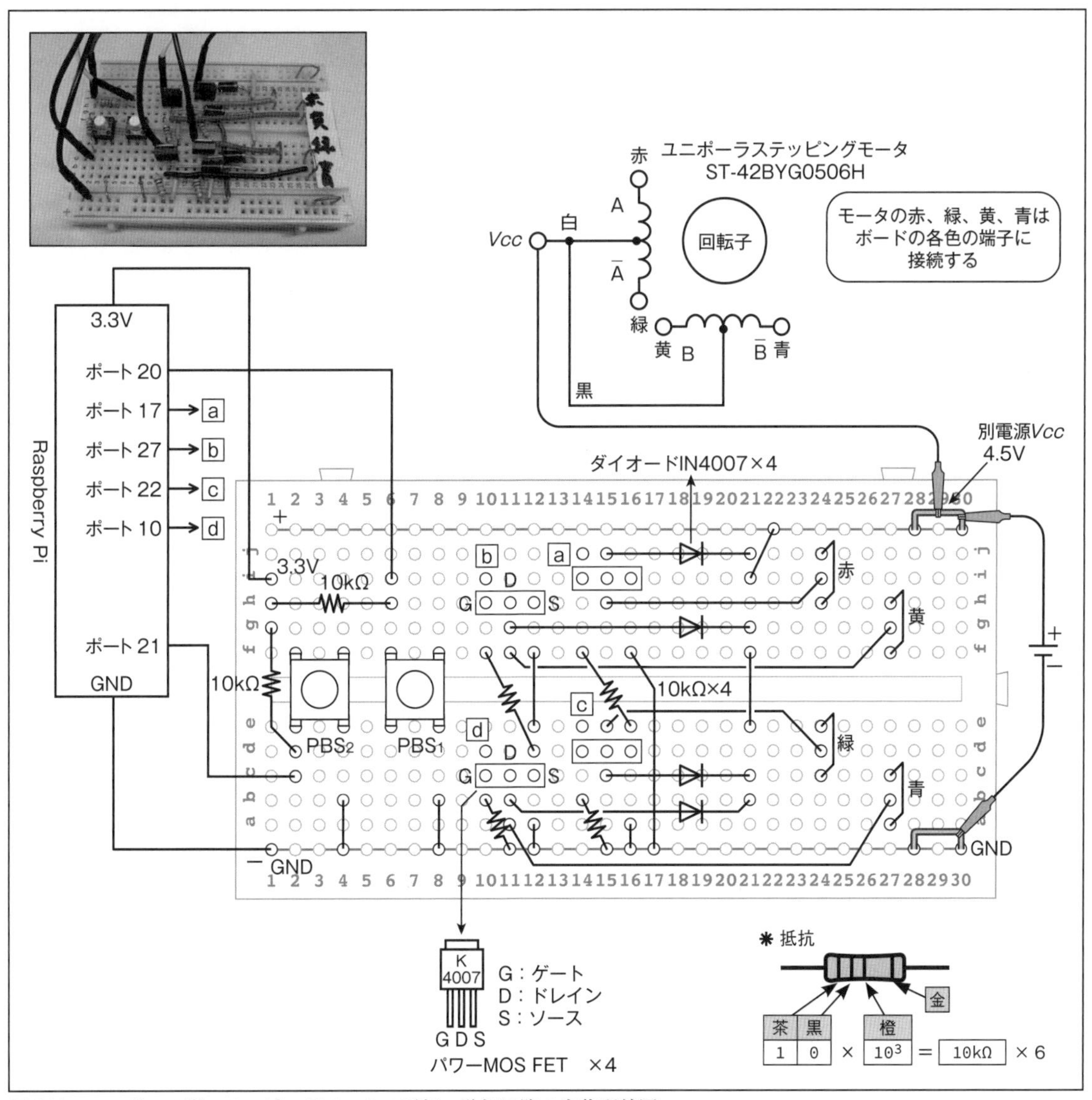

図 6.12　ユニポーラ型ステッピングモータの正転・逆転回路の実体配線図

プログラム 1　ユニポーラ型ステッピングモータの正転・逆転制御　　6-1.py

```
import wiringpi as pi                   wiringpi のライブラリを読み込み、wiringpi を pi に置き換える
import time                             time のライブラリを読み込む

pi.wiringPiSetupGpio()                  GPIO の初期化
pi.pinMode(20,pi.INPUT)                 ポート 20 を入力モードに設定
pi.pinMode(21,pi.INPUT)                 ポート 21 を入力モードに設定

ports=[10,22,27,17]                     ports はリストの変数。4 つのデータは出力のポート番号
for port in ports:                      for 文による繰り返しで、変数 port には 4 つのデータが順次に入る
    pi.pinMode(port,pi.OUTPUT)          ポート 10 〜ポート 17 を出力モードに設定
for port in ports:                      for 文による繰り返し
    pi.digitalWrite(port,pi.LOW)        ポート 10 〜ポート 17 に LOW (0) を出力

while True:                             繰り返しのループ
    if (pi.digitalRead(20)==pi.LOW):    if 文。PBS1 ON。ポート 20 が LOW (0) ならば次へ行く
        a=input("time?")                input ( ) 関数を使い、time のデータを入力し、変数 a に代入 1
        b=float(a)/1000                 float (実数) 型の a の値を 1000 でわり、変数 b で代入 2
        print(b)                        b の値を表示
        c=input("kaiten?")              input ( ) 関数を使い、kaiten のデータを入力し、変数 c に代入 3
        d=float(c)                      float (実数) 型の c の値を変数 d に代入 4
        print(d)                        d の値を表示
        e=d*200                         dx200 の値を変数 e に代入 5

        while(1):                       繰り返しのループ
                pi.digitalWrite(17,pi.HIGH)   ポート 17 に HIGH (1) を出力 ┐
                pi.digitalWrite(27,pi.HIGH)   ポート 27 に HIGH (1) を出力 │
                pi.digitalWrite(22,pi.LOW)    ポート 22 に LOW (0) を出力  ├ 相順 1
                pi.digitalWrite(10,pi.LOW)    ポート 10 に LOW (0) を出力  ┘
                time.sleep(b)           タイマ、1 ステップ当りの時間 [ms]
```

```
            pi.digitalWrite(17,pi.LOW)     ┐
            pi.digitalWrite(27,pi.HIGH)    │
            pi.digitalWrite(22,pi.HIGH)    ├ 相順 2
            pi.digitalWrite(10,pi.LOW)     ┘
            time.sleep(b)

            pi.digitalWrite(17,pi.LOW)     ┐
            pi.digitalWrite(27,pi.LOW)     │
            pi.digitalWrite(22,pi.HIGH)    ├ 相順 3
            pi.digitalWrite(10,pi.HIGH)    ┘
            time.sleep(b)

            pi.digitalWrite(17,pi.HIGH)    ┐
            pi.digitalWrite(27,pi.LOW)     │
            pi.digitalWrite(22,pi.LOW)     ├ 相順 4
            pi.digitalWrite(10,pi.HIGH)    ┘
            time.sleep(b)
            e=e-4                  相順 1 から相順 4 までくると、4 ステップ使うので、e-4 の値を e に代入 6

            if(e <=1):             if 文。e <=1 ならば次へ行く 7
                pi.digitalWrite(17,pi.LOW)  ポート 17 に LOW (0) を出力
                pi.digitalWrite(10,pi.LOW)  ポート 10 に LOW (0) を出力
                break              braeak 文で while(1) のループを脱出
    if (pi.digitalRead(21)==pi.LOW):  if 文。PBS2 ON。ポート 20 が LOW (0) ならば次へ行く
        a=input("time?")           input (　) 関数を使い、time のデータを入力し、変数 a に代入
        b=float(a)/1000            float (実数) 型の a の値を 1000 でわり、変数 b で代入
        print(b)                   b の値を表示
        c=input("kaiten?")         input (　) 関数を使い、kaiten のデータを入力し、変数 c に代入
        d=float(c)                 float (実数) 型の c の値を変数 d で代入
        print(d)                   d の値を表示
        e=d*200                    dx200 の値を変数 e に代入
        while(1):                  繰り返しのループ
            pi.digitalWrite(10,pi.HIGH)  ポート 10 に HIGH (1) を出力 ┐
            pi.digitalWrite(22,pi.HIGH)  ポート 22 に HIGH (1) を出力 │
            pi.digitalWrite(27,pi.LOW)   ポート 27 に LOW (0) を出力  ├ 相順 1
            pi.digitalWrite(17,pi.LOW)   ポート 17 に LOW (0) を出力  ┘
            time.sleep(b)  タイマ、1 ステップ当りの時間 [ms]
```

```
        pi.digitalWrite(10,pi.LOW)    ┐
        pi.digitalWrite(22,pi.HIGH)   │
        pi.digitalWrite(27,pi.HIGH)   ├ 相順 2
        pi.digitalWrite(17,pi.LOW)    ┘
        time.sleep(b)

        pi.digitalWrite(10,pi.LOW)    ┐
        pi.digitalWrite(22,pi.LOW)    │
        pi.digitalWrite(27,pi.HIGH)   ├ 相順 3
        pi.digitalWrite(17,pi.HIGH)   ┘
        time.sleep(b)

        pi.digitalWrite(10,pi.HIGH)   ┐
        pi.digitalWrite(22,pi.LOW)    │
        pi.digitalWrite(27,pi.LOW)    ├ 相順 4
        pi.digitalWrite(17,pi.HIGH)   ┘
        time.sleep(b)
        e=e-4              相順 1 から相順 4 までくると、4 ステップ使うので、e-4 の値を e に代入 6
        if(e <=1):         if 文。e <=1 ならば次へ行く
            pi.digitalWrite(10,pi.LOW)   ポート 10 に LOW (0) を出力
            pi.digitalWrite(17,pi.LOW)   ポート 17 に LOW (0) を出力
            break          braeak 文で while(1) のループを脱出
```

◆　**プログラムの説明**

1　a=input("time?")

input() 関数を使います。　time? と聞いてくるので、1ステップ当りの時間 time を入力し、Enter を押します。ここで、time の値が 5 ms であれば、5 Enter とします。変数 a に 5 が代入されます。3.8 ms であれば、3.8 Enter のようにします。このように実数 (小数) も使えます。time の値は 2.0 以上が望ましいです。2.0 未満の場合、パルス速度が速くなり、連続して同期運転ができなくなることがあります。

2　b=float(a)/1000

float（実数）型の a の値を 1000 でわり、変数 b に代入します。b の値はミリ秒（ms）単位に変換されます。

3　c=input("kaiten?")

input() 関数を使います。　kaiten? と聞いてくるので、kaiten のデータ、例えば 8 回転であれば、8 Enter とします。ここも小数で入力することができ、3.25 Enter のように入力すると、3 と 1/4 回転ができます。kaiten のデータを変数 c に代入します。

4　d=float(c)

float（実数）型の c の値を変数 d に代入します。このため、回転数 d は 3.25 のように実数（小数）も扱えます。

5　e=d*200

ステッピングモータ ST-42BYG0506H のステップ角は 1.8° なので、360/1.8=200 となり、1 回転ステップ数は 200 です。d は回転数なので d × 200 は全ステップ数になり、この値を変数 e に代入します。d が小数のとき、e は小数になります。

6　e=e-4

始め e は e=d*200 により、全ステップ数が決まります。相順 1 から相順 4 までくると、4 ステップ使うので、e-4 の値を e に代入します。d が 1 回転であれば、e=200 となり、200/4=50 から、相順 1 から相順 4 までを 50 回繰り返すと e は 0 になります。

7　if(e <= 1)

if 文による分岐です。e が整数であれば、ここは if(e == 0) にします。e は小数でもいいので、e が小数のとき、6のように e=e-4 をしていくと、(e == 0) にならないことがあります。このため、if 文は if(e <= 1) にします。

6.6 バイポーラ型ステッピングモータの正転・逆転回路

図6.13は、ステッピングモータの内部結線です。ユニポーラ型とバイポーラ型があります。6.3節や6.5節では、ユニポーラ型のステッピングモータについて詳しく見てきました。あらためて、コイルに流れる電流の方向を、ユニポーラ型とバイポーラ型で比較してみます。

ユニポーラ型が2組のコイル中央にタップがあるのに対して、バイポーラ型は2組のコイルがあるだけです。ユニポーラ型の端子数は6本ですが、タップを1つにまとめると、リード線は5本になります。バイポーラ型の端子数とリード線は4本です。

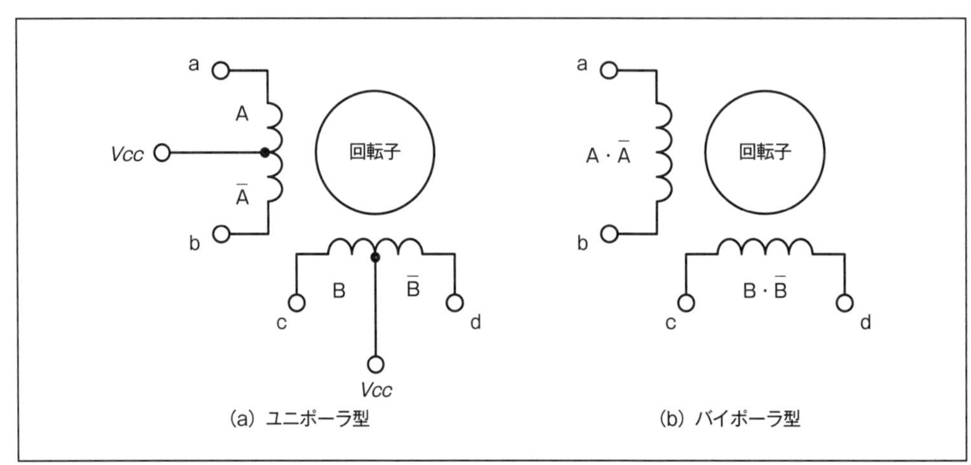

図6.13 ステッピングモータの内部結線

ここで、ユニポーラ型とバイポーラ型ステッピングモータの各相に流れる電流の向きとトルクの違いについて見てみましょう。

ユニポーラ型

① ここでは1相励磁方式とし、中央のタップは電源電圧Vccとします。
② VccからA相（a)、B相（c)、$\overline{A}$相（b)、$\overline{B}$相（d）の順に電流を流し、各相を励磁します。
③ 1つの相に流れる電流の向きは常に同じです。
④ バイポーラ型と比較し、高速でトルクが大きく、低速でトルクは小さくなります。

バイポーラ型

① ここでは1相励磁方式とし、2つのコイルの端子をa、b、c、dとします。
② B相（c→d)、A相（a→b)、$\overline{B}$相（d→c)、$\overline{A}$相（b→a）の順に電流を流します。
③ コイルに流れる電流の向きを変えることにより、1つのコイルがA相、$\overline{A}$相およびもう1つのコイルがB相、$\overline{B}$相を形成します。
④ ユニボーラ型と比較し、トルクが小さくなります。これは、コイルのインダクタンスが大きく交番電圧なので、高速になるとさらにインダクタンスが大きくなり、電流が流れにくくなります。

図6.10において、ユニポーラ型ステッピングモータの正転・逆転回路はディスクリート部品

で構成されています。このため、部品集めや、組み立てるのが少々たいへんです。次に述べるバイポーラ・ステッピングモータドライバDRV8835を使うと、ユニポーラ型ステッピングモータでもドライブさせることができます。ユニポーラ型ステッピングモータの中央にあるタップを使わず、バイポーラ型のように使います。

図6.14は、バイポーラ型ステッピングモータSM-42BYG011の2相励磁方式による正転・逆転回路です。SM-42BYG011の入力定格電圧は12Vですが、ここではACアダプタDC9Vを別電源に使います。押しボタンスイッチPBS_1を押すと、ステッピングモータは正転します。この際に、パルス間隔の時間と回転数を聞いてくるので入力します。停止後、PBS_2を押して、パルス間隔の時間と回転数を入力すると、逆転します。

5.4節で使用したDCモータドライバDRV8835は、バイポーラ・ステッピングモータドライバとしても使えます。ここでもドライバDRV8835を利用します。

この回路はバイポーラ型ステッピングモータの正転・逆転回路ですが、ユニポーラ型ステッピングモータST-42BYG0506Hでも使えます。図に示すように、ST-42BYG0506Hの中央にあるVcc用のタップを使わず、バイポーラ型のように接続します。この場合、ST-42BYG0506Hの入力定格電圧は5Vなので、別電源は4.5～5Vのものに替えます。

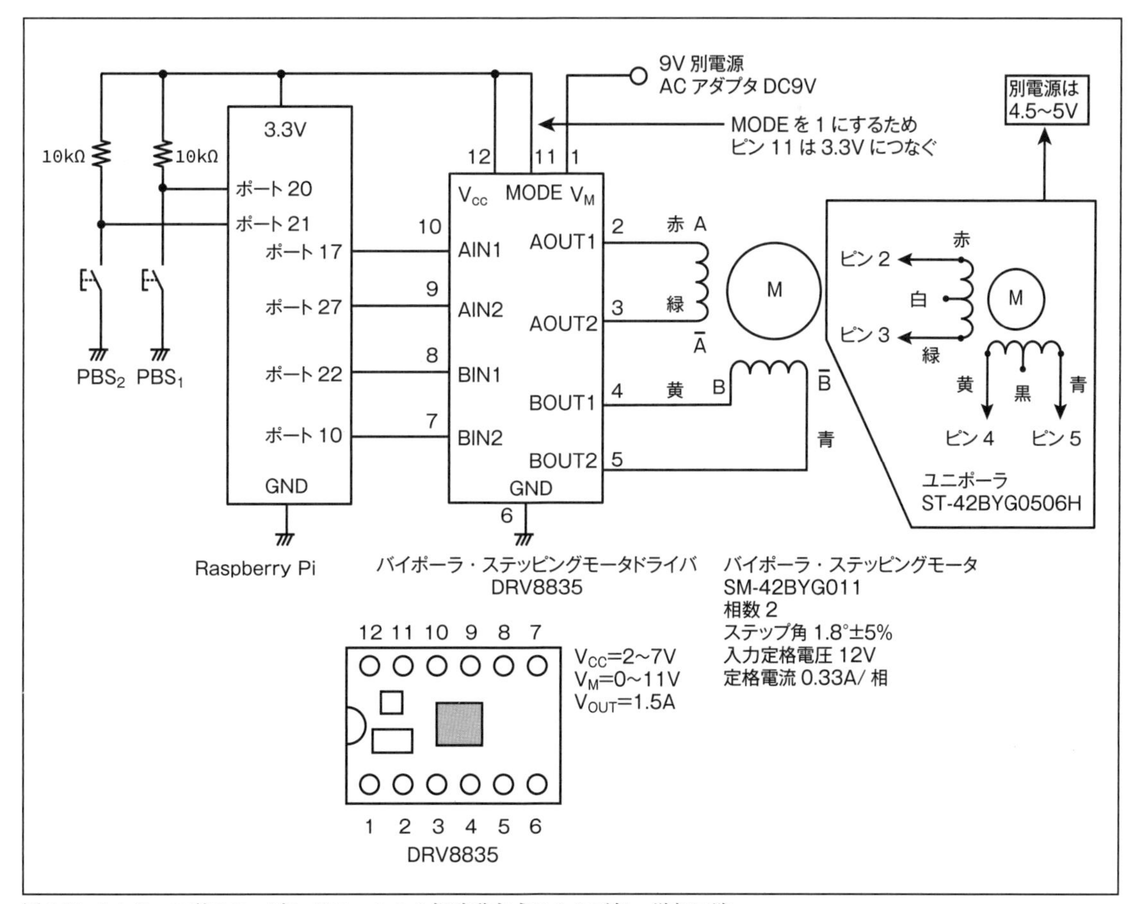

図6.14 バイポーラ型ステッピングモータの2相励磁方式による正転・逆転回路

図6.15は、オシロスコープによる2相励磁方式の各相の波形観測です。図6.14において、ドライバDRV8835の出力ピン2～5に、図6.15の波形出力がでるように、DRV8835の入力データを決めます。その結果を表6.1のDRV8835によるバイポーラ型ステッピングモータの2相励磁に示します。

＊ 表6.1　DRV8835によるバイポーラ型ステッピングモータの2相励磁

A IN1	A IN2	B IN1	B IN2	A OUT1	B OUT1	A OUT2	B OUT2	順
0	1	0	1	H	H	L	L	1
1	1	0	1	L	H	H	L	2
1	1	1	1	L	L	H	H	3
0	1	1	1	H	L	L	H	4

＊ 表6.2　DRV8835のPHASE/ENABLEモード（MODE=1）の真理値表

A IN1	A IN2	A OUT1	A OUT2	B IN1	B IN2	B OUT1	B OUT2
×	0	L	L	×	0	L	L
1	1	L	H	1	1	L	H
0	1	H	L	0	1	H	L

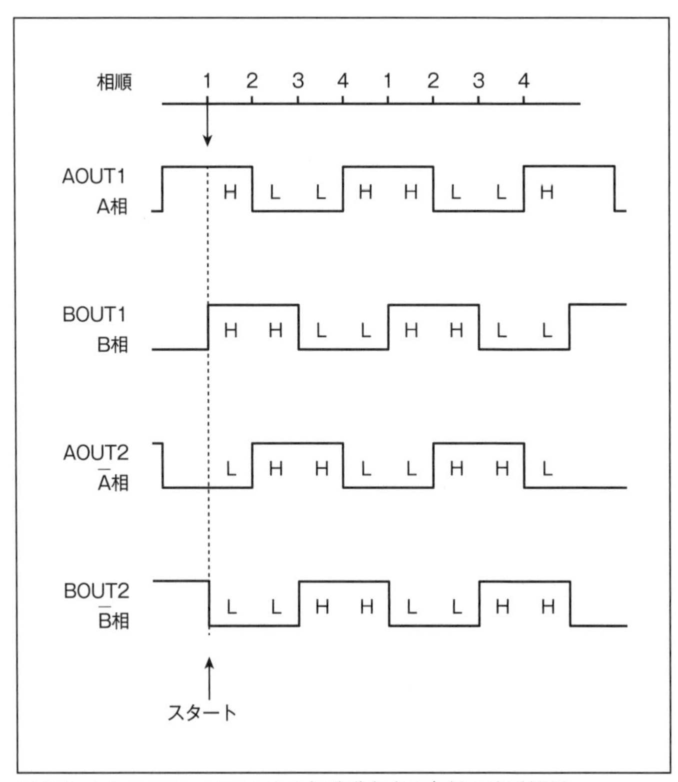

図6.15　オシロスコープによる2相励磁方式の各相の波形観測

表6.1の出力データに対する入力データの求め方は、次のように、表6.2のDRV8835のPHASE/ENABLEモード（MODE=1）の真理値表に従います。

表6.1の順（相順）1で見てみましょう。AOUT1:H　BOUT1:H　AOUT2:L　BOUT2:L　なので、表6.2の真理値表から　　AOUT1:H　AOUT2:L のとき　AIN1:0　AIN2:1 。

BOUT1:H　BOUT2:L のとき　BIN1:0　BIN2:1　になります。

表6.1のように並べると、　0 1 0 1　H H L L　順1　のようになります。

表6.2でAIN1とBIN1にXとあるのは、1でもなく0でもない該当なしです。

図6.16は、バイポーラ型ステッピングモータSM-42BYG011の2相励磁方式による正転・逆転回路の実体配線図です。

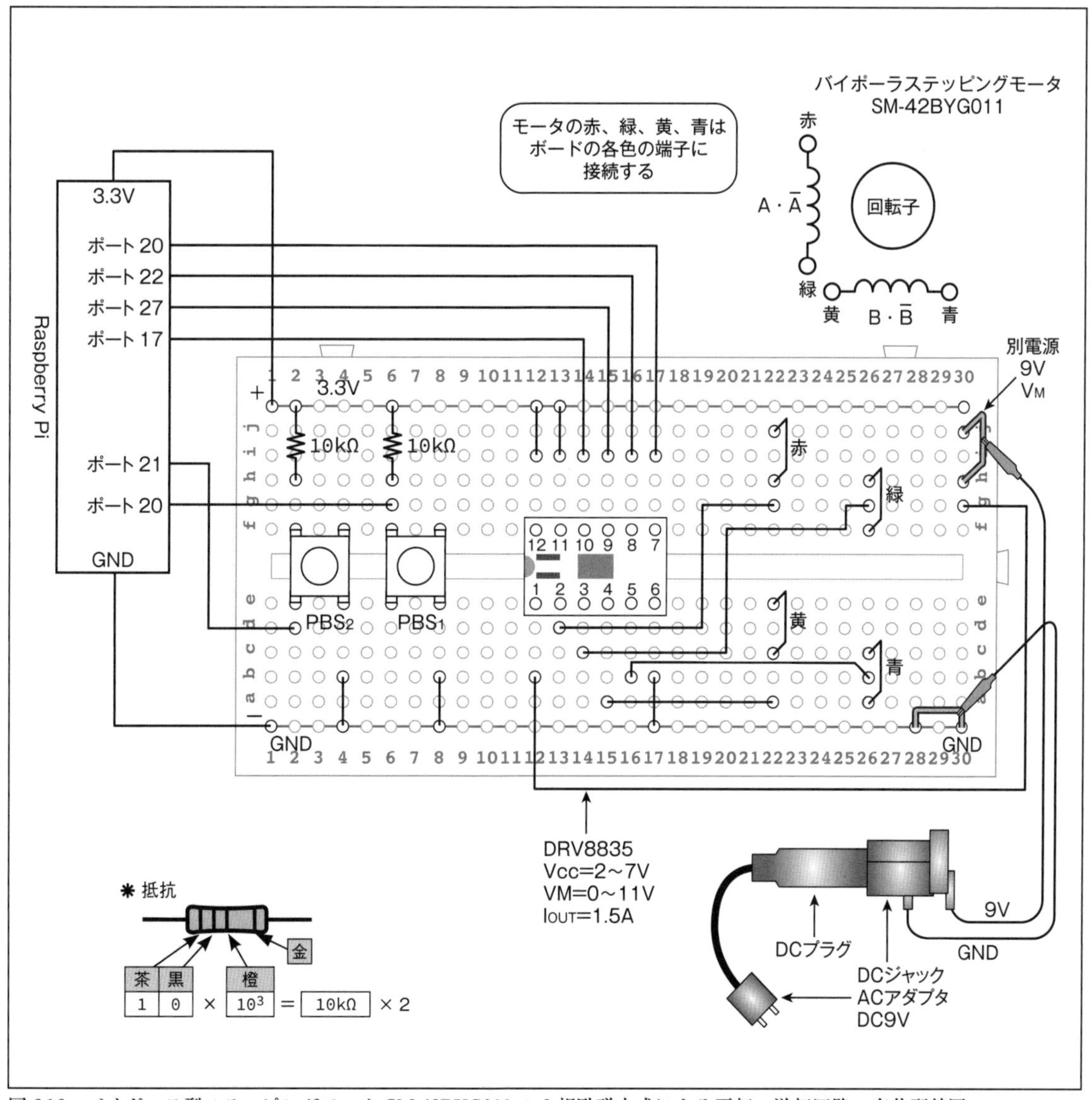

図6.16　バイポーラ型ステッピングモータSM-42BYG011の2相励磁方式による正転・逆転回路の実体配線図

■ プログラム2　バイポーラ型ステッピングモータの正転・逆転制御　　6-2.py

```
import wiringpi as pi                 wiringpiのライブラリを読み込み、wiringpiをpiに置き換える
import time                           timeのライブラリを読み込む

pi.wiringPiSetupGpio()                GPIOの初期化
pi.pinMode(20,pi.INPUT)               ポート20を入力モードに設定
pi.pinMode(21,pi.INPUT)               ポート21を入力モードに設定

ports=[10,22,27,17]                   portsはリストの変数。4つのデータは出力のポート番号
for port in ports:                    for文による繰り返しで、変数portには4つのデータが順次に入る
    pi.pinMode(port,pi.OUTPUT)        ポート10～ポート17を出力モードに設定
for port in ports:                    for文による繰り返し
    pi.digitalWrite(port,pi.LOW)      ポート10～ポート17にLOW（0）を出力
forward=['0101','1101','1111','0111']   forwardは文字列のリストの変数 1
reverse=['0111','1111','1101','0101']   reverseは文字列のリストの変数 2

def step(s):                          関数のstepの定義、（　）の中の変数sは引数 3
    pi.digitalWrite(17, s[0]=='1')
    pi.digitalWrite(27, s[1]=='1')
    pi.digitalWrite(22, s[2]=='1')
    pi.digitalWrite(10, s[3]=='1')

while True:                           繰り返しのループ
    if (pi.digitalRead(20)==pi.LOW):  if文。PBS1 ON。ポート20がLOW（0）ならば次へ行く
        a=input("time? ")             input（　）関数を使い、timeのデータを入力し、変数aに代入
        b=float(a)/1000               float（実数）型のaの値を1000でわり、変数bで代入
        print(b)                      bの値を表示
        c=input("kaiten? ")           input（　）関数を使い、kaitenのデータを入力し、変数cに代入
        d=float(c)                    float（実数）型のcの値を変数dで代入
        print(d)                      dの値を表示
        e=d*200                       dx200の値を変数eに代入
        while(1):                     繰り返しのループ
            for s in forward:         for文による繰り返しで、変数sにforwardの文字列が順次に入る
                step(s)               関数stepを呼び出し、文字列sの値を関数本体に渡す
                time.sleep(b)         タイマ、1ステップ当りの時間[ms]
            e=e-4                     相順1から相順4までくると、4ステップ使うので、e-4の値をeに代入
            if(e <=1):                if文。e<=1ならば次へ行く
                for port in ports:    for文による繰り返しで、変数portには4つのデータが
                                      順次に入る
                    pi.digitalWrite(port,pi.LOW)  ポート10～ポート17にLOW（0）を出力
                break                 braeak文でwhile(1)のループを脱出
    if (pi.digitalRead(21)==pi.LOW):  if文。PBS2 ON。ポート21がLOW（0）ならば次へ行く
        a=input("time? ")             input（　）関数を使い、timeのデータを入力し、変数aに代入
```

```
        b=float(a)/1000              float（実数）型のaの値を1000でわり、変数bで代入
        print(b)                     bの値を表示
        c=input("kaiten? ")          input（ ）関数を使い、kaitenのデータを入力し、変数cに代入
        d=float(c)                   float（実数）型のcの値を変数dで代入
        print(d)                     dの値を表示
        e=d*200                      dx200の値を変数eに代入
        while(1):                    繰り返しのループ
            for s in reverse: for文による繰り返しで、変数sにreverseの文字列が順次に入る
                step(s)              関数stepを呼び出し、文字列sの値を関数本体に渡す
                time.sleep(b) タイマ、1ステップ当りの時間[ms]
            e=e-4                    相順1から相順4までくると、4ステップ使うので、e-4の値をeに代入
            if(e <=1):               if文。e<=1ならば次へ行く
                for port in ports:   for文による繰り返しで、変数portには4つのデータが
                                     順次に入る
                  pi.digitalWrite(port,pi.LOW)  ポート10～ポート17にLOW（0）を出力
                break                braeak文でwhile(1)のループを脱出
```

プログラムの説明

1 **forward=[‘ 0101’,’1101’,’1111’,’0111’]**

forwardは文字列のリストの変数で、表6.1の2相励磁の相順に従ったデータが入っています。ここでは、この相順による回転を正転とします。

2 **reverse=[‘0111’,’1111’,’1101’,’0101’]**

reverseは文字列のリストの変数で、forwardとは逆の相順に従ったデータが入っています。ここでは、この相順による回転を逆転とします。

3 **def step(s):**

関数stepを定義します。関数本体です。()の中の変数sは引数といいます。引数を書いておくことで、関数の呼び出し元から数字や文字列を関数本体に渡すことができるようになります。

関数の呼び出し元のstep(s)によって、関数stepを呼び出し、ここでは、文字列sのデータを関数本体に渡します。**1** のforwardのリストの内容、0101、1101、1111、0111を渡します。

始めのデータ0101の場合、以下のような出力結果になります。

```
pi.digitalWrite(17, s[0]==’1’)   →   pi.digitalWrite(17,  0)
pi.digitalWrite(27, s[1]==’1’)   →   pi.digitalWrite(27,  1)
pi.digitalWrite(22, s[2]==’1’)   →   pi.digitalWrite(22,  0)
pi.digitalWrite(10, s[3]==’1’)   →   pi.digitalWrite(10,  1)
```

上記において、s〔0〕==‘1’、s〔1〕==‘1’、s〔2〕==‘1’、s〔3〕==‘1’は2つの文字列の比較で、==は比較演算子です。

s〔0〕に‘0’、s〔1〕に‘1’、s〔2〕に‘0’、s〔3〕に‘1’、が入ります。

s〔0〕==‘1’は‘0’==‘1’なので、等価かどうかの判定は偽（Fales.0）を返します。結果pi.digital

Write（17,0）

s〔1〕=='1' は '1'=='1' なので、等価かどうかの判定は真（True.1）を返します。結果 pi.digital
Write（27,1）

s〔2〕=='1' と s〔3〕=='1' も同様に考えます。

第７章
サーボモータの制御回路

7.1　A-D コンバータを利用した可変抵抗器によるサーボモータの制御回路

図 7.1 は、A-D コンバータ MCP3002、可変抵抗器 VR、などを使用したサーボモータの制御回路です。この本で使うサーボモータは RC サーボともいいます。

サーボモータは通常のモータとは異なり、連続して回転するのではなく、約 180° の範囲で回転します。水平方向の位置決め制御やロボットの脚や腕の関節、ロボットカーのステアリングなどにも使われます。この本では、箱のふたの開閉に使います。

図 7.2 に、サーボモータの制御回路の実体配線図を示します。

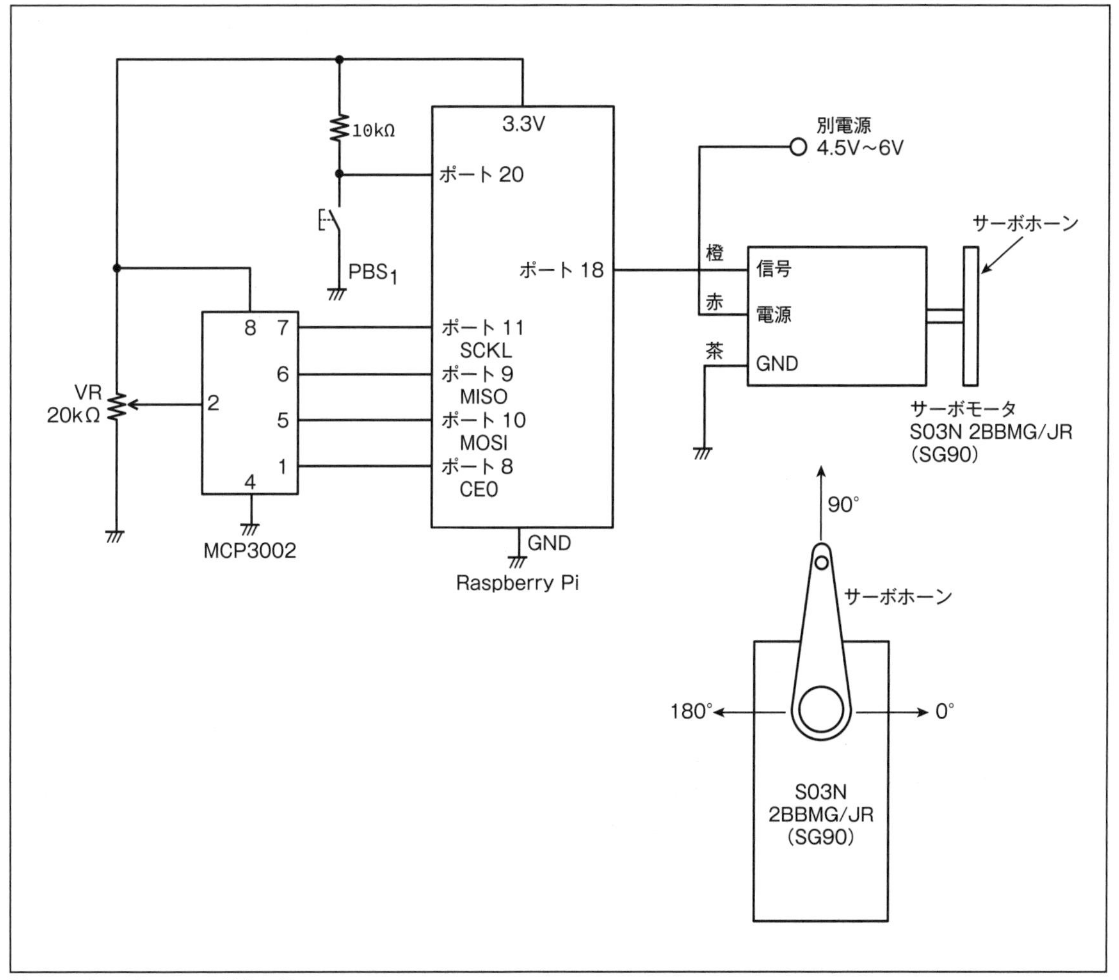

図 7.1　サーボモータの制御回路

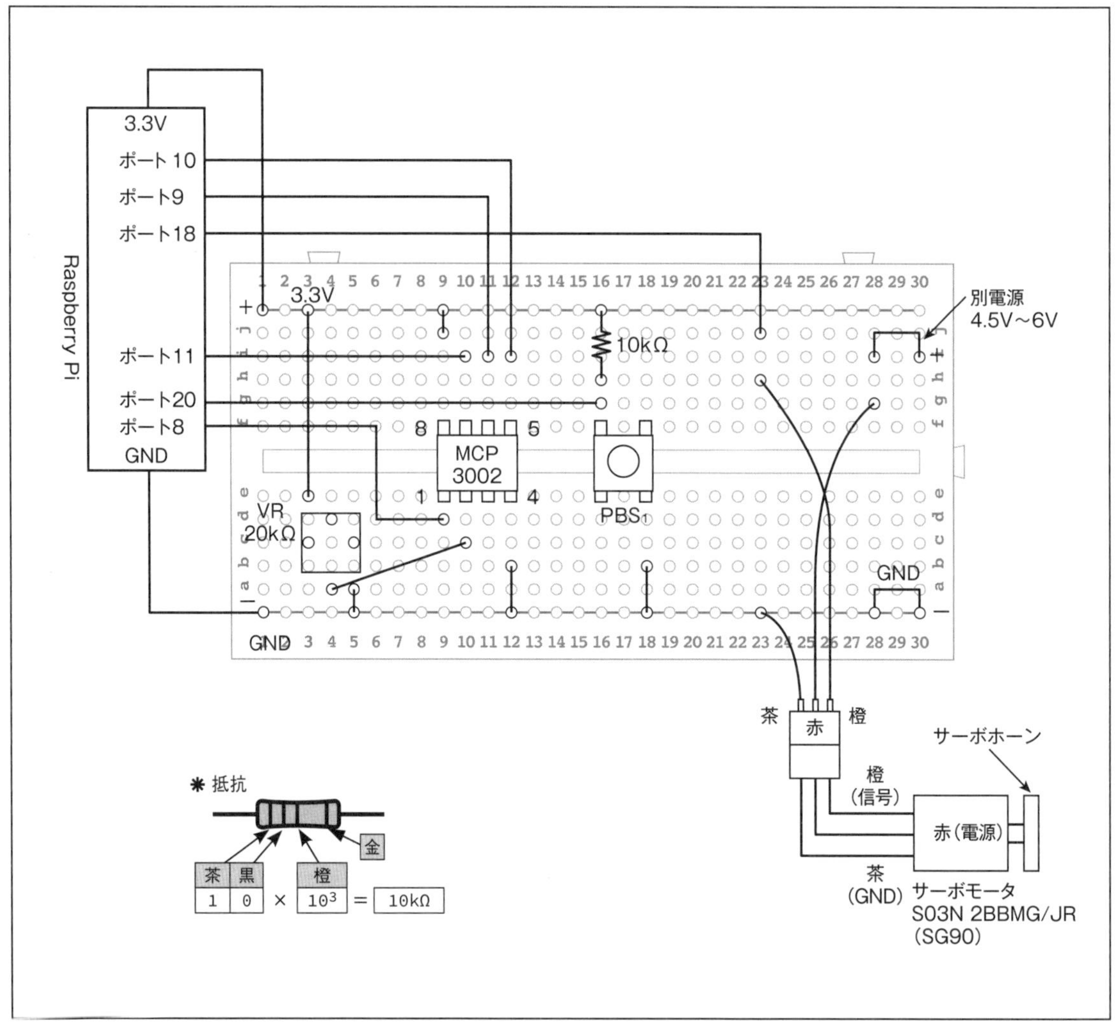

図 7.2　サーボモータの制御回路の実体配線図

図 7.3 は、サーボモータ S03N 2BBMG/JR と SG90 の見た目です。

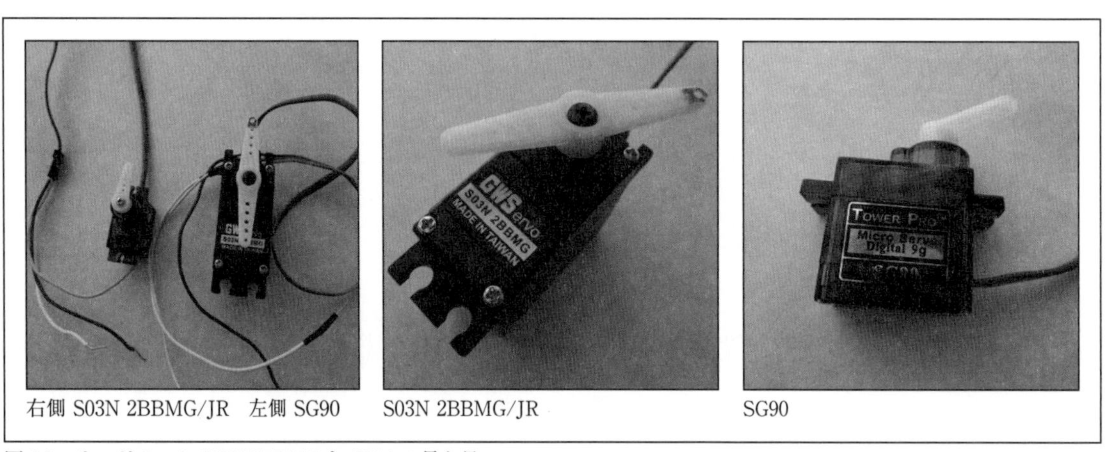

右側 S03N 2BBMG/JR　左側 SG90　　S03N 2BBMG/JR　　SG90

図 7.3　サーボモータ S03N 2BBMG と SG90 の見た目

図7.1において、使用するサーボモータは、S03N 2BBMG/JR とSG90のどちらでも同じ動きをします。プログラムを2つ作ります。次のような動作をします。

◆ **プログラム1　角度0°～180°までの位置決め制御**

① 可変抵抗器VRやA-DコンバータMCP3002などは使わず、サーボモータの動きを見ます。サーボモータの駆動軸にサーボホーンを中央90°の位置に取り付けます。90°の位置は②に示します。

② 1秒間隔で0°、45°、90°、135°、180°のように位置決めをします。この動作を3回繰り返し、最後は中央90°で停止します。90°の位置は、図7.1の中に示すサーボホーンの向き（図の上方向）になります。

◆ **プログラム2　可変抵抗器VRによるサーボモータの制御**

① 可変抵抗器VRをプラスドライバで右方向にまわしていくと、サーボホーンは、右方向（時計方向）に回転します。右方向いっぱいで停止した位置が0°です。

② VRを左方向にまわしていくと、サーボホーンは、左方向（反時計方向）に回転します。左方向いっぱいで停止した位置が180°です。

③ 押しボタンスイッチPBS_1を押すと、サーボホーンは中央90°の位置へ戻ります。

7.2　ソフトウェアPWMとハードウェアPWM

PWM(パルス幅変調)には、精度の低いソフトウェアPWMと精度の高いハードウェアPWMがあります。ソフトウェアで作成するソフトウェアPWMは、プログラムでパルス周期やパルス幅を作るため、プログラムの処理時間やRaspberry Piの通常の処理の影響を受け、パルスの周期やパルス幅が微妙に変化することがあります。

第1章や第5章で使ったソフトウェアPWMは、LEDの明るさを徐々に増減させたり、DCモータの回転速度の制御に使いました。LEDの明るさ制御はパルスのデューティ比を変え、LEDの点滅をすばやく切り替えています。しかし、人間の目はそれを気が付きません。また、DCモータも同様で、パルスのON、OFFの繰り返しがあっても、回転物の慣性により、パルスのOFFのときにすぐには止まりません。

LEDの明るさ制御とDCモータの速度制御は、パルスの平均電圧で制御しています。このため、精度の低いソフトウェアPWMでも制御への影響はほとんどありません。

サーボモータは、入力信号端子に、パルス周期20ms程度のパルス（PWM信号）を与える必要があります。サーボモータの駆動軸（サーボホーンを取り付ける軸）は、PWMのパルス幅（"H"の時間）に対応した角度になるまで回転するしくみになっています。

サーボモータを制御するにはハードウェアPWMを使います。ハードウェアPWMは、パルス周期やパルス幅を細かく決めることができ、これらが安定しています。ハードウェアPWMは、Raspberry PiのGPIOを制御するライブラリ「WiringPi」を利用し、PWMコントローラ（PWM専用のハードウェア）で制御します。

Raspberry PiでハードウェアPWMを出力できるピンは4つあり、独立して制御できるのは、次の2組ずつです。

Channel 0 : ポート12、ポート18

Channel 1 : ポート13、ポート19

Channelが同一のピンはPWMを独立に制御することはできません。 Channel 0でいえば、別々のハードウェアPWMを出力できません。同一のPWMは出力することができます。独立して制御できるピンは、「ポート12とポート13」、「ポート18とポート19」などになります。

7.3 サーボモータのしくみ

図7.4は、サーボモータを制御するハードウェアPWM信号の波形の一例とサーボホーンの位置です。

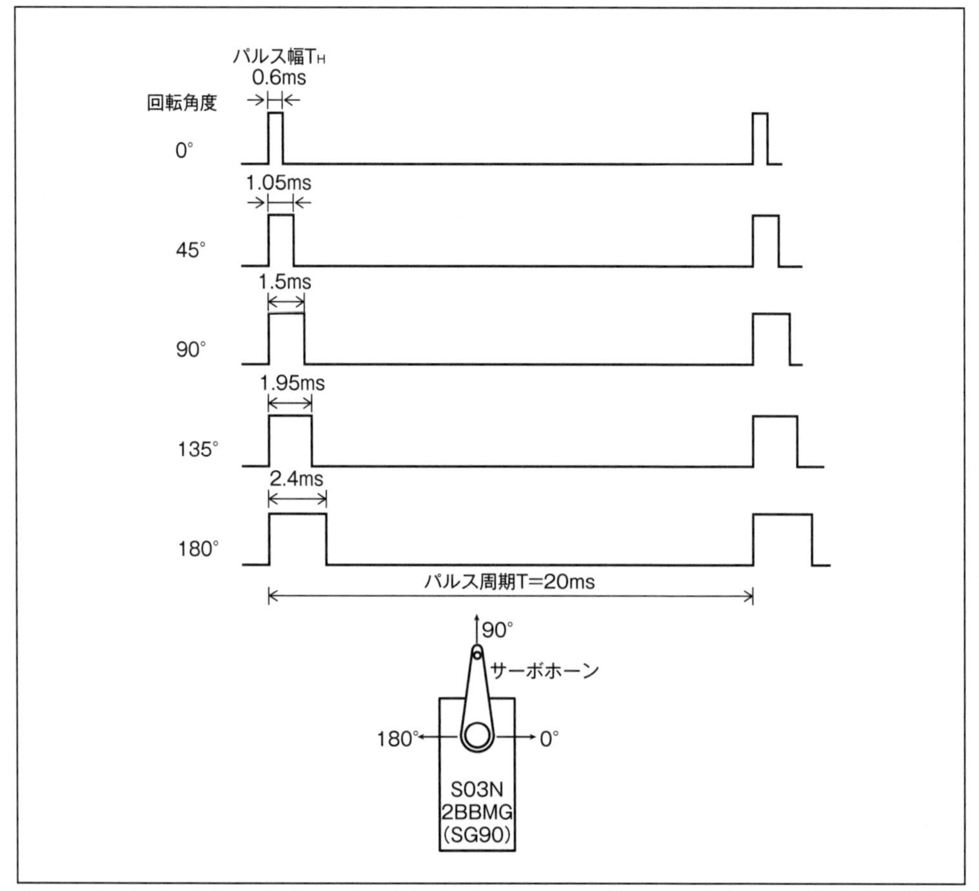

図7.4　サーボモータを制御するPWM信号の波形の一例とサーボホーンの位置

サーボモータ　S03N 2BBMG/JR と SG90 はどちらも図 7.4 に従います。図において、パルス周期 T は T=20 ms になっています。パルス幅 T_H=1.5 ms でサーボホーンの位置は中央（90°）になります。T_H=0.6 ms にすると、サーボホーンの位置は 0°（右方向）の位置に移動します。同様にして、T_H=1.05 ms で 45°、T_H=1.95 ms で 135°、T_H=2.4 ms で 180°（左方向）の位置に移動します。

パルス周期 T は T=20 ms に対し、パルス幅 T_H は 0.6 ms から 2.4 ms のように、パルス幅は非常に狭い範囲にあります。このため、精度の高いハードウェア PWM が求められます。

サーボモータの駆動軸の回転範囲は、中央を基準にすると、概ね ± 90° になっています。サーボモータ内部の ± 90° 付近にメカニカルストッパーが入っていて動くことはできません。

図 7.5 は、サーボモータの構成図です。制御の様子は次のようになります。

① 制御パルス (PWM) のパルス幅に応じて、DC モータドライブ回路を介し、DC モータは回転します。

② 何段かのギヤ機構により減速し、DC モータの駆動軸を動かします。この駆動軸はポテンショメータ（可変抵抗器の一種）と連動し、制御回路に現在の角度を伝えます。

③ パルス発生回路により、ポテンショメータの角度に対応したパルス幅のパルスが作られ、パルス幅比較回路で制御パルスのパルス幅と比較されます。

④ この 2 つのパルス幅が異なっている場合、制御パルスのパルス幅と一致するように DC モータの駆動軸を回転させます。

⑤ このように、サーボモータはフィードバック制御になっています。

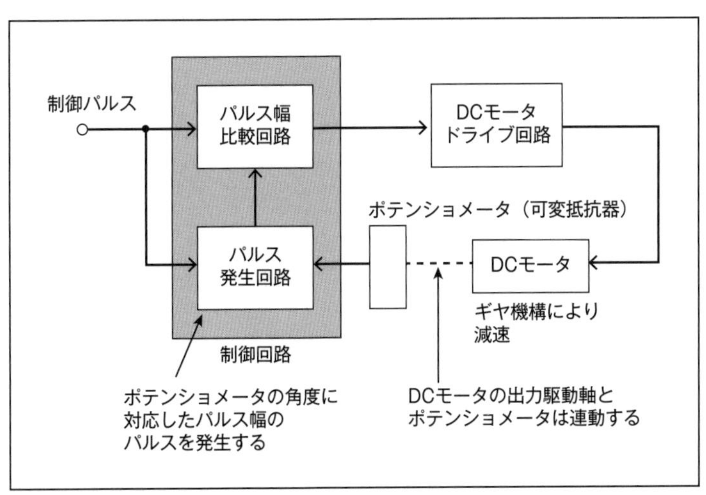

図 7.5　サーボモータの構成図

第7章

プログラム１　角度0°〜180°までの位置決め制御　　　servo1.py

```
import wiringpi as pi               wiringpiのライブラリを読み込み、wiringpiをpiに置き換える
import time                         timeのライブラリを読み込む
pi.wiringPiSetupGpio()              GPIOの初期化

pi.pinMode(18,pi.GPIO.PWM_OUTPUT)   ポート18をPWM信号出力として用いるための設定
pi.pwmSetMode(pi.GPIO.PWM_MODE_MS)  PWM周波数固定モードを選択 ❶
pi.pwmSetRange(1024)                デューティ比1のとき1024とする。1024はPWM設定の既定値
pi.pwmSetClock(375)                 周波数50Hz（周期20ms）のPWM信号を生成 ❷

for i in range(3):                  繰り返し範囲を指定するfor文、range（3）で3回繰り返し処理を行う
   print("i=" ,  i)                 i=0から2まで表示
   pi.pwmWrite(18,31) #0            ポート18からハードウェアPWM出力。31は回転角度データ ❸
   time.sleep(1)                    タイマ（1秒）

   pi.pwmWrite(18,54) #45           ❸
   time.sleep(1)

   pi.pwmWrite(18,77) #90           ❸
   time.sleep(1)

   pi.pwmWrite(18,100) #135         ❸
   time.sleep(1)

   pi.pwmWrite(18,123) #180         ❸
   time.sleep(1)
   if(i==2):                        if文、i==2になれば、次へ行く
      pi.pwmWrite(18,77) #90        ポート18からハードウェアPWM出力。サーボーンの位置は90°に戻る
      time.sleep(1)
```

プログラムの実行は、メニューから「Run > Run Module」ではなく、ターミナルから実行します。　servo1.pyは、ここでのファイル名です。

```
$ sudo python3 servo1.py   Enter
```

ここで、$は入力可能を示すもので、実際には入力しません。

◆　**プログラムの説明**

1 **pi.pwmSetMode（pi.GPIO.PWM_MODE_MS）**

WiringPiではデューティ比を変更すると、PWM周波数も変わってしまいます。このため、周波数を固定し、図7.4のようにパルス周期を一定にします。

2 **pi.pwmSetClock（375）**

周波数fと周期Tの関係式はf= 1 / T 、T = 1 / f になります。f = 50 Hz では、T = 1 / 50 = 0.02 s = 20 ms です。

周波数50Hz（周期20 ms）のPWM信号を生成します。Clockを次の式で求めます。

Clock= ベースクロックの周波数　/（PWM周波数× Range）

ここで

Raspberry PiのPWMが持つベースクロックの周波数 =19.2MHz

Range=1024

サーボモータのPWM周波数 = 50Hz　　　なので

Clock=19.2 × 10^6 /（50 × 1024）= 375

3 **pi.pwmWrite（18,31）**　ポート18からハードウェアPWM出力。31は回転角度データでDutyとします。

	Duty=31のとき	回転角度は　0°
pi.pwmWrite（18,54）	Duty=54のとき	回転角度は　45°
pi.pwmWrite（18,77）	Duty=77のとき	回転角度は　90°
pi.pwmWrite（18,100）	Duty=100のとき	回転角度は　135°
pi.pwmWrite（18,123）	Duty=123のとき	回転角度は　180°

などの31、54、77、100、123は回転角度を決めるDutyです。次のような計算から求めます。

サーボモータS03N 2BBMG/JR 、SG90のパルス幅 T_H は　0.6 ms ～ 2.4 msの範囲にあります。

この範囲で、サーボモータは回転角度0°から180°まで回転します。

図7.4のPWM信号の波形から

周期T=20 ms

回転角度0°では、パルス幅 T_H=0.6 ms

回転角度45°では、パルス幅 T_H=1.05 ms

回転角度90°では、パルス幅 T_H=1.5 ms

回転角度135°では、パルス幅 T_H=1.95 ms

回転角度180°では、パルス幅 T_H=2.4 ms　になっています。

T_H=0.6 ms　のとき　デューティ比 = T_H / T = 0.6 / 20 = 0.03

ここで、デューティ比 =Duty / Range

Duty = Range × デューティ比

第7章

Duty = 1024 × 0.03 = 31

T_H=1.05 ms　のとき　デューティ比 = 1.05 / 20 = 0.0525

1024 × 0.0525 = 54

T_H=1.5 ms　のとき　デューティ比 = 1.5 / 20 = 0.075

1024 × 0.075 = 77

T_H=1.95 ms　のとき　デューティ比 = 1.95 / 20 = 0.0975

1024 × 0.0975 = 100

T_H=2.4 ms　のとき　デューティ比 = 2.4 / 20 = 0.12

1024 × 0.12 = 123

プログラム 2　可変抵抗器 VR によるサーボモータの制御　　servo2.py

```
import wiringpi as pi                  wiringpi のライブラリを読み込み、wiringpi を pi に置き換える
import time                            time のライブラリを読み込む
import spidev                          spidev のライブラリを読み込む

spi=spidev.SpiDev()                    SPI 通信の設定
spi.open(0,0)                          SPI 通信の開始
spi.max_speed_hz=1000000               最大周波数の設定
pi.wiringPiSetupGpio()                 GPIO の初期化

pi.pinMode(20,pi.INPUT)                ポート 20 を入力モードに設定
pi.pinMode(18,pi.GPIO.PWM_OUTPUT)      ポート 18 を PWM 信号出力として用いるための設定
pi.pwmSetMode(pi.GPIO.PWM_MODE_MS)     PWM 周波数固定モードを選択
pi.pwmSetRange(1024)                   デューティ比 1 のとき 1024 とする。1024 は PWM 設定の既定値
pi.pwmSetClock(375)                    周波数 50Hz（周期 20ms）の PWM 信号を生成

while True:                            繰り返しのループ
    ad=spi.xfer2([0x68,0x00])          xfer2 でデータを送信
    value=((ad[0]  << 8)+ ad[1]) & 0x3FF   A-D 変換された値を変数 value に代入
    print(value)                       value の値を表示

    deg=value/5.68                     value/5.68 の値を変数 deg に代入 ❶
    print(int (deg))                   deg の値を変数に直して表示
    Duty=int (0.51*int(deg)+31)        この計算式で Duty を求める ❷
    pi.pwmWrite(18,Duty)               ポート 18 からハードウェア PWM 出力
    time.sleep(0.5)                    タイマ（0.5 秒）

    if(pi.digitalRead(20)==pi.LOW):    if 文。PBS1 ON。ポート 20 が LOW（0）ならば次へ行く
        pi.pwmWrite(18,77)             ポート 18 からハードウェア PWM 出力。サーボホーンの位置は 90° に戻る
        time.sleep(0.5)                タイマ（0.5 秒）
        break                          braeak 文で while True のループを脱出
```

プログラムの実行は、メニューから 「Run > Run Module」ではなく、
ターミナルから実行します。 servo2.py は、ここでのファイル名です。

$ sudo python3 servo2.py Enter

プログラムの説明

1 deg=value/5.68

図 7.1 において、VR20k Ω を左方向いっぱいまで回します。
A-D 変換されたデジタル値は value に代入され、その最大値は 1023 です。
サーボモータの回転角度は最大 180° なので、1° 当たりの value は

1023/180=5.68
1023 を value 、180 を deg に置き換えると
value/deg=5.68

この式を変形すると、回転角度 deg =value/5.68 になります。
例えば、value=1023 のとき deg=1023/5.68=180.1
value=512 のとき deg=512/5.68=90.1

2 Duty=int (0.51*int (deg) +31)

回転角度データ Duty を求めます。式の中の 0.51 は次のように計算します。
プログラム 1 において、回転角度データは、180° のとき 123、0° のとき 31 でした。
1° 当たりの回転角度データは、(123-31) / 180 = 0.51 になります。
このため、0.51 ＊ int (deg) を計算し、0° のときの回転角度データ 31 を加えます。
int (0.51*int (deg) +31) の計算結果を Duty に代入します。
例えば 、deg=45° のとき、int (0.51*int (deg) +31) = int (0.51*int (45) +31) ⇒ 54
deg=90° のとき、int (0.51*int (90) +31) ⇒ 77
deg=135 のとき、int (0.51*int (135) +31) ⇒ 100

7.4 手をかざすと箱のふたが開き、その後、閉じる回路

図 7.6 は、焦電型赤外線モジュールとサーボモータを使った、手をかざすと箱のふたが開き、その後、閉じる回路です。その実体配線図を図 7.7 に示します。4.2 節で使った焦電型赤外線モジュール SKU-20-019-157 で人の動きを検知し、サーボモータの動きに連動して箱のふたを開きます。5 秒後にふたを閉じます。

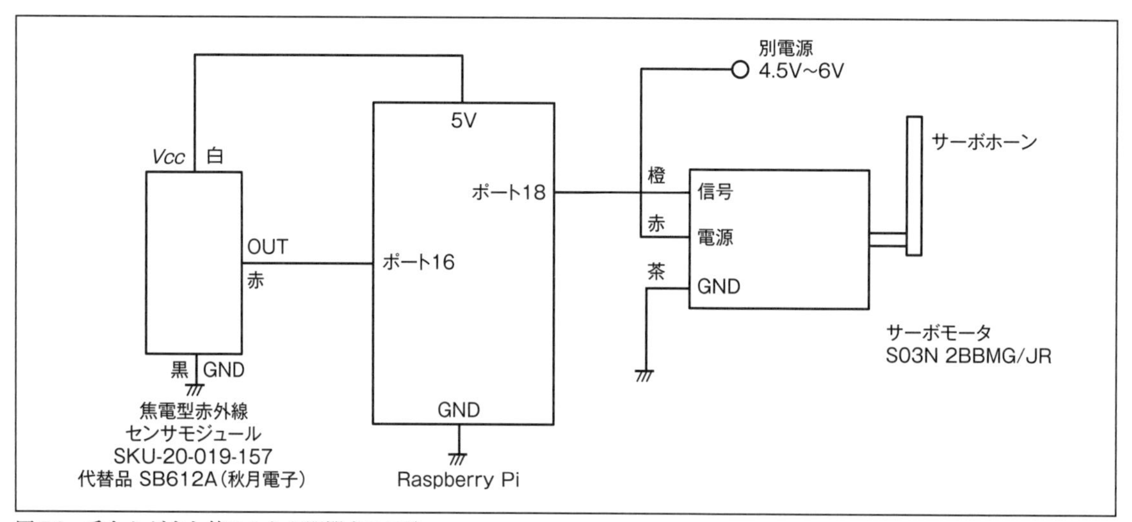

図 7.6　手をかざすと箱のふたが開閉する回路

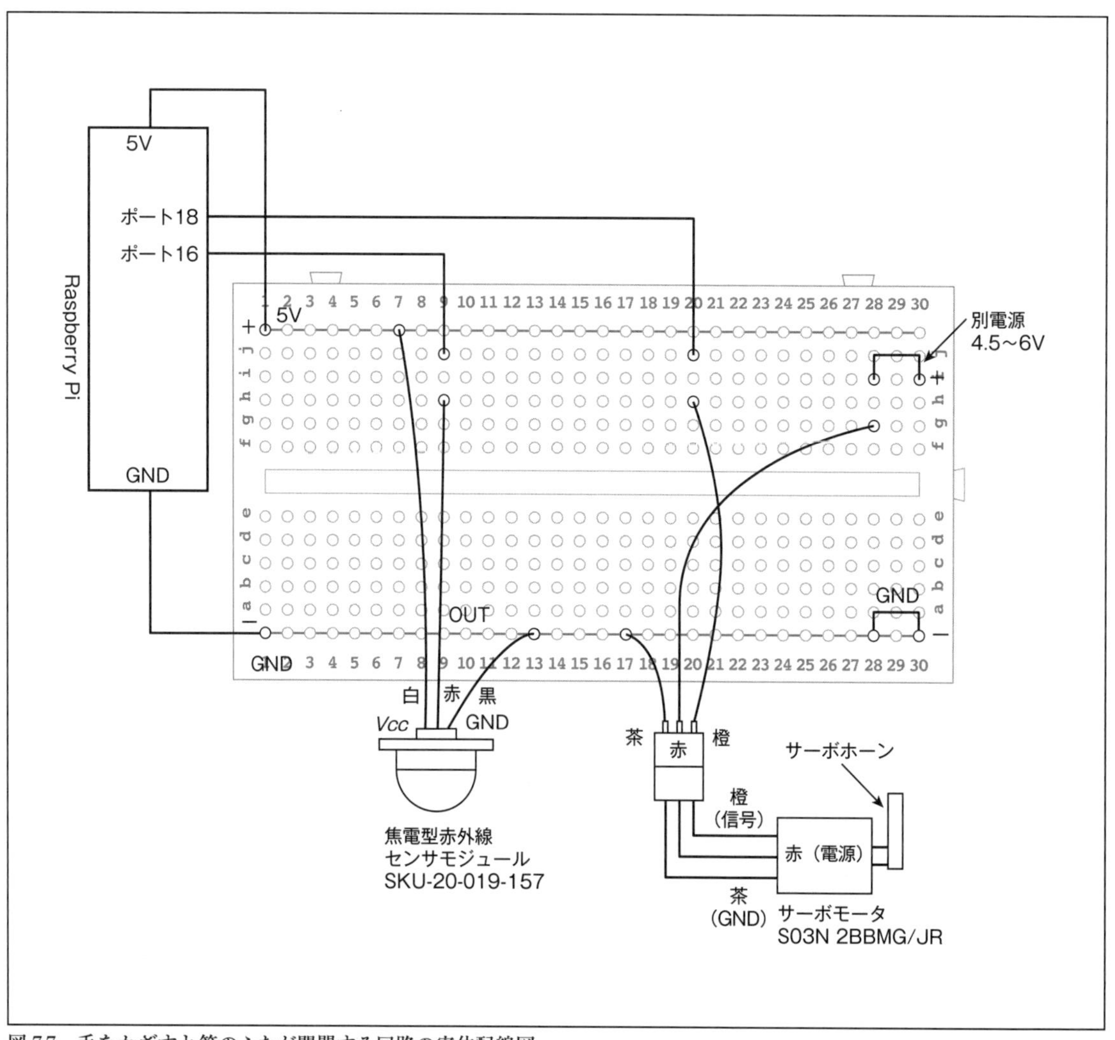

図 7.7　手をかざすと箱のふたが開閉する回路の実体配線図

SKU-20-019-157は人の動きを検知すると、その出力とポート16入力は3Vになり、ポート18からのハードウェアPWMにより、サーボモータは回転します。

図7.8は、サーボモータの箱への取り付けです。

この装置の作り方を見てみましょう。

① 図7.8のように、小さな厚紙製の箱を利用し、ふたがサーボモータにぶつからないよう、ふたの一部を切り取ります。そして、図のように、サーボモータS03N-2BBMG/JRを強力両面テープで箱に貼り付けます。8mmほどサーボモータの頭が出ます。

② サーボホーンの位置は角度90°にし、軸に取り付けます。プログラム3　サーボモータの角度90°の位置を利用します。

③ サーボホーンとふたを連動させるため、ふたの一部を布テープで補強し、太さ0.3～0.6 mm程度のすずめっき線で、サーボホーンの穴と布テープの上からあけた穴をつなぎます。

④ 箱は厚紙製なので、使っていくうちに破けたりします。あらかじめ破けそうな個所は、ダンボールの切れ端、布テープ、接着剤などで補強します。

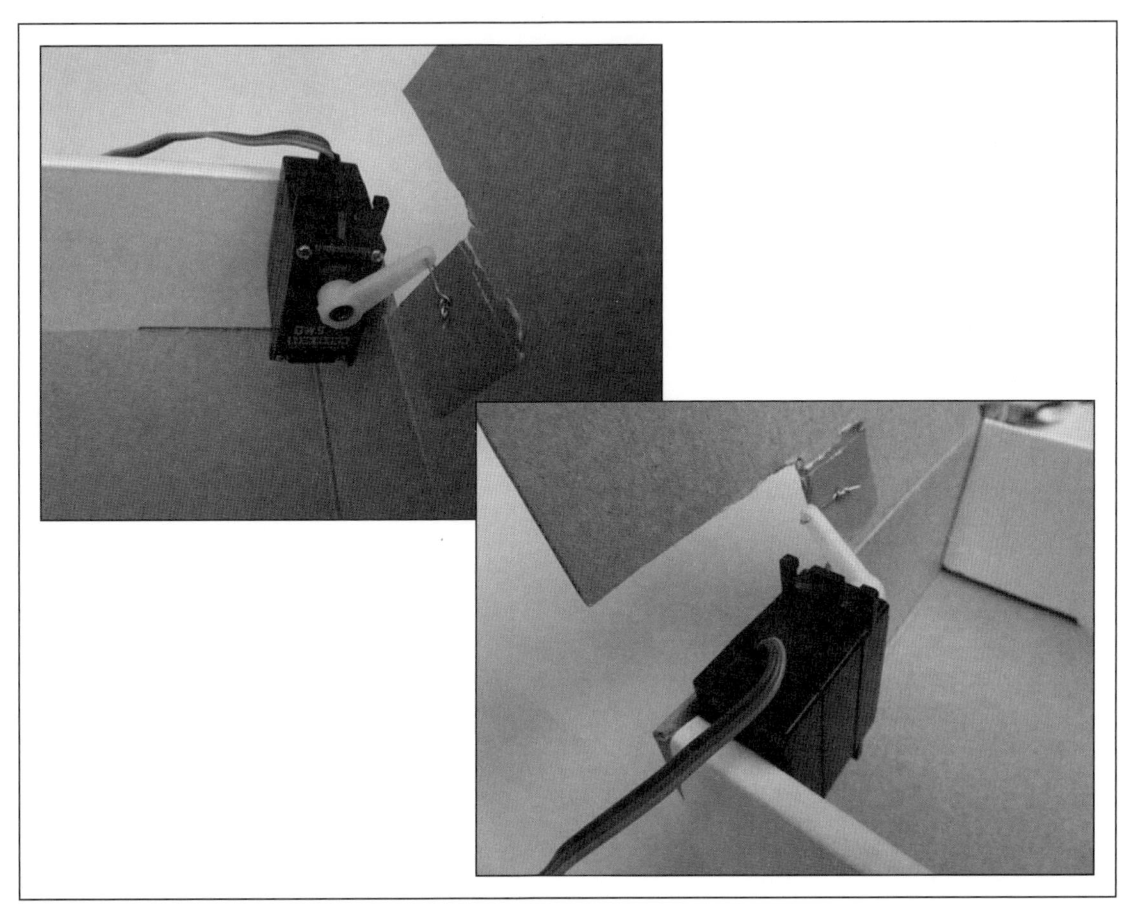

図7.8　サーボモータの箱への取り付け

プログラム3 サーボモータの90°の位置　　　servo3.py

`import wiringpi as pi`	wiringpiのライブラリを読み込み、wiringpiをpiに置き換える
`import time`	timeのライブラリを読み込む
`pi. wiringPiSetupGpio()`	GPIOの初期化
`pi.pinMode(16,pi.INPUT)`	ポート16を入力モードに設定
`pi.pinMode(18,pi.GPIO.PWM_OUTPUT)`	ポート18をPWM信号出力として用いるための設定
`pi.pwmSetMode(pi.GPIO.PWM_MODE_MS)`	PWM周波数固定モードを選択
`pi.pwmSetRange(1024)`	デューティ比1のとき1024とする。1024はPWM設定の既定値
`pi.pwmSetClock(375)`	周波数50Hz（周期20ms）のPWM信号を生成
`pi.pwmWrite(18,77) #90`	ポート18からハードウェアPWM出力。77は回転角度90°
`time.sleep(2)`	タイマ（2秒）

プログラムの実行は、メニューから「Run > Run Module」ではなく、ターミナルから実行します。servo3.pyは、ここでのファイル名です。

$ sudo python3 servo3.py　[Enter]

プログラム4　手をかざすと箱のふたが開閉する回路　　servo4.py

```
import wiringpi as pi                     wiringpiのライブラリを読み込み、wiringpiをpiに置き換える
import time                               timeのライブラリを読み込む
pi. wiringPiSetupGpio()                   GPIOの初期化

pi.pinMode(16,pi.INPUT)                   ポート16を入力モードに設定
pi.pinMode(18,pi.GPIO.PWM_OUTPUT)   ポート18をPWM信号出力として用いるための設定
pi.pwmSetMode(pi.GPIO.PWM_MODE_MS) PWM周波数固定モードを選択
pi.pwmSetRange(1024)                      デューティ比1のとき1024とする。1024はPWM設定の既定値
pi.pwmSetClock(375)                       周波数50Hz（周期20ms）のPWM信号を生成

while True:                               繰り返しのループ
    if(pi.digitalRead(16)==pi.HIGH):  if文。センサON。ポート16がHIGH（1）ならば次へ行く
        pi.pwmWrite(18,54) #45    ポート18からハードウェアPWM出力。54は回転角度45°
        time.sleep(5)                     タイマ（5秒）
        pi.pwmWrite(18,123) #180    ポート18からハードウェアPWM出力。123は回転角度180°
        time.sleep(1)                     タイマ（1秒）
```

プログラムの実行は、メニューから「Run > Run Module」ではなく、ターミナルから実行します。servo4.pyは、ここでのファイル名です。

```
$ sudo python3 servo4.py  Enter
```

第7章

コラム

新しく登場した Raspberry Pi Pico

Raspberry Pi Pico

2021年の1月にRaspberry Pi Pico（以降pico）が発表されました。2月には日本でも発売されました。

開発ボードとしては廉価で、多くのペリフェラル（周辺機器）やGPIOを使用できます。またUSBにも対応し、ホストとデバイスモード両対応と至れり尽くせりです。

Picoはパーツショップなどで550円ほどの値段で販売されていて、他のArm系マイコンに比べて安価です。

また3.3V生成用の電源回路が実装され、USBを接続してすぐ使えるマイコンとして非常に優秀です。

ただし、他のRaspberry Piとは異なり、メモリとCPUの制限から、モニターとキーボードを直接接続してのプログラミングはできず、PCとUSBで接続しての開発がメインとなります。

（編集部）

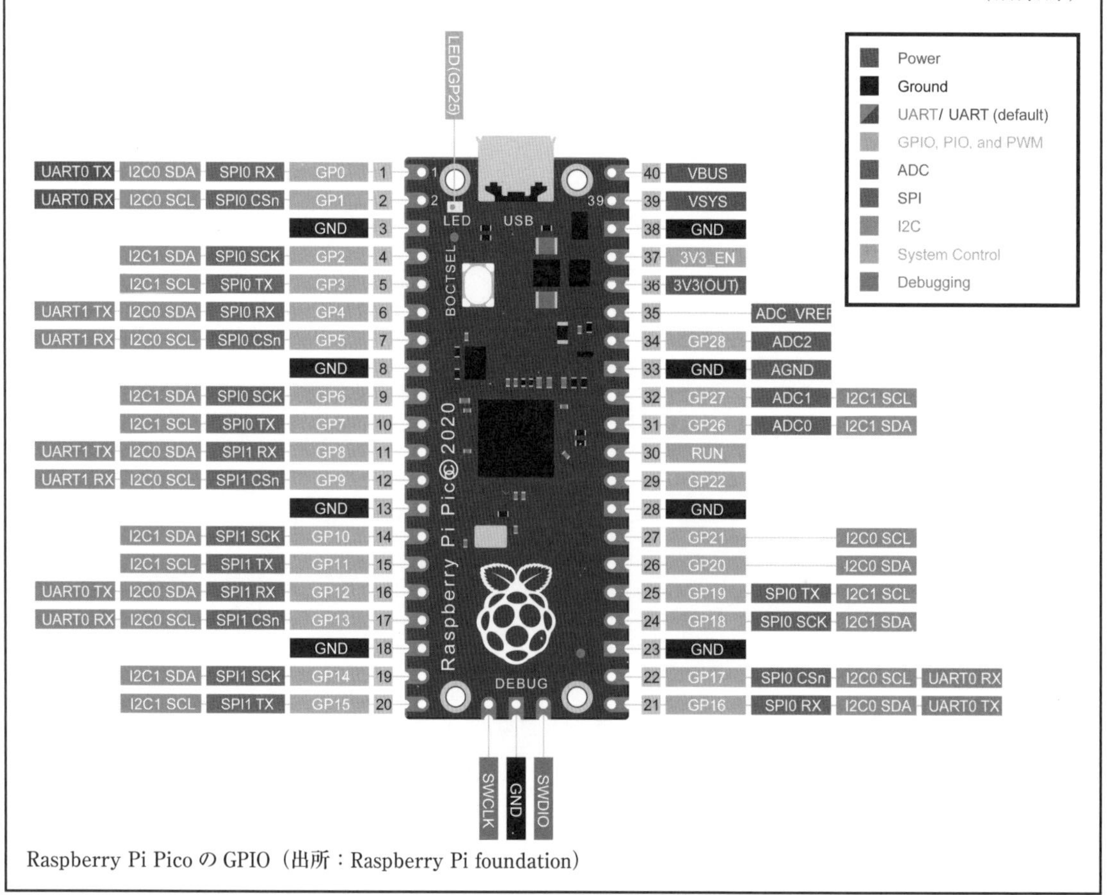

Raspberry Pi PicoのGPIO（出所：Raspberry Pi foundation）

参考URL：https://www.raspberrypi.org/documentation/pico/getting-started/

第8章
I2C温度センサモジュールと液晶表示器による温度計測

8.1　I2C通信方式

I2C通信のI2Cとは、正式にはI^2C (Inter Integrated Circuit) の略で、読み方は (アイ・スクウェアド・シー、またはアイ・ツー・シー) と呼ばれます。I2Cはシリアル通信を行う規格です。本書では、よく表記されているI2Cと記述します。

図8.1は、I2Cマスターと2つのI2Cスレーブ によるI2C通信のモデルです。I2C通信は、I2Cマスターと1つ、あるいは複数のI2Cスレーブで構成されます。 図において、Raspberry

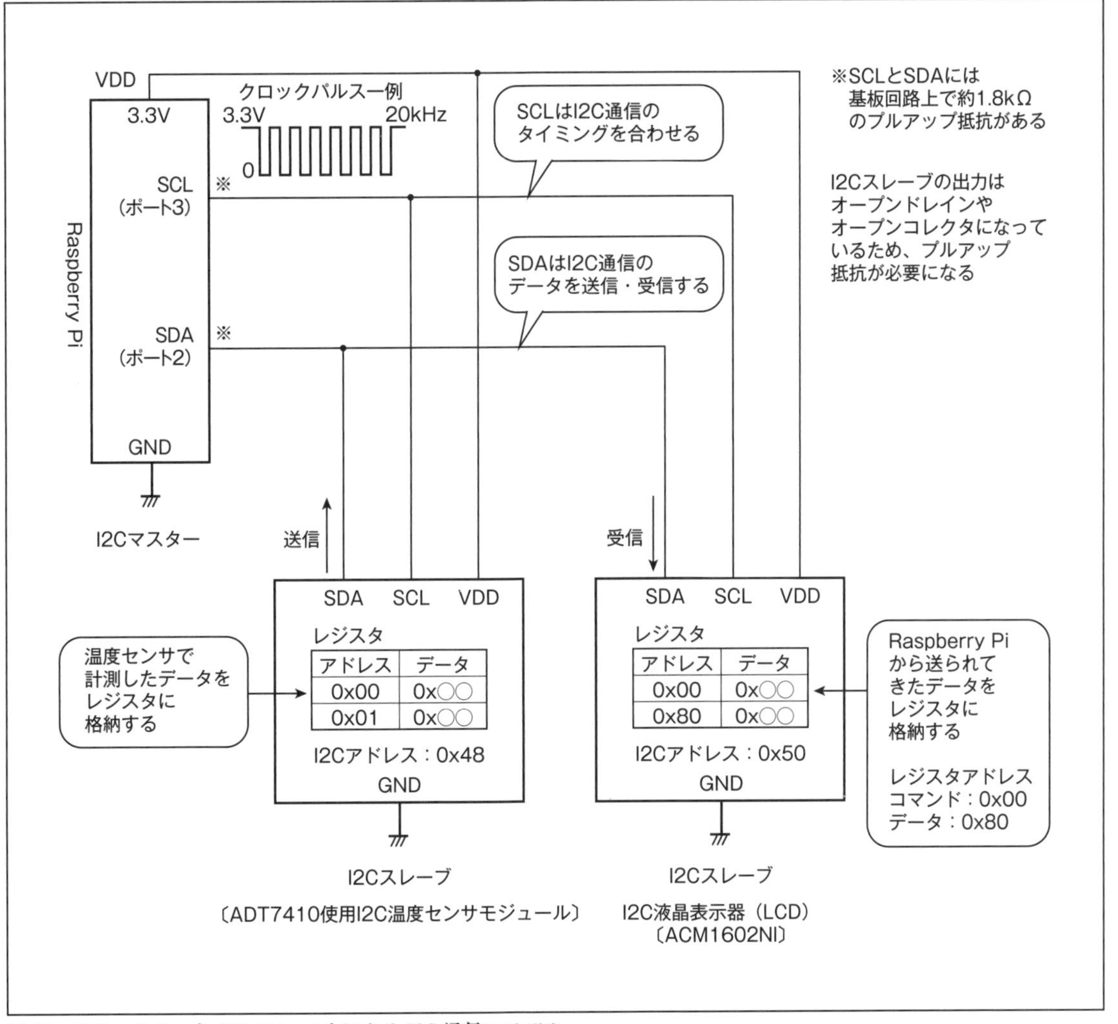

図8.1　I2CマスターとI2Cスレーブ によるI2C通信のモデル

Pi が I2C マスターで、ADT7410 使用 I2C 温度センサモジュールと I2C 液晶表示器（LCD）が I2C スレーブになります。I2C マスターが I2C スレーブを制御します。

I2C 通信は、I2C マスターと I2C スレーブをつなぐシリアルデータ（SDA）とシリアルクロック（SCL）の 2 本の信号線が必要です。また、I2C マスターと I2C スレーブは、共通の VDD と GND の電源線でつなぎます。

I2C スレーブには、通信対象のデバイスを明確にするため、I2C アドレスが決められています。温度センサモジュールの I2C アドレスはデフォルトで 0x48、液晶表示器 ACM1602NI の I2C アドレスは 0x50 です。

図 8.1 は I2C 通信で Raspberry Pi と I2C 温度センサモジュールを使って温度を測定し、その値を液晶表示器 ACM1602NI に表示させるモデルです。

ここで、Raspberry Pi と温度センサモジュール、および ACM1602NI との通信の様子を見てみましょう。

① Raspberry Pi は SCL からクロックパルスを出し、そのクロックパルスが出ている時間で I2C スレーブとの I2C 通信のタイミングを合わせます。SDA は I2C 通信のデータを、2 つの I2C スレーブと、Raspberry Pi との間で送信および受信をします。

② 温度センサモジュールと ACM1602NI には、データを格納しておくメモリとしてレジスタがあります。

③ 温度センサモジュールにおいて、温度センサで計測したデータをレジスタの指定されたアドレスに格納します。そして、このデータは、SDA を介して Raspberry Pi に送信されます。

④ Raspberry Pi のプログラムで摂氏温度に計算され、データとして、SDA を介して ACM1602NI で受信します。このデータは、ACM1602NI の指定されたレジスタアドレスに格納されます。

⑤ Raspberry Pi のプログラムに従い、ACM1602NI の画面に

```
Ondo=
        27.69 do C
```

のように、2 行にわたり表示します。一例です。

8.2　I2C通信を行うための準備

次のように設定をします。

① デスクトップで画面左上のメニューアイコン「ラズパイマーク」をクリックします。その後、「設定」→「Raspberry piの設定」を選択します。出てきた画面の「インターフェイス」をクリックすると、画面左側に「I2C」があるので、「有効」にチェックを入れます。そして、画面右下にある「OK」をクリックするとI2Cが有効化されます。

② 次にI2Cの動作クロックを変更します。Raspberry piのデフォルトの動作クロックでは速すぎて、液晶表示器(LCD)をうまく動かすことができません。ターミナルで以下のように入力します。

③ $ sudo nano /boot/config.txt　Enter

④ 出てきたconfig.txt画面を下までスクロールし、次の行を書き込みます。動作クロックを50kHzに変更します。

dtparam=i2c_baudrate=50000

⑤ 追記したら「Ctrl」+「X」キーを押します。すると、「変更されたバッファを保存しますか？」と尋ねてくるので、「Y」キーを押し、Enter

⑥ Raspberry piの再起動をします。ターミナルで　$ sudo reboot　Enter

8.3　液晶表示器ACM1602NIとADT7410使用I2C温度センサモジュール

ACM1602NI

図8.2は、ACM1602NI(LCD)の見た目です。ACM1602NIは、I2C通信方式の16文字×2行LCD（Liguid Crystal Display：液晶表示器）モジュールです。白色LEDバックライト付きで、電源電圧は3.3Vです。

LCDモジュールに含まれているピンヘッダを基板にハンダ付けします。付属のピンヘッダは、ハンダ付けをする個所のピンの頭が短いので、ハンダ付けをしても接触不良になることがあります。このため、別に用意した頭の長いピンヘッダを使います。ピンを下側にして、ピン番号は左側から1～7になっています。

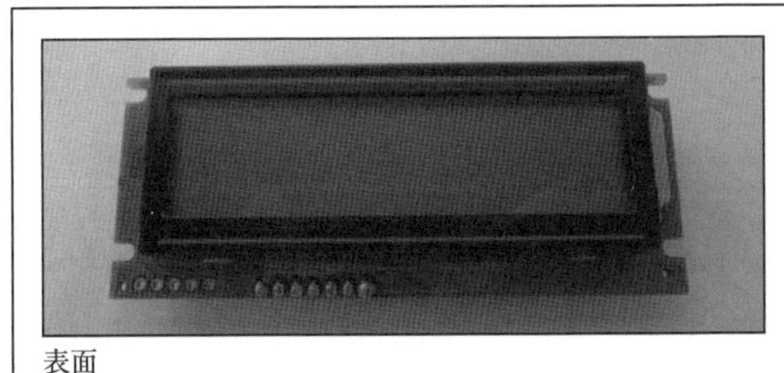

表面

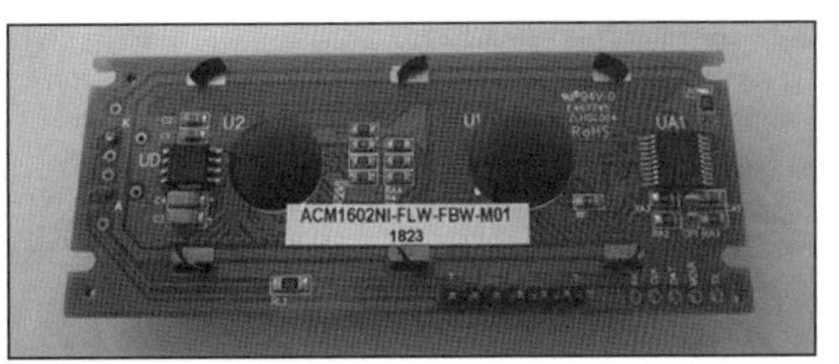

裏面

図8.2　ACM1602NI(LCD)の見た目

表8.1はACM1602NIのピン、名称、機能です。

＊表8.1　ACM1602NIのピン、名称、機能

ピン	名称	機能
1	VSS	GND
2	VDD	電源3.3V
3	Vo	LCDのコントラスト調整
4	SCL	シリアルクロック
5	SDA	シリアルデータ
6	BL+	バックライト(＋)
7	BL-	バックライト(－)

ADT7410使用I2C温度センサモジュール

図8.3は、ADT7410使用I2C温度センサモジュールです。モジュールに含まれる温度センサADT7410は、13/16ビットのA-Dコンバータを内蔵しています。デフォルトは13ビットです。

このI2C温度センサモジュールもピンヘッダを基板にハンダ付けします。ACM1602NIと同様に、頭の長いピンヘッダを使います。

図8.3　ADT7410使用I2C温度センサモジュール

主な仕様

温度精度　± 0.5℃　-40℃～+ 105℃　(2.7V ～ 3.6V)

温度分解能　0.0625℃ (13ビット設定時) / 0.0078℃ (16ビット設定時)

測定温度範囲　-55℃～ +150℃

電圧範囲　DC+2.7V ～ +5.5V

図に示すように、電源VDD、SCL、SDA、GNDの4つの端子があります。

8.4　I2C 温度センサモジュールと ACM1602NI による温度計測

図 8.4 は、I2C 温度センサモジュールと液晶表示器 ACM1602NI による温度計測です。I2C 通信で Raspberry Pi と I2C 温度センサモジュールを使って温度を測定し、その値を ACM1602NI に表示させます。押しボタンスイッチ PBS を長押しすると、測定は停止します。

図 8.5 に、実体配線図を示します。

8.5　I2C スレーブの I2C アドレス

I2C スレーブの I2C アドレスを確認するには、次のコマンドを実行します。例えば、図 8.4 と図8.5のようにADT7410使用I2C温度センサモジュールとRaspberry Piをつなぎます。このとき、ACM1602NI はブレッドボードから外しておきます。ターミナルから

```
$ i2cdetect -y 1 [Enter]
```

すると、IP アドレスが　48 のように表示されます。16 進数で 0x48 です。I2C 温度センサモジュールの I2C アドレスは、デフォルトで 0x48 になっています。

注意することは、液晶表示器 ACM1602NI では実行しないでください。ACM1602NI は書き込み専用で、このコマンドを実行すると何も出てきません。ハングアップ（作動しない）してしまいます。再起動が必要になります。ACM1602NI の I2C アドレスは 0x50 で確定しています。

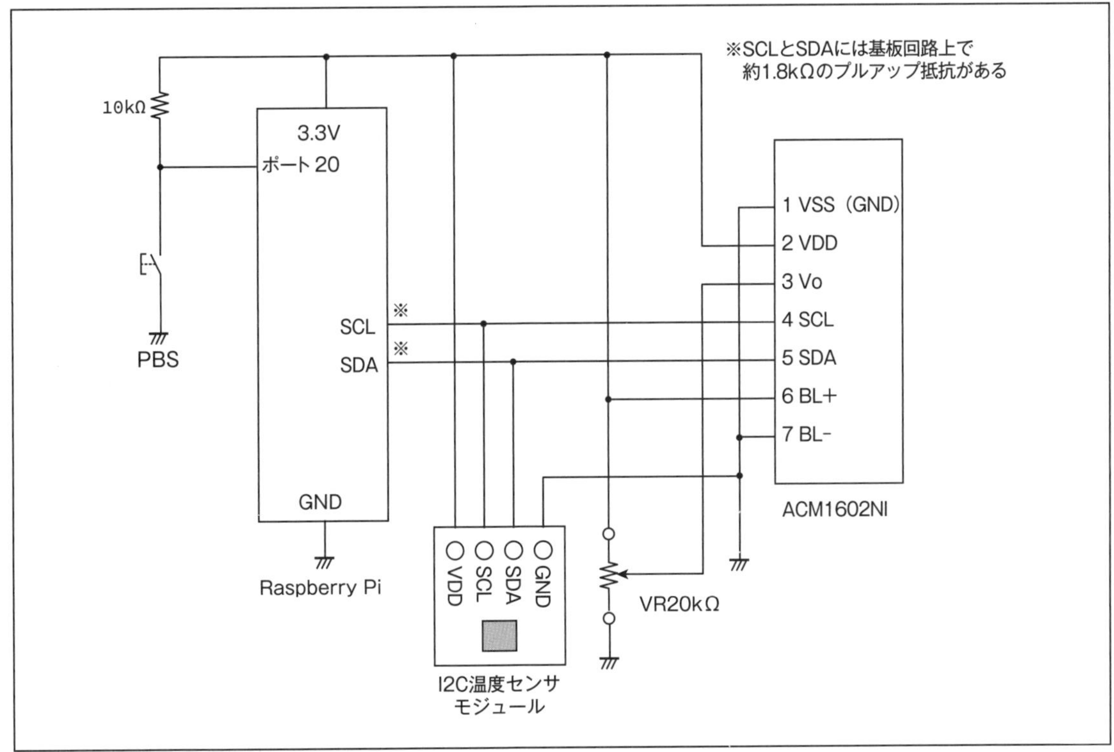

図 8.4　I2C 温度センサモジュールと液晶表示器 ACM1602NI による温度計測

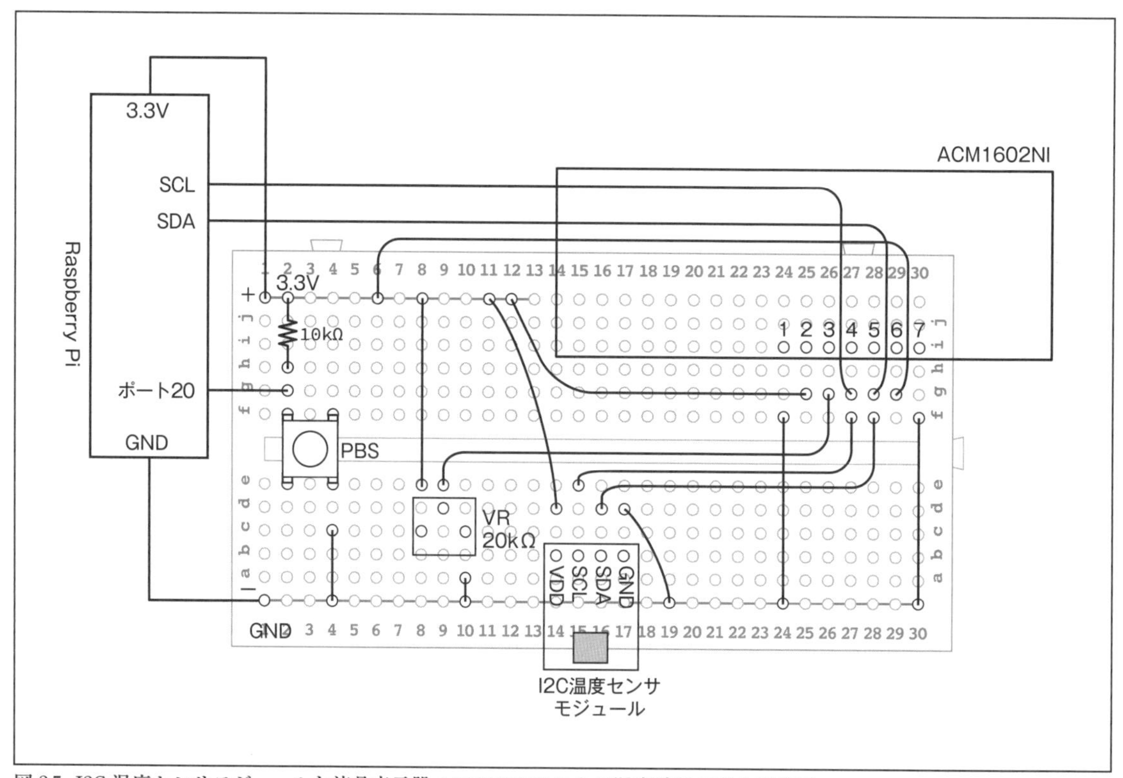

図 8.5 I2C 温度センサモジュールと液晶表示器 ACM1602NI による温度計測の実体配線図

図 8.6 ACM1602NI による温度表示の様子

図 8.6 は、ACM1602NI による温度表示の様子です。

プログラム 1　I2C 温度センサモジュールと ACM1602NI による温度計測　　8-1.py

```
import wiringpi as pi                  wiringpi のライブラリを読み込み、wiringpi を pi に置き換える
import smbus                           I2C 通信を行うための smbus のライブラリを読み込む
import time                            time のライブラリを読み込む

pi.wiringPiSetupGpio()                 GPIO の初期化
pi.pinMode(20,pi.INPUT)                ポート 20 を入力モードに設定
bus=smbus.SMBus(1)                     I2C 通信を行うための初期設定。(1) の 1 は I2C バスの番号

while True:                            繰り返しのループ
    Addr1=0x50                         0x50 を変数 Addr1 に代入。0x50 は ACM1602NI の固有のアドレス
    Addr2=0x48                         0x48 を変数 Addr2 に代入。0x48 は I2C 温度センサーモジュールの固有の
                                       アドレス（デフォルト）
    block=bus.read_i2c_block_data(Addr2,0x00,2)   温度データを読み取る 1

    temp=block[0] << 8                 リスト型の上位ビット block [0] のデータを 8 ビット左へシフトさせ、変数 temp に代入 ┐
    temp=temp | block[1]               temp の値と下位ビット block [1] を OR でセットし、変数 temp に代入                 ├ 2
    temp=temp >>3                      temp の値を 3 ビット右へシフトさせ、temp に代入                                   ┘

    if(temp>=4096):                    temp の値が 4096 を超え、8191 までは零下（マイナス）の温度になる ┐ 3
        temp=temp-8192                 temp − 8192 を計算し、その値を temp に代入                      ┘

    temp=temp*0.0625                   temp × 0.0625 を計算し、その値を temp に代入 4

    print("%.2f  do C" % temp)         画面に温度表示。一例「27.69doC」

    def com(a,b):                      コマンドを送信する関数 com の定義
        bus.write_byte_data(Addr1,a,b)     コマンドを送信する 5
        time.sleep(0.0001)             タイマ（0.0001 秒）

    def lcd(text):                     テキストを送信する関数 lcd の定義
        B=text.encode("utf-8")         文字列をバイト列に変換する encode メゾット 6
        for C in B:                    for 文           ┐ 7
            com(0x80,C)                関数 com を呼び出す ┘

    def clear():                       画面を初期化する関数 clear の定義
        com(0x00,0x01)                 関数 com を呼び出す。データシートより Clear Display 画面のクリア。制御コマンド 0x00 を送る
        com(0x00,0x38)                 Function Set。8 ビット、2 行、5 × 8 ドット
        com(0x00,0x0c)                 Display ON/OFF。ディスプレイ ON、カーソル OFF、ブリンク OFF
        com(0x00,0x06)                 Entry Mode Set。データ書き込み後、アドレス加算

    def cursor(c,r):                   LCD のカーソルを移動する関数 cursor の定義
        if r > 0:                      r＞0、r が 1 ならば、次へ行く
```

第8章

```
            c=0x80                          0x80 は 1 行目の左端のアドレス
        else:                               さもなければ、r=0 なので、次へ行く
            c=0xc5                          0xc5 は 2 行目の左端から 6 つ目のアドレス。0xc0 ならば左端のアドレス
        com(0x00,c)                         関数 com を呼び出し、引数として 0x00 と c の値を渡す。ここは制御コマンドを送るので 0x00

    clear()                                 関数 clear を呼び出す
    cursor(0,1)                             関数 cursor を呼び出し、引数として 0 と 1 を渡す
    lcd("Ondo= ")                           関数 lcd を呼び出し、引数として文字列 "Ondo=" を渡す
    cursor(0,0)                             関数 cursor を呼び出し、引数として 0 と 0 を渡す
    lcd("%.2f do C" % temp)                 関数 lcd を呼び出し、引数として温度データと do C を渡す。LCD に温度を表示
    time.sleep(2)                           タイマ（2 秒）
    if(pi.digitalRead(20)==pi.LOW): if 文。PBS ON。ポート 20 が LOW（0）ならば次へ行く。長押し
      break                                 braeak 文で while Ture のループを脱出
```

◆ プログラムの説明

1 block=bus.read_i2c_block_data（Addr2,0x00,2）

スレーブの I2C 温度センサモジュールが送り返してくる温度データを読み取るのが、read_i2c_block_data（Addr2,0x00,2）です。

この関数の第 1 引数 Addr2 は、I2C 温度センサモジュールの固有のアドレスでデフォルトは 0x48 です。

第 2 引数 0x00 は、I2C 温度センサモジュールの温度データが入っているレジスタのアドレスです。上位 0x00 のデータを読み出すと、自動的にアドレスはインクリメントされ、下位 0x01 のデータを読み出します。

第 3 引数 2 は、何バイトを読み出すかで上位・下位バイトの 2 バイトになります。読み出したデータはリスト形式で得られ、block[0] と block[1] に入ります。この第 3 引数は記入しなくても動作します。

2 temp=block[0] << 8
temp=temp | block[1]
temp=temp >> 3

ここは具体的に見ていきます。上位ビット block[0] は 0010 0101 、下位ビット block[1] は 1101 0--- とします。

① temp=block[0] << 8　上位ビット 0010 0101 を 8 ビット左へシフトさせ、変数 temp に代入します。

　　0010 0101 0000 0000　　右側は 8 ビットだけ 0 が詰まります。

② temp=temp | block[1]　①の temp の値と下位ビット 1101 0--- を OR でセットし、temp に代入します。

　　0010 0101 1101 0---　　OR 演算の結果です。

③ temp=temp >> 3　②の temp の値を 3 ビット右へシフトさせ、temp に代入します。

0010 0101 1101 0　　下位3ビットの --- がなくなります。

ここでBinary（2進数）0010 0101 1101 0はDecimal（10進数）に変換すると重み付けからDec=1210になります。

0010　0101　1101　0

2^{10}=1024　2^7=128　2^5=32　2^4=16　2^3=8　2^1=2　　重み付け

Dec=1024 + 128 + 32 + 16 + 8 + 2 = 1210

次の 表1のプラス温度の計算式　temp*0.0625　ここでtempはDecの値から

temp × 0.0625=Dec × 0.0625=1210 × 0.0625=75.625

この場合、温度は75.625　℃　になります。

＊表1　I2C温度センサモジュール13ビット温度データフォーマット

温度	デジタル出力 [Binary]	[Hex]	[Dec]	プログラムでの温度計算式
-55℃	1 1100 1001 0000	0x1C90	7312	
-50℃	1 1100 1110 0000	0x1CE0	7392	(temp-8192)*0.0625
-25℃	1 1110 0111 0000	0x1E70	7792	tempはDecの値
-0.0625℃	1 1111 1111 1111	0x1FFF	8191	
0℃	0 0000 0000 0000	0x000	0	
+ 0.0625℃	0 0000 0000 0001	0x001	1	
+ 25℃	0 0001 1001 0000	0x190	400	temp*0.0625
+ 50℃	0 0011 0010 0000	0x320	800	tempはDecの値
+ 125℃	0 0111 1101 0000	0x7D0	2000	
+ 150℃	0 1001 0110 0000	0x960	2400	

最上位ビットMSBは符号ビットで、0℃を基準とし、零下（マイナス）はMSBが“1”になります。

3 **if（temp>=4096）：**

　　temp=temp-8192

if文で分岐します。temp>=4096 ならば次へ行きます。**2**で出てきた最上位ビットMSBが1、すなわち2^{12}=4096以上の場合には、零下（マイナス）の温度になるので、temp=temp-8192でtempと2^{13}=8192との差をとり、その値をtempに代入します。

4 **temp=temp*0.0625**

13ビット設定時の分解能である1/16=0.0625とtempの積をとり、その値をtempに代入すれば、temp=temp*0.0625で摂氏温度が得られます。

5 **bus.write_byte_data（Addr1,a,b）**

smbus ライブラリの関数です。液晶表示器（LCD）の画面の初期化や文字の書き込みに使います。第1引数 Addr1 は、LCD ACM1601N1 のアドレスで 0x50 です。第2引数 a はコマンドで、第3引数 b は1バイトの値です。

第2引数 a は、画面の初期化などの制御コマンドを送る場合は 0x00 にします。文字などのデータを送る場合は 0x80 になります。第3引数 b の中身は、制御デ－タや文字データです。

6 B=text.encode（"utf-8"）

text（文字列）を ASCII コード（バイト列）に変換し、1文字ずつ変数 B に代入します。

書式

'文字列'.encode（'文字コード名'）

utf-8 は文字コード名で、広く使われている標準的な文字コードです。すべての文字を1～4バイトで表します。encode は、「データをある一定の規則に従って、別の形式のデータに変換すること」という意味があります。

7 for C in B:

com（0x80,C）

書式

for '変数' in 'データの集まり':

処理

for 文は、'データの集まり'B から'データを1つずつ取り出す'という流れです。

'変数'C は、データの集まりから取り出したオブジェクト（もの）にアクセスするための名前で、中身は1つずつ取り出した文字データです。

処理である com（0x80,C）は、関数 com を呼び出します。第1引数 0x80 と第2引数 C の値を関数 com に渡します。第2引数の C の値は文字データなので、第1引数のコマンドは 0x80 にします。

図 8.1 の中に示すように、LCD のレジスタアドレス 0x80 はデータ用です。

第 9 章
赤外線リモコンによる Raspberry Pi 専用カメラとリバーシブルモータの使い方

9.1　Raspberry Pi 専用カメラ

図 9.1 は、Raspberry Pi 専用カメラモジュールです。写真はサインスマート（Sain Smart）製。

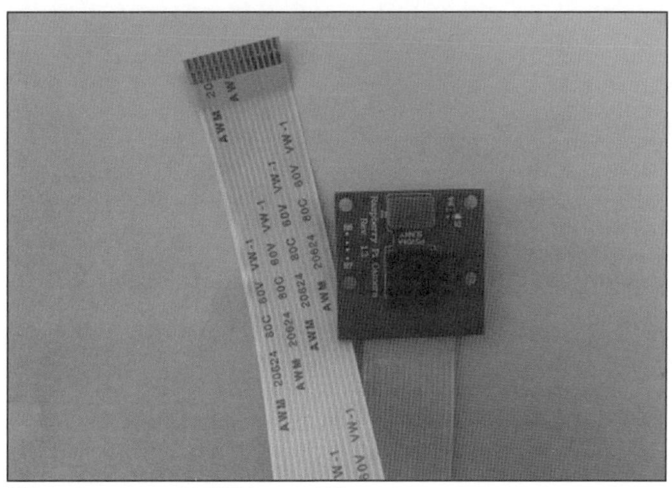

図 9.1　Raspberry Pi 専用カメラモジュール

図 9.2 は、Raspberry Pi の専用コネクタにカメラモジュールを差し込んだ様子です。

図 9.2　Raspberry Pi の専用コネクタにカメラモジュールを差し込んだ様子

カメラモジュールの差し込みは以下のようにします。
① 小さく「CAMERA」と書かれている専用コネクタの両端のツメを引き上げます。
②「CAMERA」と書かれている側にコネクタの端子面があり、この端子面とカメラケーブルの端子面が合致するように、カメラモジュールを差し込みます。
③ ツメを下に戻してカメラモジュールを固定します。

次にカメラモジュールを使うための設定をします。
① デスクトップで画面左上のメニューアイコン「ラズパイマーク」をクリックします。その後、「設定」→「Raspberry pi の設定」を選択します。出てきた画面の「インターフェイス」をクリックすると、画面左上に「カメラ」があるので、「有効」にチェックを入れます。そして、画面右下にある「OK」をクリックします。
② 「すぐに再起動しますか？」ときかれます。[はい] をクリックします。
③ 再起動が始まり、「カメラ」の設定が完了します。

正常に「カメラ」設定ができたかの確認方法
① Python IDLE を開きます。
② IDLE の起動後、次のように入力します。

```
>>> import picamera      [Enter]
>>> cam=picamera.PiCamera ( )    [Enter]
```

③ エラーがなければ、カメラは正しく認識されています。
④ エラーが出る場合は、カメラモジュールの差し込みを再度してみてください。

プログラム１は、キーボードとカメラおよびディスプレイによる写真撮影です。キーボードから "c" を入力すると、カメラのシャッタが切られ、画像ファイルに画像が保存されます。"e" を入力するとプログラムの終了です。

プログラム1　キーボードとカメラおよびディスプレイによる写真撮影　　9-1.py

`import picamera`	picamera のライブラリを読み込む
`def main():`	関数 main の定義
`    cam=picamera.PiCamera()`	picamera ライブラリの PiCamera（　）関数を使い、
	カメラを操作するいろいろな機能を変数 cam に代入する
`    cam.resolution=(640,480)`	カメラの解像度を設定 **1**
`    cam.start_preview()`	カメラのプレビューを開始、カメラ画像をディスプレイに表示
`    while True:`	繰り返しのループ
`        key=input()`	関数 input（　）により、キーボードからの入力を変数 key に代入する
`        print(key)`	key の値を表示
`        if key=="c":`	if 文。key が "c" ならば、次へ行く
`            print("capture")`	capture と表示
`            cam.capture("my_pic1.jpg")`	ここで、カメラのシャッタを切り、
	my_pic1.jpg という画像ファイルに画像は保存される
`        elif key=="e":`	elif 文。key が "e" ならば、次へ行く
`            print("end")`	end と表示
`            break`	braeak 文で while 文のループを脱出
`    cam.stop_preview()`	カメラのプレビューを止める
`main()`	関数 main を呼び出す

プログラムの説明

1 cam.resolution=（640,480）

カメラの解像度を設定します。解像度とは、画像全体をどのくらいのピクセル（ドット）で表しているかを横縦の数字で示します。(640,480）なので、横 640、縦 480 のピクセルになっています。(1280,720)、(1920,1080）もあります。

画像確認までの手順

① 「Pyton Shell」の画面から「File」→「New File」を選択します。プログラムを記述し、例えば 9-1.py というファイル名で保存します。
② プログラムを実行します。メニューから「Run > Run Module」で実行します。
③ カメラに写っている画像がディスプレイに現れます。VNC では画像は出てきません。
④ 撮りたい画像に照準を定め、キーボードの "c" を押し、そして Enter を押します。
この時点でカメラのシャッターが切れます。
⑤ キーボードの "e" を押し、そして Enter を押します。end と表示されます。プログラム終了です。

⑥ 撮った画像は、ラズパイマーク→アクセサリ→ファイルマネージャの中にあります。
ファイルマネージャは、ラズパイマークの右2つ隣にもあります。
⑦ ファイルマネージャの中の画像ファイル、my_pic1.jpg をダブルクリックすると、撮影された画像を見ることができます。VNC でも画像は出てきます。

9.2 赤外線リモコンとカメラによる写真撮影

□ 赤外線 LED と赤外線リモコン受信モジュール

赤外線リモコンとカメラによる写真撮影は、赤外線 LED を使用した赤外線リモコン送信機と赤外線リモコン受信モジュールを使います。赤外線リモコン送信機は、テレビやエアコンの赤外線リモコン送信機で代用できます。リモコン送信機の押しボタンは、ほぼすべてが動作します。

赤外線リモコン送信機を作る場合、赤外線 LED は、OSI5LA5113A または OSI5FU5111C-40 などが使えます。これらは、ピーク発光波長 λp=940 nm の近赤外線を発光します。

赤外線リモコン受信モジュール PL-IRM0101 は、PIN フォトダイオードによる光検出器、プリアンプ、電圧制御回路、自動利得制御回路、バンドパスフィルタ、復調器などが 1 パッケージに収まっています。PL-IRM0101 はシールド付です。PL-IRM0101 は電圧範囲が 2.7V から使えるので、ここでは利用します。電圧範囲が 4.5V からのものは Raspberry Pi の GPIO の電圧が 3.3V なので使えません。

図 9.3 に、PL-IRM0101 の見た目と仕様を示します。

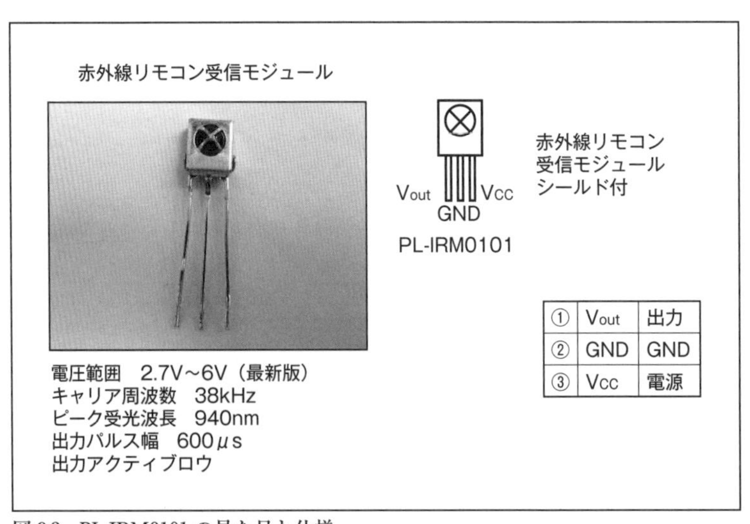

①	Vout	出力
②	GND	GND
③	Vcc	電源

図 9.3 PL-IRM0101 の見た目と仕様

PL-IRM0101 は、赤外線 LED からの λp=940 nm の近赤外線を受光し、出力端子 Vout から “LOW” の信号を出力します。近赤外線を受光していないときは、”HIGH” の信号を出力します。このように、入力に対する出力が反転する出力方式をアクティブロウ（Active low output）といいます。

□　赤外線通信の送受信波形

PL-IRM0101は、キャリア周波数が38kHzなので、赤外線通信を行う場合は、赤外線LEDの点滅周波数を38kHzの方形波にします。赤外線LEDの送信波形は、"1" と "0" の、例えば10ビットの組み合わせで構成します。図9.4　赤外線通信の送受信波形　(a) に示すように、"1" のデータのとき、38kHzのパルス状の信号に変換します。これがキャリア周波数　38kHzです。また、1ビット当たりの点滅の繰り返し時間は、受信モジュールの標準的な値として、600 μ sにします。これが通信速度600 μ s/bitです。よって、"0" や "1" を送信するパルス幅は、600 μ sになります。

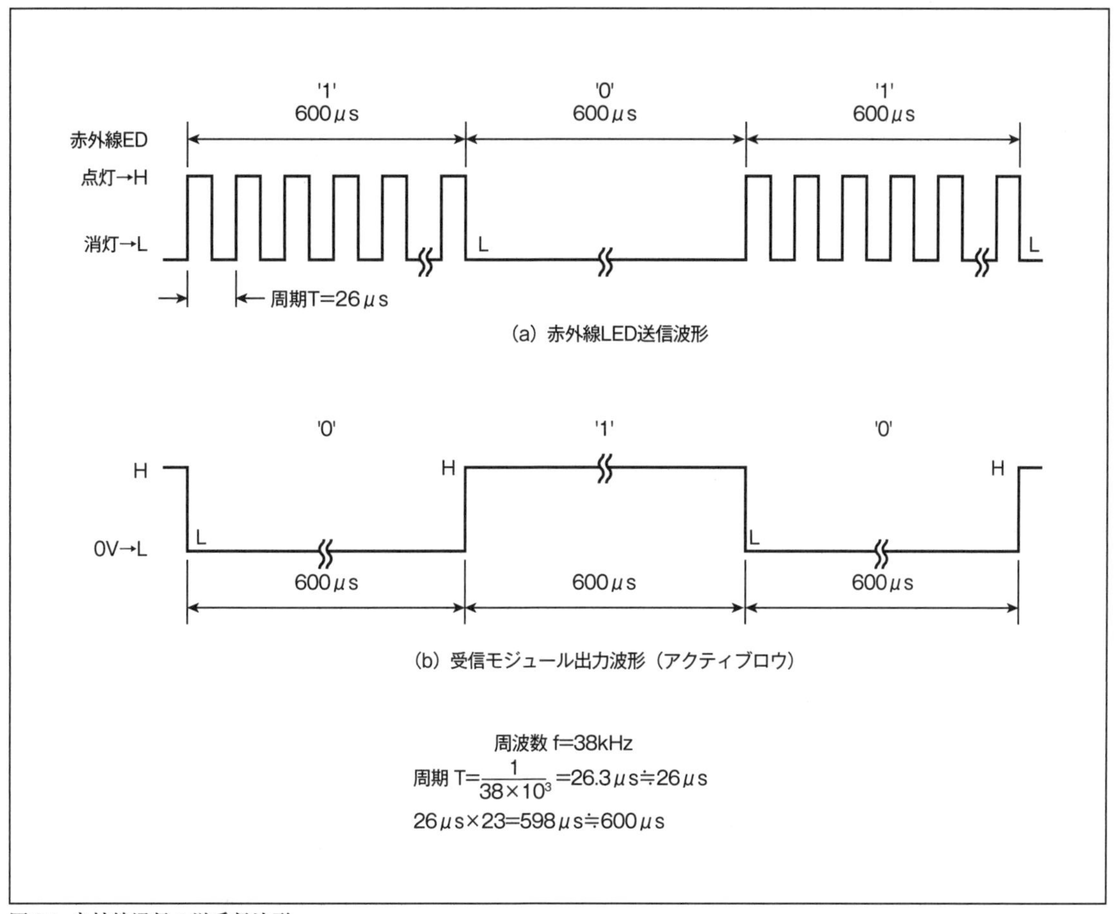

図9.4　赤外線通信の送受信波形

図9.4 (a) において、赤外線LEDから送信波形 "1" を送信する場合、赤外線LEDは周波数f=38kHz、周期T=26 μ sで点滅し、この点滅を23回繰り返すと600 μ s間 "1" を送信したことになります。"0" を送信する場合は、600 μ s間 連続して赤外線LEDを消灯させます。

受信モジュールが送信信号を受光すると、図 (b) のように、アクティブロウによって、送信波形が "1" の場合は、受信モジュールの出力波形は600 μ sの "0" になり、送信波形が "0の場合は、幅600 μ sの "1になります。このように、赤外線LEDのf=38kHz、時間600 μ sの点滅は、受信モジュール内の回路で、反転・平滑化されます。

図 9.5 は、赤外線リモコン送受信機とカメラによる写真撮影です。その実体配線図を図 9.6 に示します。

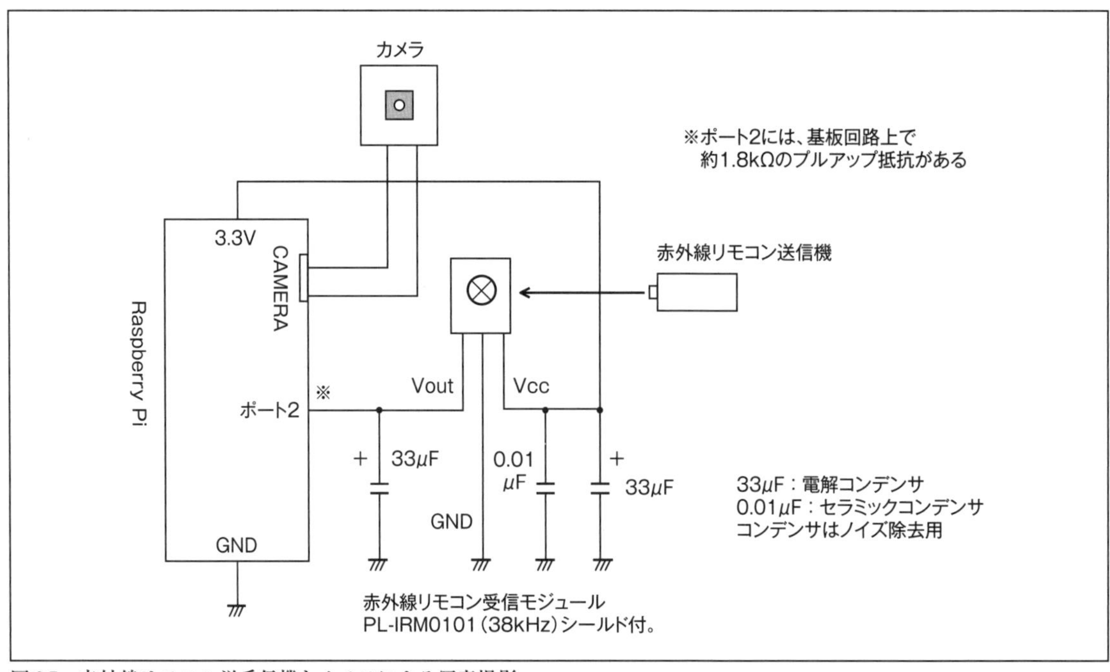

図 9.5　赤外線リモコン送受信機とカメラによる写真撮影

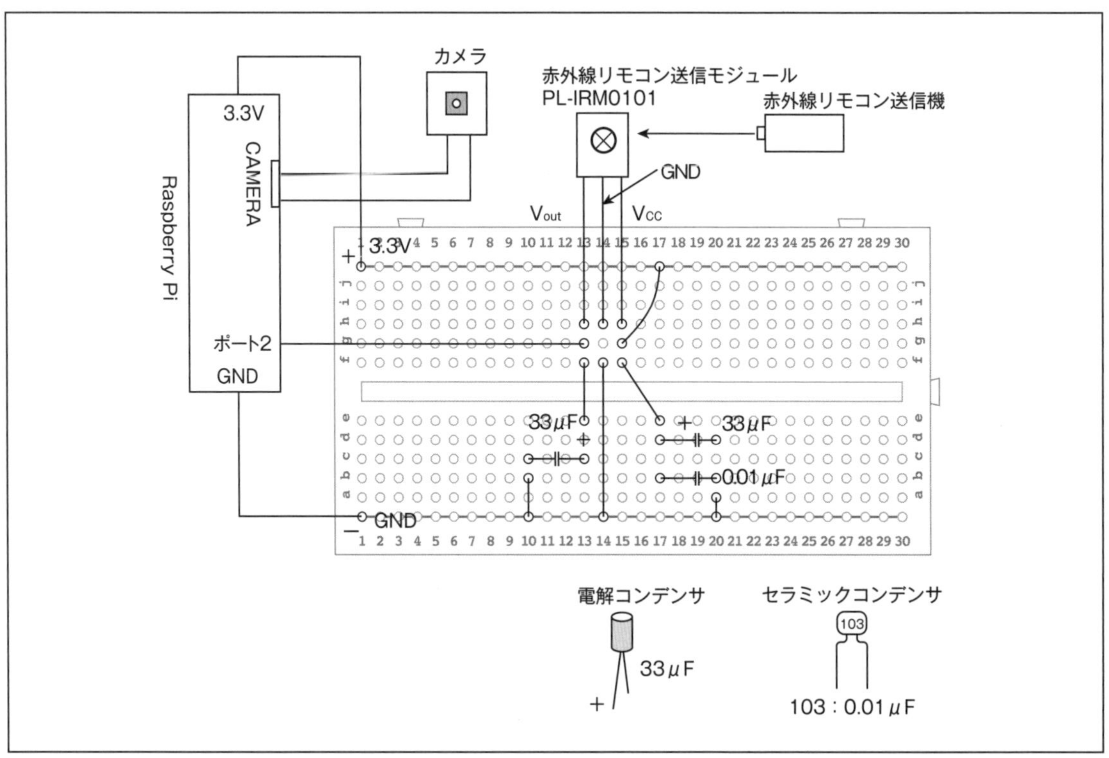

図 9.6　赤外線リモコン送受信機とカメラによる写真撮影の実体配線図

本書の赤外線リモコンとカメラによる写真撮影では、赤外線リモコン送信機をON-OFF制御の1つのスイッチとして利用します。図9.4において、赤外線LED送信波形が"1"のとき、受信モジュール出力波形はアクティブロウによって"0"になります。この瞬間を捉えてカメラのシャッタを切ります。赤外線リモコンの本来の使い方は、例えば、送信機側の10ビットの"1"と"0"の組み合わせの違いを受信機側で受信し、マイコンのプログラムによってロボットカーを前進、後進、左旋回、右旋回などさせます。

前述のように、赤外線リモコンとカメラによる写真撮影では、赤外線リモコン送信機をテレビやエアコンの赤外線リモコン送信機で代用できます。

図9.7は、赤外線リモコン送信回路です。テレビやエアコンには使えないが、赤外線リモコンとカメラによる写真撮影では使うことができます。デジタルIC 74HC04と抵抗、コンデンサで方形波発振回路を作り、バッファと押しボタンスイッチPBSを介して、赤外線LEDを点滅させます。PBSを押すと、赤外線LEDから周波数約35kHzの赤外線パルスが発信されます。赤外線LEDを赤外線リモコン受信モジュールの方向に向けておけば、カメラのシャッタを切ることができます。方形波発振回路は、自ら信号を生成・出力する回路で、デューディ比50%の方形波を作ります。

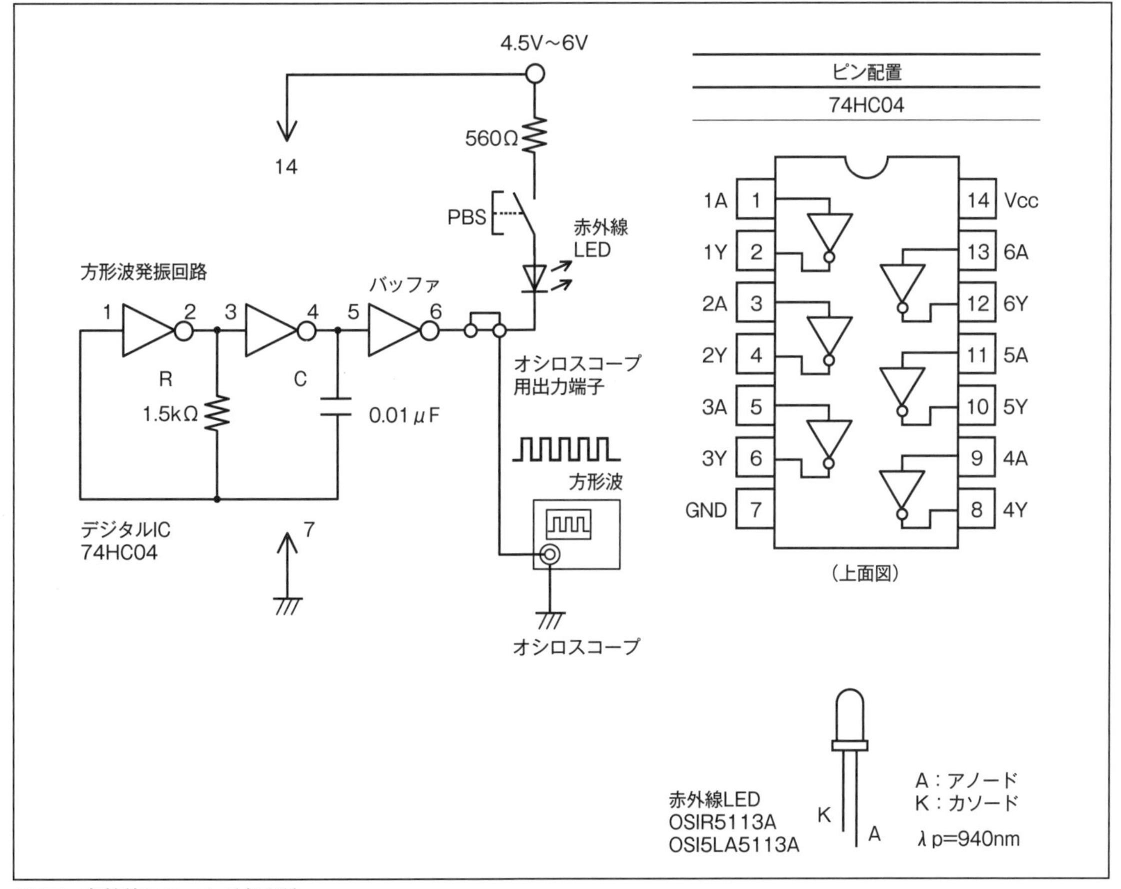

図9.7　赤外線リモコン送信回路

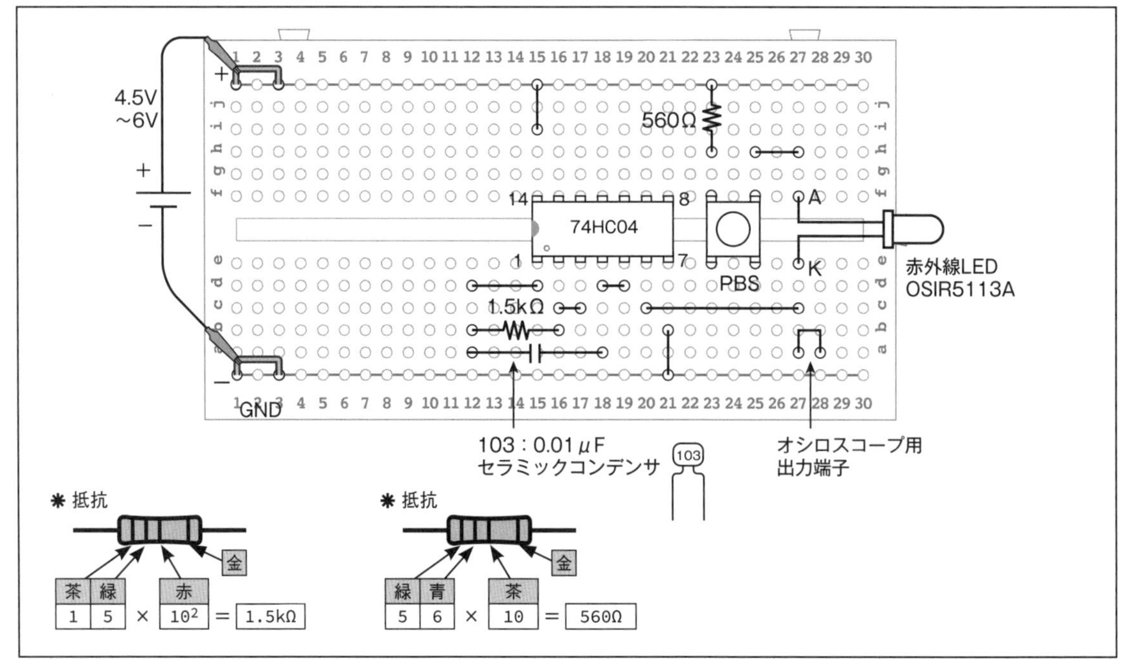

図 9.8　赤外線リモコン送信回路の実体配線図

図 9.8 に、赤外線リモコン送信回路の実体配線図を示します。

バッファの出力端子にオシロスコープを接続し、発振波形を観測します。実測によると発振周期 T=28.5 μ s の方形波でした。すると、発振周波数 f は、f=1 / T =1 / 28.5 × 10^{-6} = 35.087 × 10^3 Hz、すなわち約 35.1kHz になります。概略の発振周波数 f は次の式で求められます。

f= 1 / (2.2 × C × R)

C=0.01 μ F 、R=1.5 k Ω　では、 f = 1 / (2.2 × 0.01 × 10^{-6} × 1.5 × 10^3) = 30303 Hz

= 約 30.3 kHz

赤外線リモコン受信モジュールのキャリア周波数は 38kHz になっていますが、ここで作る赤外線リモコン送信回路では、発振周波数が 38kHz からだいぶ前後にずれていても、カメラのシャッタを切ることができます。

図 9.5 における赤外線リモコン受信モジュール周辺のコンデンサやポート 2 の基板回路上にあるプルアップ抵抗は、次のような働きがあります。

① 受信モジュールの Vcc 側の電解コンデンサ 33 μ F は、平滑コンデンサといい、電気的ノイズによる電源側の電圧の変動を常にを 3.3V に保ちます。

② セラミックコンデンサ 0.01 μ F は、Vcc 側に入る高周波成分を含んだ外部からの電気的ノイズを GND 側に逃がし、誤作動を防ぎます。

③ Vout 側の電解コンデンサ 33 μ F は、Vout 側がアクティブロウによって "0" になると、充電していた電荷を赤外線リモコン受信モジュール内部出力の等価トランジスタで放電します。

④ Raspberry Pi の GPIO 2（ポート 2 ）は入力専用で、ポート 2 には基板回路上で約 1.8k Ω のプルアップ抵抗があります。また、ポート 2 入力はハイインピーダンスになっています。

このプルアップ抵抗によって、図 9.9 に示すように、速やかに Vout 側の電解コンデンサ 33 μ F を充電し、Vout 側の電圧は短い時間で 3.3V ほどになります。図 9.9 は、オシロスコープで観測した概略波形です。

⑤ カメラのシャッタを切る瞬間は、プログラムにおいて、赤外線リモコン受信モジュールの出力端子 Vout（Raspberry Pi のポート 2）が LOW（0）になったときです。

⑥ プログラム 1 のときと同様に、ファイルマネージャの中の画像ファイル my_pic2.jpg をダブルクリックすると、撮影された画像を見ることができます。

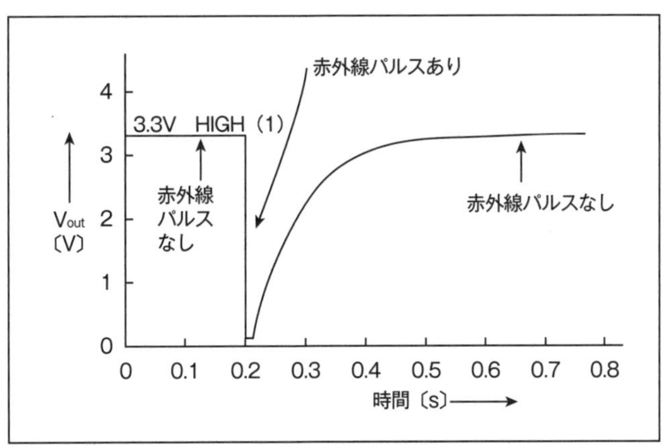

図 9.9　赤外線リモコン受信モジュールの出力 Vout 波形

プログラム 2　赤外線リモコンとカメラによる写真撮影　　9-2.py

```
import wiringpi as pi                  wiringpi のライブラリを読み込み、wiringpi を pi に置き換える
import picamera                        picamera のライブラリを読み込む

def main():                            関数 main の定義
        cam=picamera.PiCamera()        picamera ライブラリの PiCamera（　）関数を使い、
                                       カメラを操作するいろいろな機能を変数 cam に代入する
        cam.resolution=(640,480)       カメラの解像度を設定
        cam.start_preview()            カメラのプレビューを開始、カメラ画像をディスプレイに表示
        while True:                    繰り返しのループ
            pi.wiringPiSetupGpio()     GPIO の初期化
            pi.pinMode(2,pi.INPUT)     ポート 2 を入力モードに設定

            if(pi.digitalRead(2)==pi.LOW):   ポート 2 の状態を読み取り、
                                             その値が LOW（0）ならば次へ行く
               print("capture")        capture と表示
               cam.capture("my_pic2.jpg")   ここで、カメラのシャッタを切り、my_pic2.jpg という
                                            画像ファイルに画像は保存される
               break                   braeak 文で while 文のループを脱出
        cam.stop_preview()             カメラのプレビューを止める
main()                                 関数 main を呼び出す
```

9.3　赤外線リモコンによるリバーシブルモータの正転・逆転制御

□　赤外線リモコンによるLED点滅回路

図9.10は、赤外線リモコン送信機、赤外線リモコン受信モジュールおよびLEDなどを使ったLED点滅回路です。その実体配線図を図9.11に示します。

赤外線リモコンとカメラによる写真撮影と同様に、赤外線リモコン送信機を1つのスイッチとして利用します。赤外線リモコン受信モジュールに向けた、赤外線リモコン送信機のボタンを押すと、赤色LEDは点灯します。再びボタンを押すと赤色LEDは消灯します。続けてボタンを押すと緑色LEDは点灯します。再びボタンを押すと緑色LEDは消灯します。これを繰り返すことができます。

ここでのプログラムは、後述する赤外線リモコンによるリバーシブルモータの正転・停止・逆転回路でも使います。

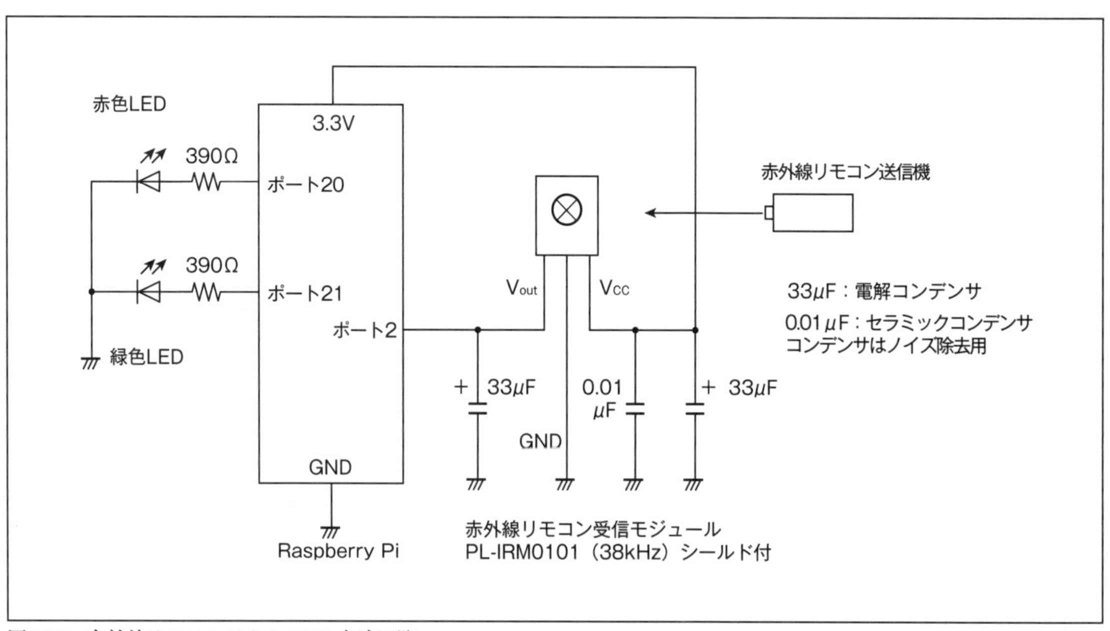

図9.10　赤外線リモコンによるLED点滅回路

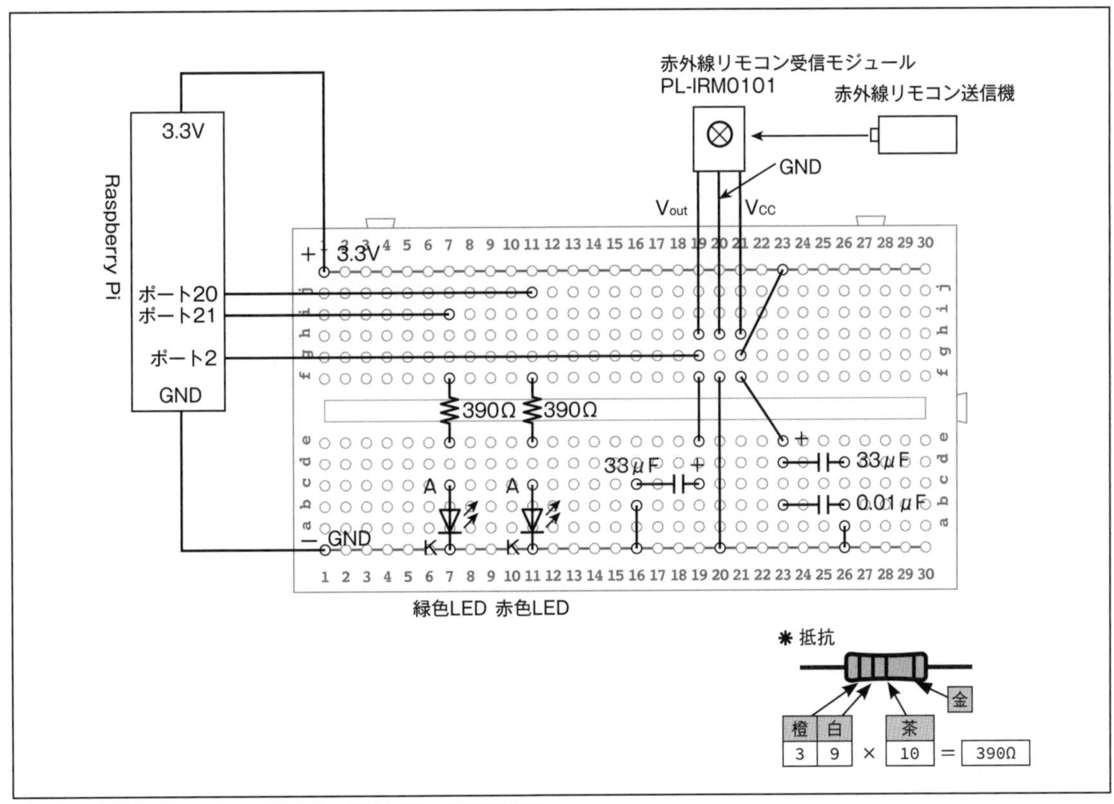

図9.11　赤外線リモコンによるLED点滅回路の実体配線図

■ プログラム3　LED点滅回路　　9-3.py

```
import wiringpi as pi                    wiringpiのライブラリを読み込み、wiringpiをpiに置き換える
import time                              timeのライブラリを読み込む
pi.wiringPiSetupGpio()                   GPIOの初期化

pi.pinMode(2,pi.INPUT)                   ポート2を入力モードに設定
pi.pinMode(20,pi.OUTPUT)                 ポート20を出力モードに設定
pi.pinMode(21,pi.OUTPUT)                 ポート21を出力モードに設定

c=4                                      変数cに4を代入
while True:                              繰り返しのループ
    if(pi.digitalRead(2)==pi.LOW): ポート2の状態を読み取り、その値がLOW(0)ならば次へ行く
        if(c==4):                        c==4ならば次へ行く
            pi.digitalWrite(20,pi.HIGH)  ポート20に'HIGH'を出力
            pi.digitalWrite(21,pi.LOW)   ポート21に'LOW'を出力
            time.sleep(0.5)              タイマ(0.5秒)
            c=c-1                        Cのデクリメント(−1)
    if(pi.digitalRead(2)==pi.LOW): ポート2の状態を読み取り、その値がLOW(0)ならば次へ行く
        if(c==3):                        c==3ならば次へ行く
            pi.digitalWrite(20,pi.LOW)   ポート20に'LOW'を出力
            pi.digitalWrite(21,pi.LOW)   ポート21に'LOW'を出力
            time.sleep(0.5)              タイマ(0.5秒)
            c=c-1                        Cのデクリメント(−1)
    if(pi.digitalRead(2)==pi.LOW): ポート2の状態を読み取り、その値がLOW(0)ならば次へ行く
        if(c==2):                        c==2ならば次へ行く
            pi.digitalWrite(20,pi.LOW)   ポート20に'LOW'を出力
            pi.digitalWrite(21,pi.HIGH)  ポート21に'HIGH'を出力
            time.sleep(0.5)              タイマ(0.5秒)
            c=c-1                        Cのデクリメント(−1)
    if(pi.digitalRead(2)==pi.LOW): ポート2の状態を読み取り、その値がLOW(0)ならば次へ行く
        if(c==1):                        c==1ならば次へ行く
            pi.digitalWrite(20,pi.LOW)   ポート20に'LOW'を出力
            pi.digitalWrite(21,pi.LOW)   ポート21に'LOW'を出力
            time.sleep(0.5)              タイマ(0.5秒)
            c=4                          cに4を代入
```

□　単相誘導モータの構造と回路

誘導モータには単相用と三相用があるが、ここでは、扇風機（ACモータ式）、ポンプ、事務機などによく使われている単相誘導モータについて述べます。図9.12は、誘導モータの構造です。2相交流を得るために進相用コンデンサを用いるので、このような誘導モータをコンデンサモータともいいます。誘導モータは、固定子鉄心のスロットに主巻線が2組、補助巻線が2組設置され、2相交流が流れると、4極の磁極が回転するのと等価な回転磁界ができます。

回転子は、回転子鉄心中に構成されている導体の構造が、リスやハツカネズミを飼うのに使う「かご」に似ていることから、かご形回転子といいます。導体構造は、2つの端絡環（エンドリング）と端絡環どうしを結ぶ多数の導体棒（バー）で構成され、導体棒は軸方向に対し、斜めに切ったスロットに設置されています。これを斜溝（斜めスロット）と呼び、固定子と回転子の歯の相互作用によるトルクむらを軽減する働きがあります。

誘導モータの回路は図9.13に示すように、補助巻線に進相用コンデンサCが直列に接続され、これらが主巻線と並列に接続されています。図において、電源を入れるとモータは正転します。主巻線の赤と青を入れ替えると逆転します。

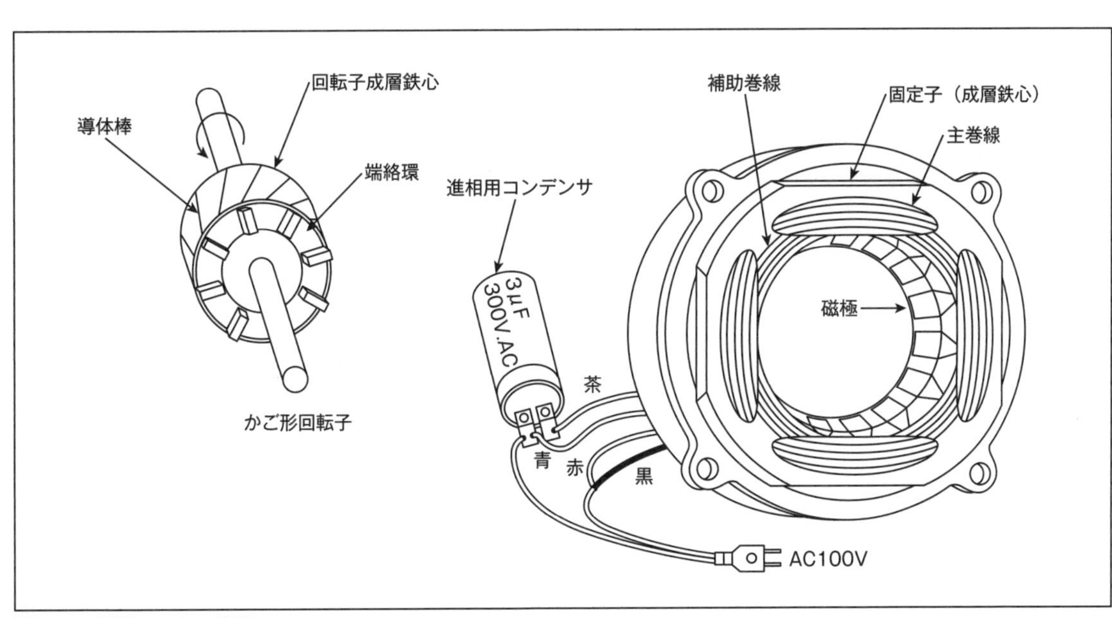

図9.12　誘導モータの構造

□　誘導モータの回転原理

図9.14は、誘導モータの回転原理です。図（a）のように、自由に回転できるようにした1回巻きのコイルの外側で、磁極N、Sを左回転させます。これは、2極の回転磁界に相当します。すると、コイルは磁束を切ることになるので、図の方向に誘導起電力が発生し、図（b）の方向に誘導電流が流れます。

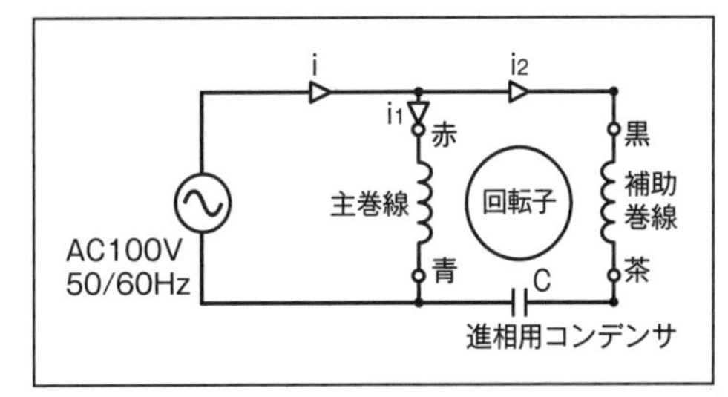

図9.13　誘導モータの回路

誘導起電力の方向は、図 (c) のフレミングの右手の法則によって見つけることができます。右手の法則は、磁界は固定で導体が運動するときに適用できます。したがって、図 (a) のように磁界が左回転する場合、図 (d) のように、磁界は固定でコイルが右回転するように考えます。この状態で右手の法則を適用し、誘導起電力の方向を見つけます。

誘導起電力によって誘導電流がコイルに流れると、回転磁界とコイルの誘導電流による合成磁界ができ、電磁力がコイル辺に働きます。電磁力の方向は、図(e)のフレミングの左手の法則から、磁極 N、S の回転方向と同じ左回転の方向となり、コイルは左回転を始めます。

しかし、1 個のコイルでは磁極 N、S の回転に追随できずに、すぐ外れるので、回転できません。そのため、図 (f) のようにコイルの数を増やせば、各コイルには次々とトルクが発生し、連続回転ができます。

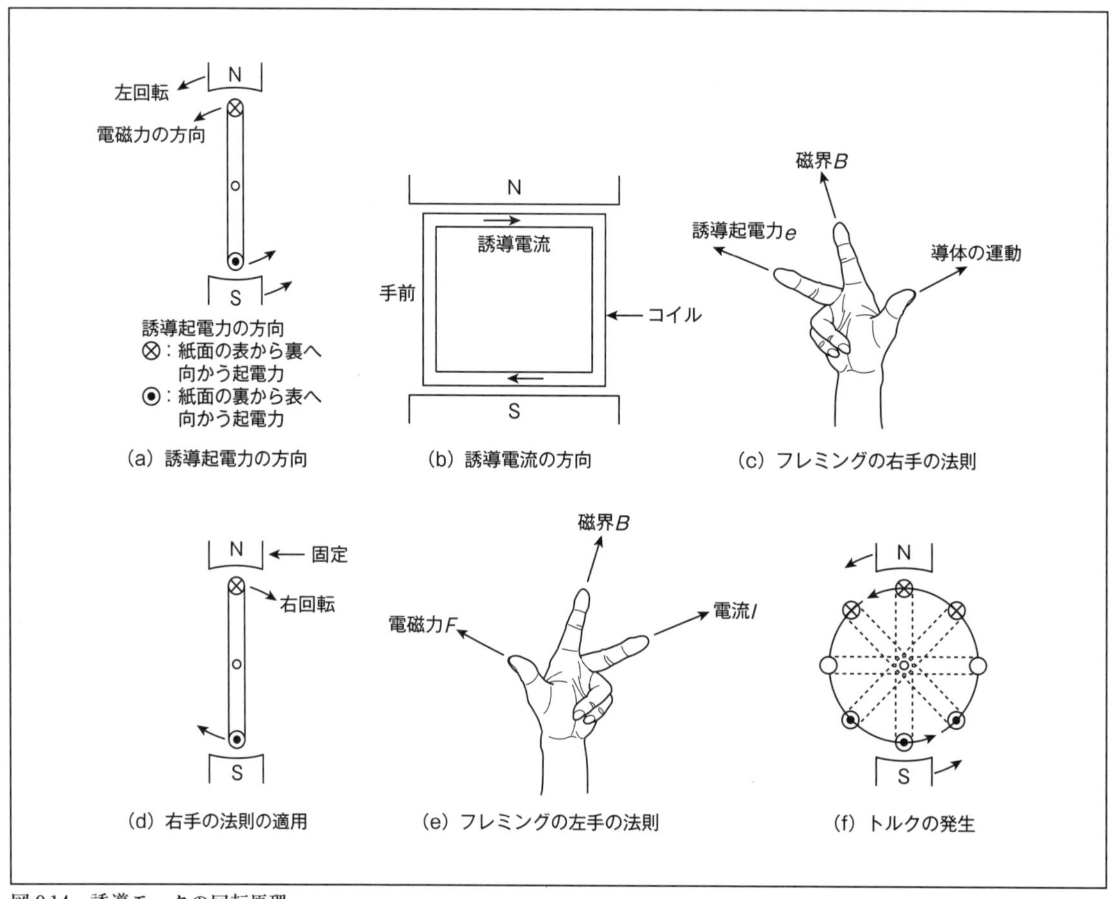

図 9.14　誘導モータの回転原理

□　回転磁界

図9.12の誘導モータでは、4極の磁界が回転するのと等価な回転磁界ができます。図9.15は、回転磁界をわかりやすく説明するため、2極の回転磁界とします。図（a）において、進相用コンデンサは補助巻線に接続されているため、図（b）に示すように、補助巻線に流れる電流i_2は、主巻線に流れる電流i_1より約90°進み位相になります。時間t_1では、i_1は正方向に最大、$i_2=0$なので、アンペアの右ねじの法則により、図（c）のように、磁界の方向は磁極A→Bであることがわかります。時間t_2では、i_2は負の方向に最大、磁界の方向は磁極D→Cになります。同様にして、時間t_3では、磁極B→A、時間t_4では、磁極C→Dとなり、左回転する2極の回転磁界ができます。

図9.12の誘導モータは、図9.16に示すような4極の回転磁界になります。

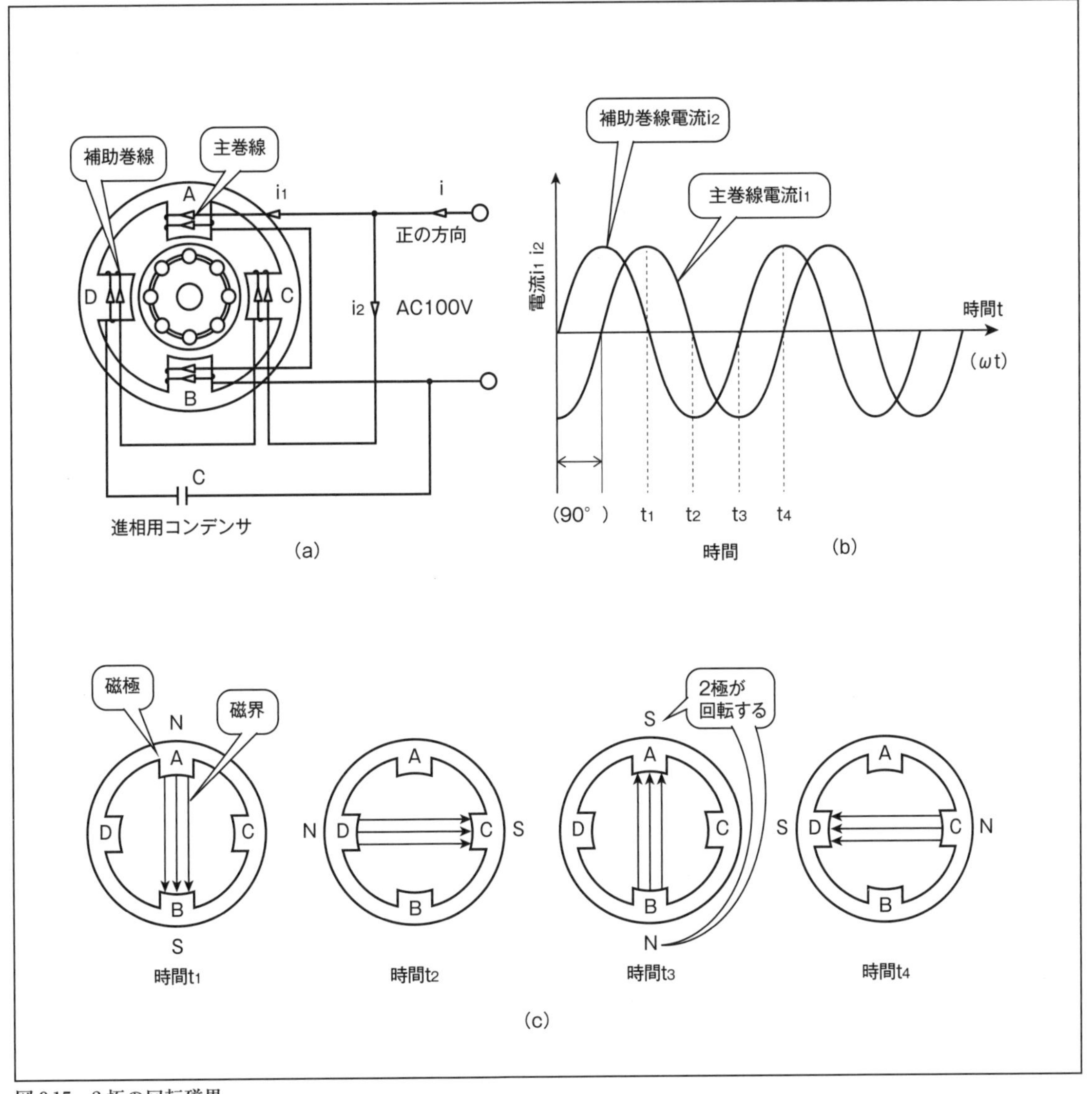

図9.15　2極の回転磁界

第9章

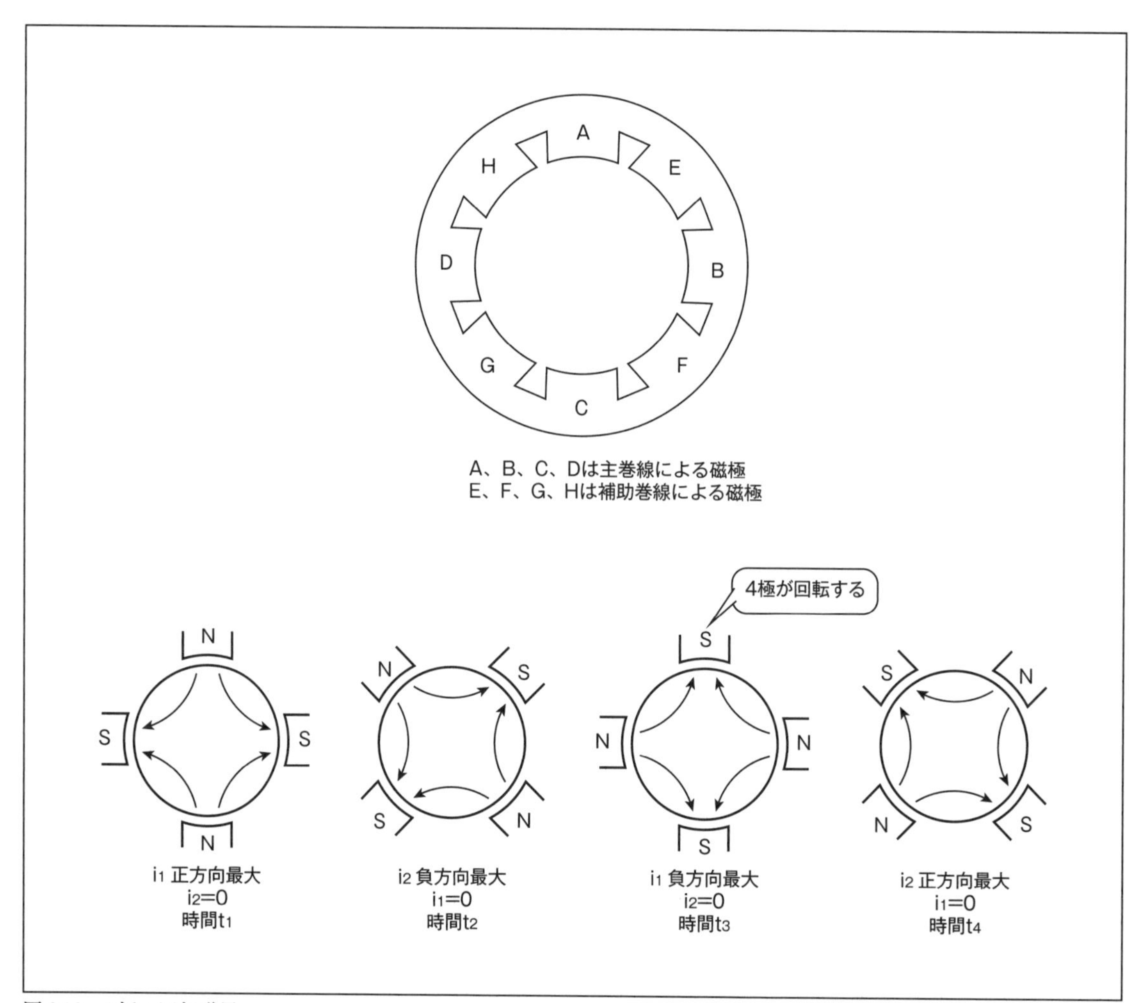

図 9.16　4 極の回転磁界

□　リバーシブルモータの正転・停止・逆転回路

リバーシブルモータは単相誘導モータと回転原理は同じであり、一定速の正転・逆転制御や間欠運転用に設計されています。ここで、間欠運転とは連続運転ではなく、運転と停止を繰り返す運転のことです。このため、ひんぱんな正転・逆転に耐え、右回転・左回転どちらの方向でも同じ特性が得られるように工夫されています。また、ブレーキ機構を持ち、起動トルクは大きいが、通常の誘導モータより温度上昇が高くなり、時間定格は 30 分程度になっています。時間定格が短いので、誘導モータのような連続運転には向きません。リバーシブルモータのおもな用途は、自動ドア、電動シャッターなどの駆動源です。

リバーシブルモータは誘導モータのように主巻線、補助巻線の関係はなく、2 つの主巻線 L_1、L_2 と進相用コンデンサ C をもっています。このため、正転時と逆転時のトルクは同じです。

図 9.17 は、リバーシブルモータの正転・停止・逆転回路です。2 つのトランジスタと 2 つの SSR（ソリッドステートリレー）を使い、進相用コンデンサ C を主巻線 L_2 に直列接続するか、あるいは主巻線 L_1 に直列接続するかで正転・逆転を決めます。

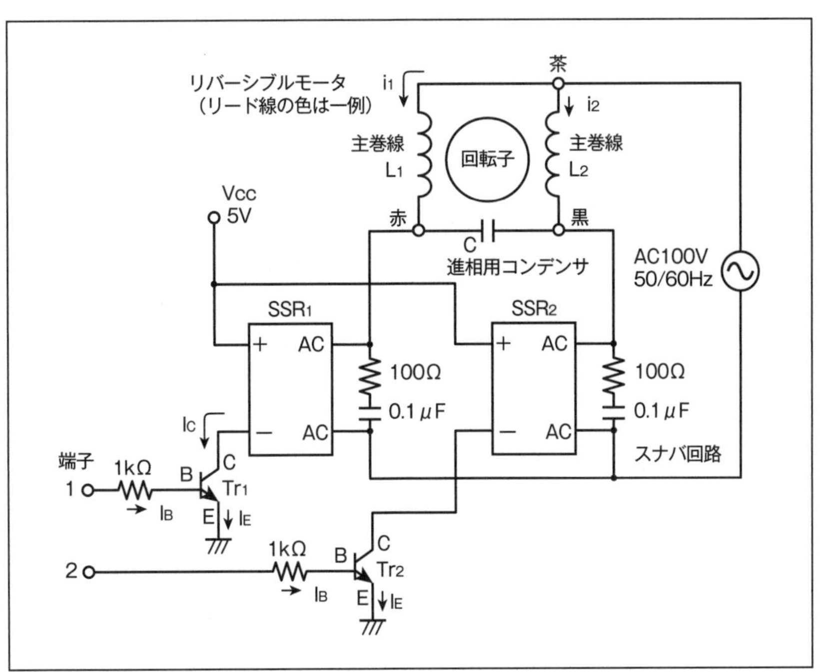

図9.17　リバーシブルモータの正転・停止・逆転回路

図9.17のリバーシブルモータの正転・停止・逆転回路において、回路の動作を見てみましょう。

① 端子1に正転信号電圧3.3Vを入力させると、トランジスタTr_1にベース電流I_Bが流れ、電流増幅されたコレクタ電流IcがVcc 5VからSSR_1の直流端子＋－間およびトランジスタのコレクタに流れます。I_B+I_Cの値はエミッタ電流I_Eとなり、トランジスタTr_1はONになります。

② 同時にSSR_1はONになり、2つのAC端子間がつながります。このため、進相用コンデンサCは主巻線L_2に直列接続された状態になります。

③ このとき、主巻線L_1に流れる電流i_1に対し、L_2に流れる電流i_2は位相が約90°進みます。このようにして2相交流が流れることにより、回転磁界が作られモータは正転します。

④ 端子1に印加した正転信号電圧3.3Vを0にし、トランジスタTr_1をOFFにします。

⑤ 次に、端子2に逆転信号電圧3.3Vを入力させると、トランジスタTr_2にベース電流I_Bが流れ、電流増幅されたコレクタ電流IcがVcc 5VからSSR_2の＋－間およびコレクタCに流れます。トランジスタTr_2はONになります。

⑥ 同時にSSR_2はONになり、進相用コンデンサCは主巻線L_1に直列接続された状態になります。

⑦ すると、これまでとは逆に、主巻線L_2に流れる電流i_2に対し、L_1に流れる電流i_1は位相が約90°進みます。

⑧ この2相交流により、逆方向の回転磁界が作られ、モータは逆転します。

⑨ SSRのAC端子間のスナバ回路は、ノイズを除去するためのもので、SSRに内蔵されていることもあります。この場合はスナバ回路を省略します。

□　赤外線リモコンによるリバーシブルモータの正転・停止・逆転回路

図 9.18 は、赤外線リモコンによるリバーシブルモータの正転・停止・逆転回路です。ここでは、リバーシブルモータの代わりに単相誘導モータを使います。このため、図 9.19 に示すように、単相誘導モータの結線を代用リバーシブルモータの結線に替えます。ここで使う単相誘導モータは、一例として日本電産サーボ（株）製の IH6PF6N で、ギャベッド 6H25F が付属したものです。

ここで使われる赤外線リモコンは、赤外線リモコン送信機と赤外線リモコン受信モジュールによる一種のスイッチとして使います。このため、プログラムは前述の赤外線リモコンによる LED 点滅回路と同じで、プログラム 3　LED の点滅回路を利用します。

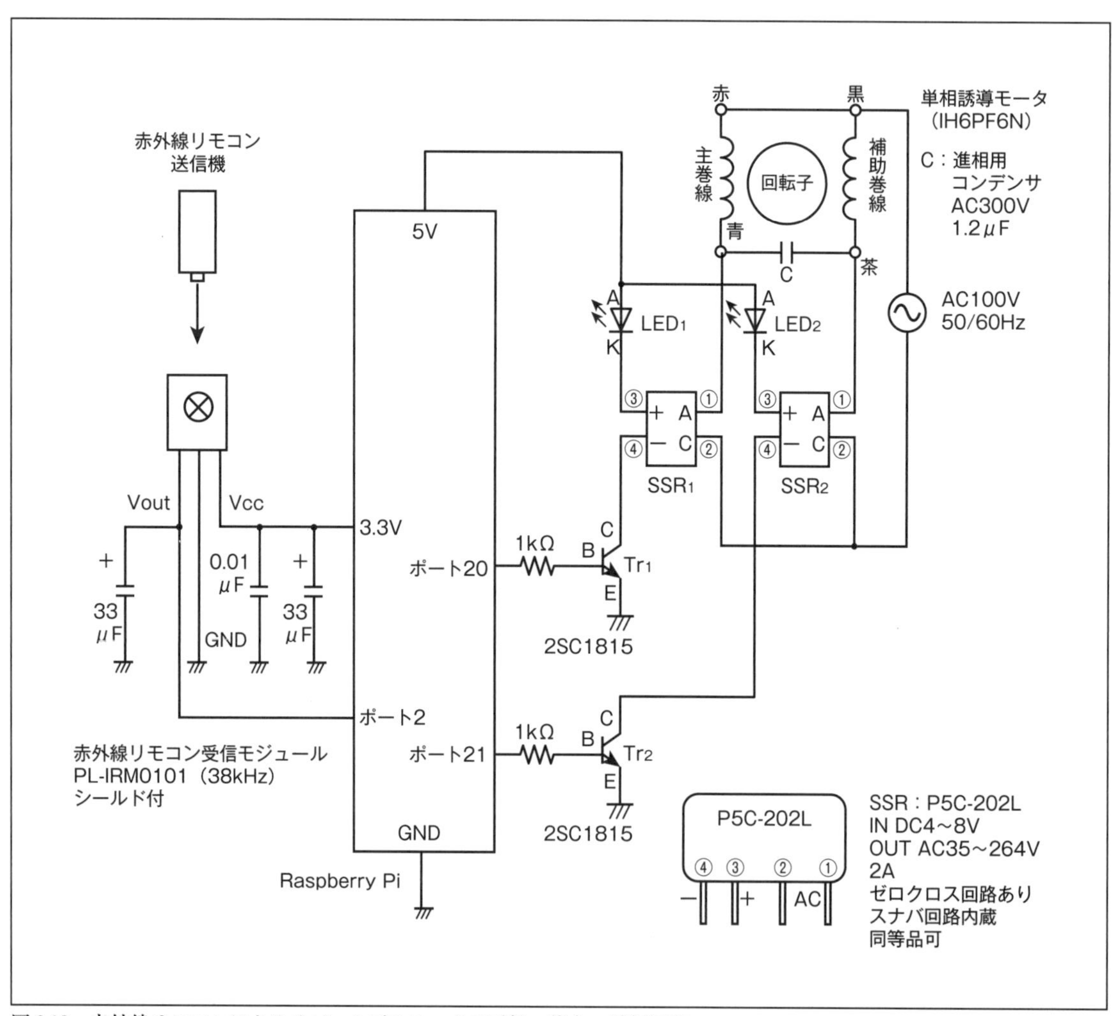

図 9.18　赤外線リモコンによるリバーシブルモータの正転・停止・逆転回路

赤外線リモコン受信モジュールに向けて、赤外線リモコン送信機の押しボタンスイッチを、1 秒間隔以上で順次 4 回押します。すると、誘導モータは正転、停止、逆転、停止のように動作します。これを繰り返します。

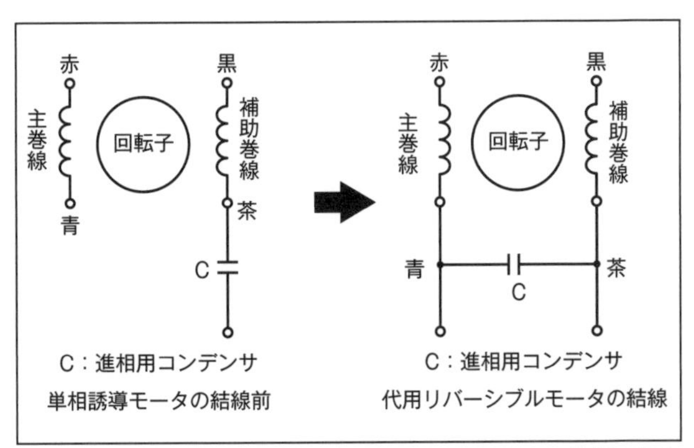

図9.19　単相誘導モータの結線を代用リバーシブルモータの結線に変更

IH6PF6N+6H25F

図9.18において、赤外線リモコンによるリバーシブルモータの正転・停止・逆転回路の動作を見てみましょう。

① 赤外線リモコン受信モジュールに向けて、赤外線リモコン送信機の押しボタンスイッチ1回目を押すと、Raspberry Piのポート2に'LOW'の信号が入ります。
② ポート20は'HIGH'になり、ポート21は'LOW'のままです。トランジスタTr_1はON、LED_1は点灯、SSR_1はONになり、進相用コンデンサCは補助巻線と直列接続され、誘導モータ本来のトルクで正転します。
③ 押しボタンスイッチ2回目を押すと、Raspberry Piのポート2に'LOW'の信号が入ります。
④ ポート20は'LOW'になり、ポート21は'LOW'のままです。トランジスタTr_1はOFF、LED_1は消灯、SSR_1はOFFになり、誘導モータは停止します。
⑤ 押しボタンスイッチ3回目を押すと、Raspberry Piのポート2に'LOW'の信号が入ります。
⑥ ポート21は'HIGH'になり、ポート20は'LOW'のままです。トランジスタTr_2はON、LED_2は点灯、SSR_2はONになり、進相用コンデンサCは主巻線と直列接続され、誘導モータは逆転します。しかし、トルクは小さくなります。リバーシブルモータであれば、正転・逆転時のトルクは同じです。
⑦ 押しボタンスイッチ4回目を押すと、Raspberry Piのポート2に'LOW'の信号が入ります。
⑧ ポート21は'LOW'になり、ポート20は'LOW'のままです。トランジスタTr_2はOFF、LED_2は消灯、SSR_2はOFFになり、誘導モータは停止します。
⑨ この回路はAC100Vを使うので、配線を間違えると危険です。始め、AC100Vの印加はせずに、2つのLEDの点滅で正しく動いているか確認します。その後、モータ回路を再度点検し、AC100Vを印加します。

図9.20は、ユニバーサル基板ICB-88を使った赤外線リモコンによるリバーシブルモータの正転・停止・逆転回路の実体配線図です。裏面でハンダ付けによる配線をします。

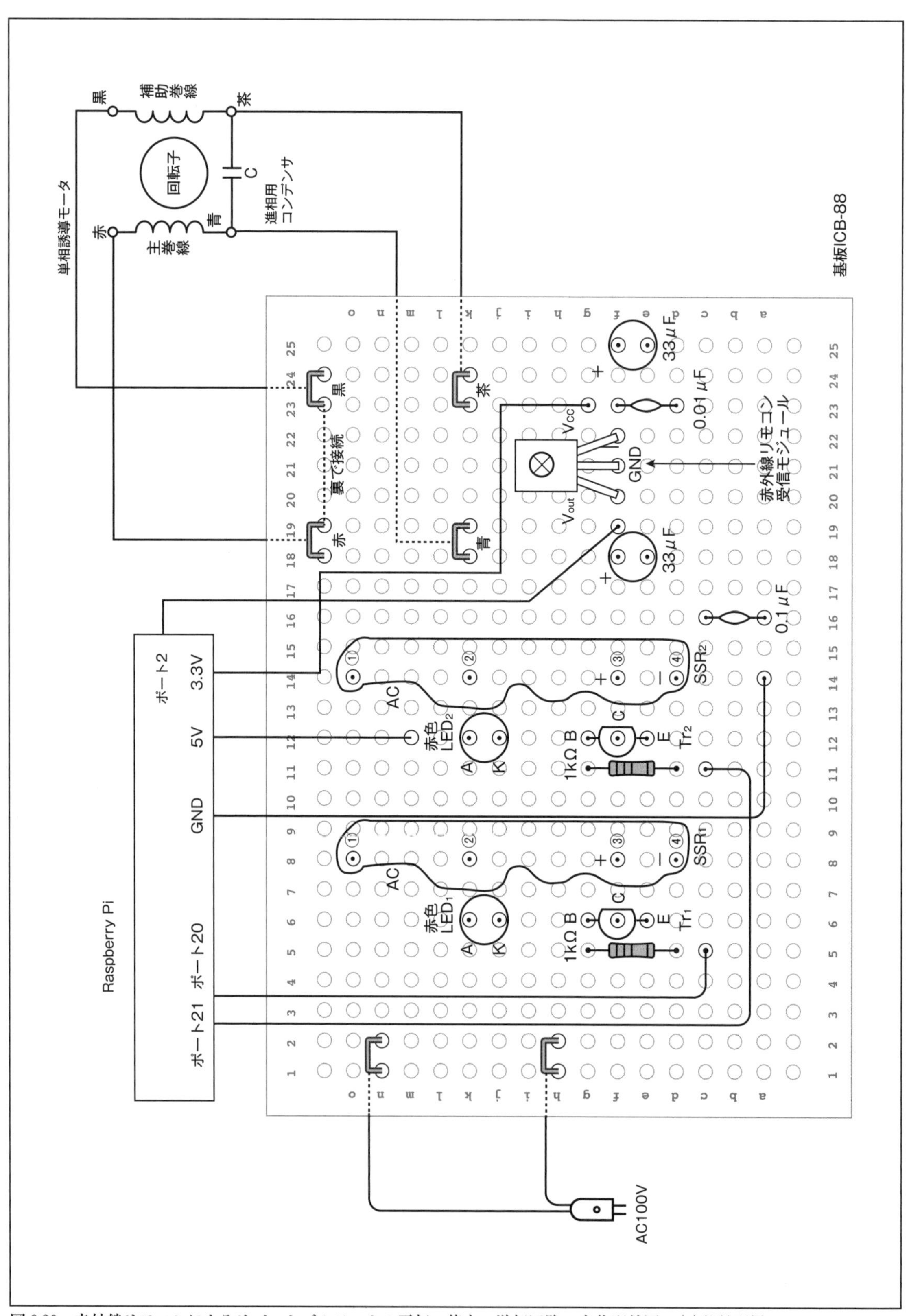

図 9.20　赤外線リモコンによるリバーシブルモータの正転・停止・逆転回路の実体配線図　(a)部品配置

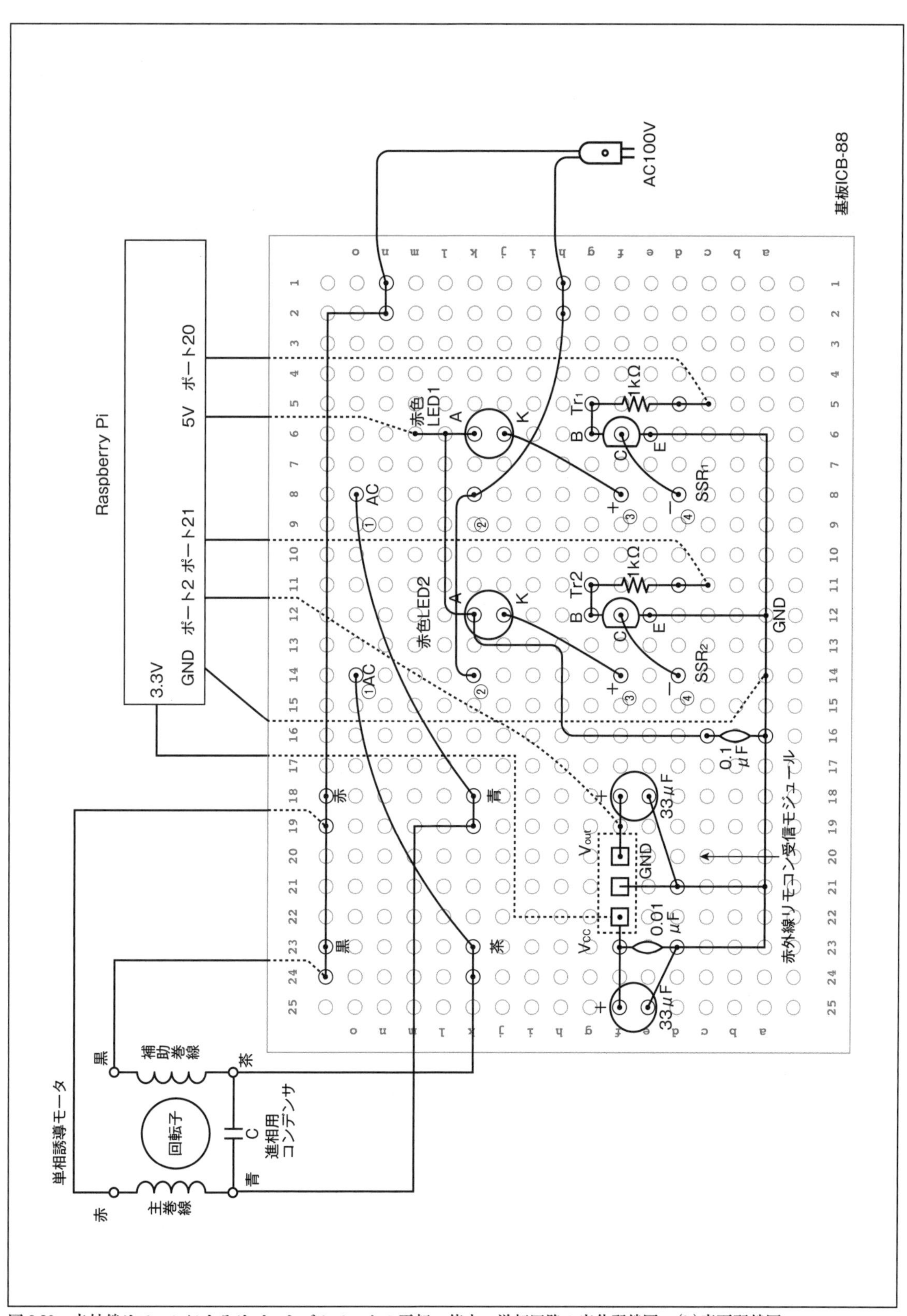

図 9.20　赤外線リモコンによるリバーシブルモータの正転・停止・逆転回路の実体配線図　(b)裏面配線図

9.4　赤外線リモコンによるの単相誘導モータの ON-OFF 制御（Raspberry Pi なし）

図 9.21 は、赤外線リモコンによる単相誘導モータの ON-OFF 制御です。本章のここまでの回路と異なり、Raspberry Pi は使いません。赤外線リモコン送受信回路と、シュミット・トリガ、J-K フリップフロップ、SSR などを使います。 図 9.22 は、この回路における、オシロスコープで観測した各部の概略波形です。

図 9.21 と図 9.22 を使い、赤外線リモコンによる単相誘導モータの ON-OFF 制御の動作を見てみましょう。

① 電源を入れたとき、回路の特性により赤色 LED が点灯することがあります。この場合、押しボタンスイッチ PBS を押すと赤色 LED は消灯します。PBS の ON-OFF を繰り返すと、赤色 LED が点灯・消灯を繰り返します。

② 赤外線リモコン送信機の押しボタンスイッチを押し、赤外線リモコン受信モジュールに赤外線パルスを入れます。

③ 図 9.22（a）のように、赤外線リモコン受信モジュールの出力電圧は 5V から 0 に下がります。同様なことは図 9.9 の説明にあります。

④ この立下り電圧がシュミット・トリガで反転・整形され、シュミット・トリガ出力は、図 9.22(b) のように、きれいな 1 つのパルスを作ります。シュミット・トリガは、電気的ノイズによる誤作動防止や波形整形回路の働きがあります。。

⑤ シュミット・トリガ出力の立上り電圧は J-K フリップフロップの入力になり、図 9.22（c）のように、J-K フリップフロップの出力は 0 から 5V に立ち上がります。

⑥ この J-K フリップフロップの出力電圧は、次の赤外線パルスが来るまで一定電圧 5V を保ちます。

⑦ J-K フリップフロップの出力電圧 5V により、トランジスタにベース電流 I_B が流れ、電流増幅された大きなコレクタ電流 I_C が流れます。電源電圧 5V →赤色 LED → 100 Ω の抵抗 → SSR の ± 間→トランジスタのコレクタ C →エミッタ E の順にコレクタ電流 I_C は流れます。コレクタ電流 I_C はエミッタでベース電流 I_B と合流し、エミッタ電流 I_E になります。関係式は　$I_E=I_B+I_C$ です。

⑧ コレクタ電流が SSR の ± 間に流れると、SSR の AC 間が ON になり、AC100V の単相誘導モータ が回転します。

⑨ 赤外線リモコン受信モジュールに、次の赤外線パルスが来ると、シュミット・トリガ出力は再び立ち上がります。すると、図 9.22（c）に示すように、J-K フリップフロップ出力は 5V から 0 になります。このため、トランジスタのコレクタ電流は 0 になり、SSR は OFF、単相誘導モータは停止します。

⑩ このように、赤外線パルスが赤外線リモコン受信モジュールに入るたびに、J-K フリップフロップの出力は HIGH になったり LOW になったりします。トグルとは、同じ操作をするこ

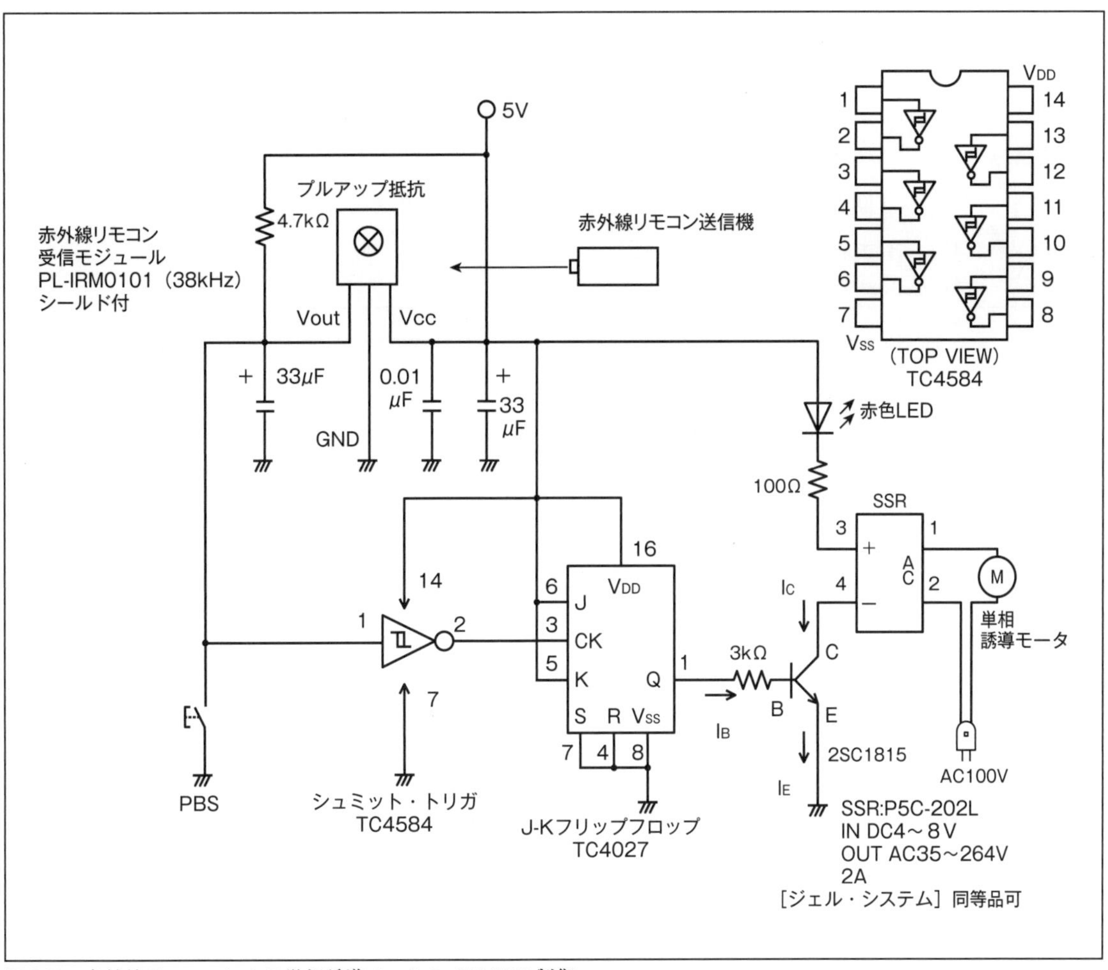

図9.21　赤外線リモコンによる単相誘導モータのON-OFF制御

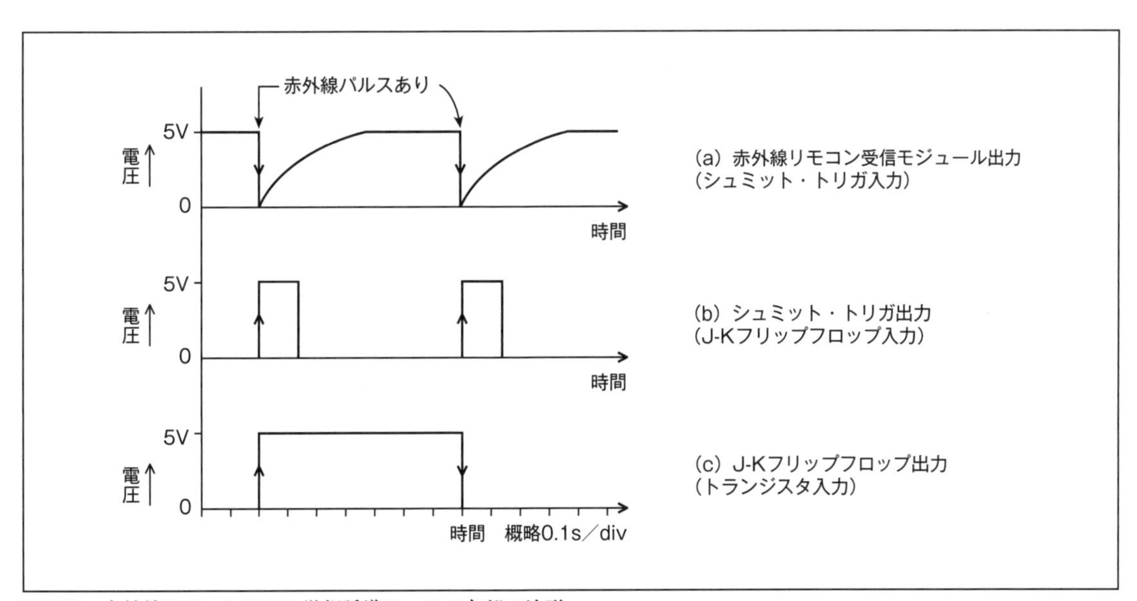

図9.22　赤外線リモコンによる単相誘導モータの各部の波形

とで、ON や OFF という 2 つの機能を切り替える機構のことです。ここでの J-K フリップフロップはトグルフリップフロップといいます。

⑪ なお、フリップフロップとは、公園にあるシーソーの「ギッタン、バッコン」というような意味があり、一方が高ければもう一方は低くなっている、ことをいいます。すなわち、フリップフロップ回路は、2 つの出力端子 A、B があり、A が HIGH ならば B は LOW、A が LOW ならば B は HIGH になります。

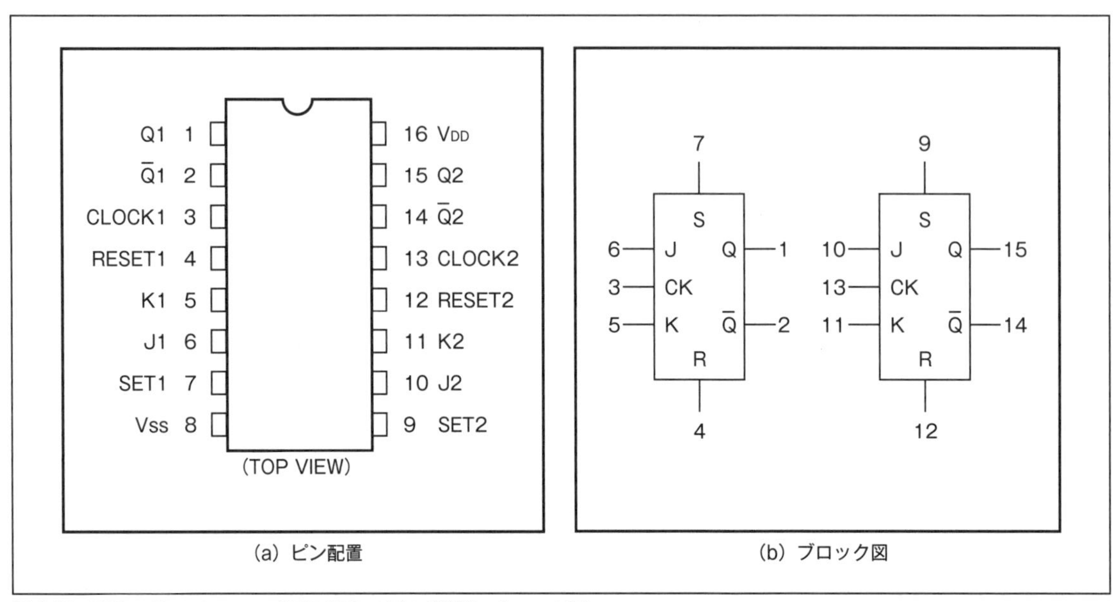

図 9.23　J-K フリップフロップ TC4027 のピン配置とブロック図

✱ 表 9.1　TC4027 の真理値表

INPUTS					OUTPUTS	
RESET	SET	J	K	CLOCK △	Qn+1	Qn+1
L	H	*	*	*	H	L
H	L	*	*	*	L	H
H	H	*	*	*	H	H
L	L	L	L	↑	Qn*	Qn*
L	L	L	H	↑	L	H
L	L	H	L	↑	H	L
L	L	H	H	↑	$\overline{Q}$n**	Qn**
L	L	*	*	↓	Qn*	$\overline{Q}$n*

* : Don't care　△ : Level Change　* : No Change　** : Change

図 9.23 は、J-K フリップフロップ TC4027 のピン配置とブロック図で、表 9.1 に TC4027 の真理値表を示します。

図9.21で使われるJ-KフリップフロップTC4027には、2組のJ-Kフリップフロップが入っています。図9.23（b）ブロック図の左側のJ-Kフリップフロップを使います。表9.1真理値表の下から2番目のINPUTS、OUTPUTSを利用します。このため、図9.21では、次のように接続します。

JとK　ピン6,5　⇒　H
S（SET）とR（RESET）ピン7,4　⇒　L
CK（CLOCK）　ピン3　⇒　立上りエッジ
Q　ピン1　⇒　HまたはLに変化
電源V_{DD}　ピン16　⇒　5V（H）
グランドV_{SS}　ピン8　⇒　0（L）

注意

SSRの種類や電源電圧によっては、赤色LEDは点灯するが単相誘導モータは回転しないことがあります。これは、SSRの±間に流れる電流が少ないときです。この場合、赤色LEDに直列接続されている100Ωの抵抗を小さくするかショートするといいです。

□　単相誘導モータ　ON-OFF制御回路基板の製作

図9.24は、ユニバーサル基板ICB-88を使った単相誘導モータON-OFF制御回路基板の実体配線図です。裏面でハンダ付けによる配線をします。

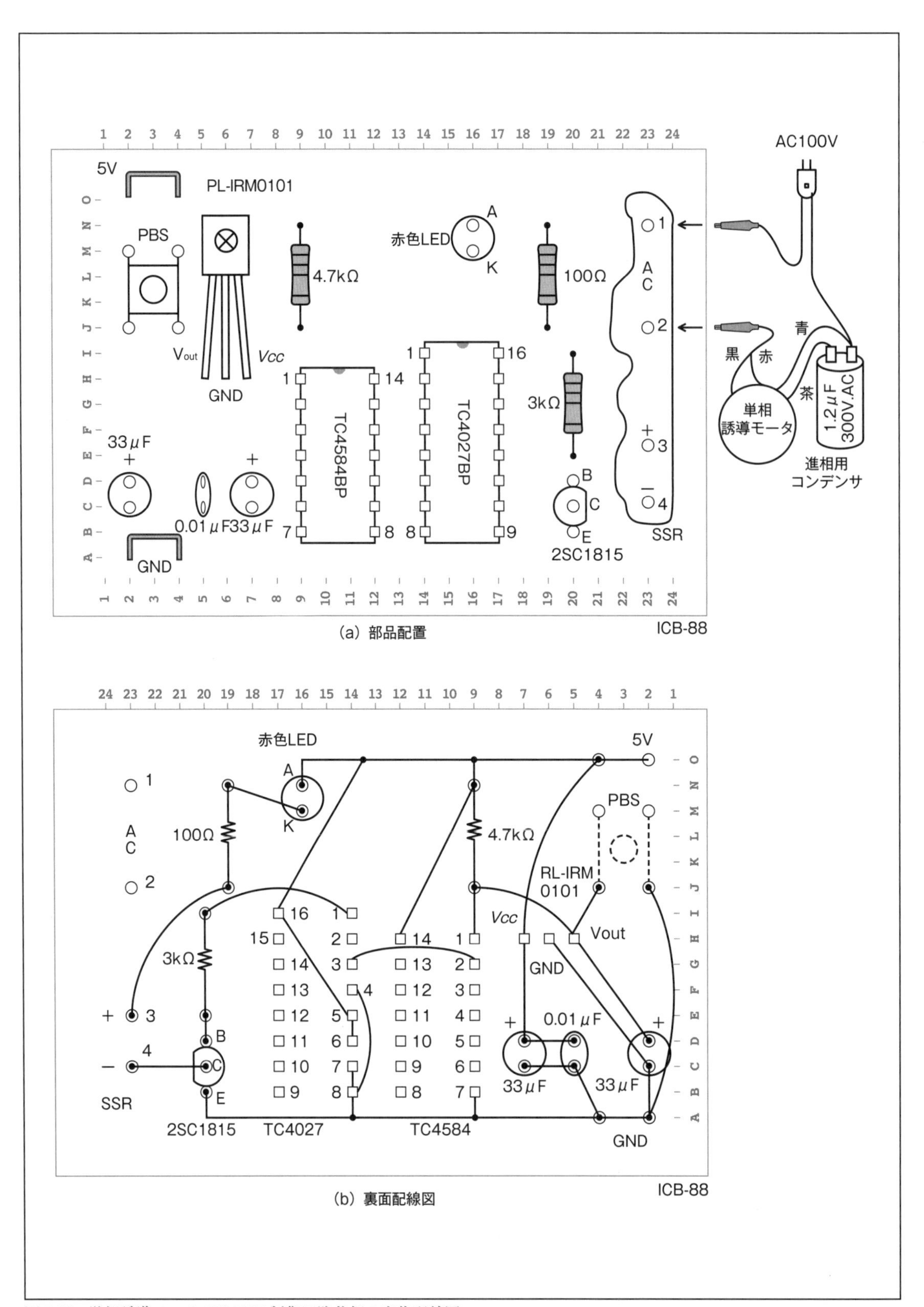

図 9.24　単相誘導モータ ON-OFF 制御回路基板の実体配線図

9.5　超音波センサとカメラによる写真撮影

図 9.25 は、暗い場所などを想定し、人が超音波センサに近づくと電球が点灯し、カメラで写真撮影をします。電球は AC100 V を使うため、SSR（ソリッドステートリレー）を利用します。撮影場所が明るくても電球は点灯します。防犯カメラにもなります。

図において、人が超音波センサまで 50 cm 以下に近づくと、プログラムに従い、ポート 23 は LOW（0）になります。すると、5V → LED → 100 Ωの抵抗→ SSR の±間→ポート 23 に直流電流が流れ、LED は点灯します。同時に、SSR の AC 回路に交流電流が流れ、電球は点灯します。1 秒後にカメラのシャッタが切られ、撮影完了です。

Raspberry Pi のファイルマネージャの my_pic3.jpg という画像ファイルをダブルクリックすると、撮影された画像を見ることができます。

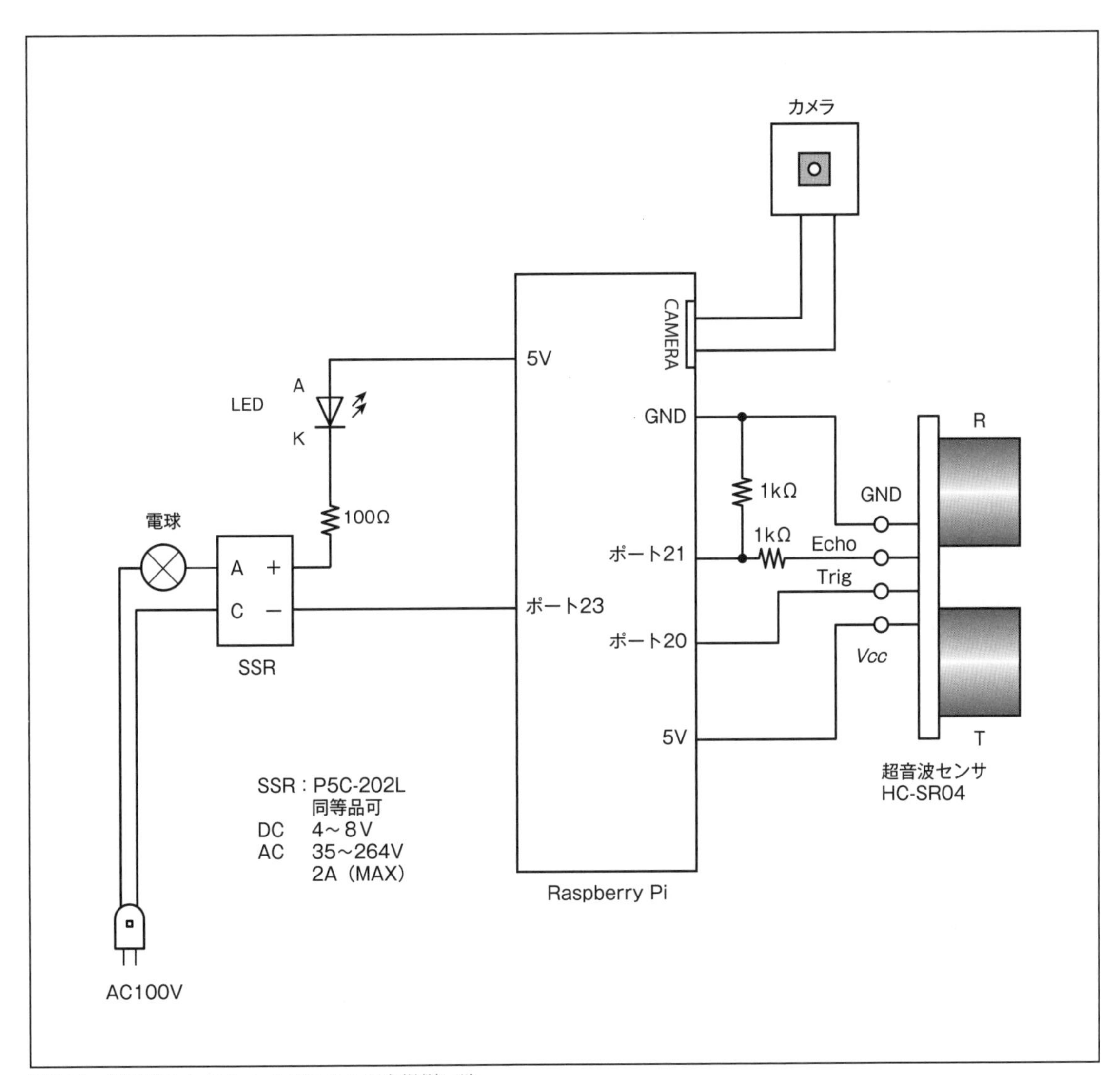

図 9.25　超音波センサとカメラによる写真撮影回路

図9.26は、超音波センサとカメラによる写真撮影回路の実体配線図です。

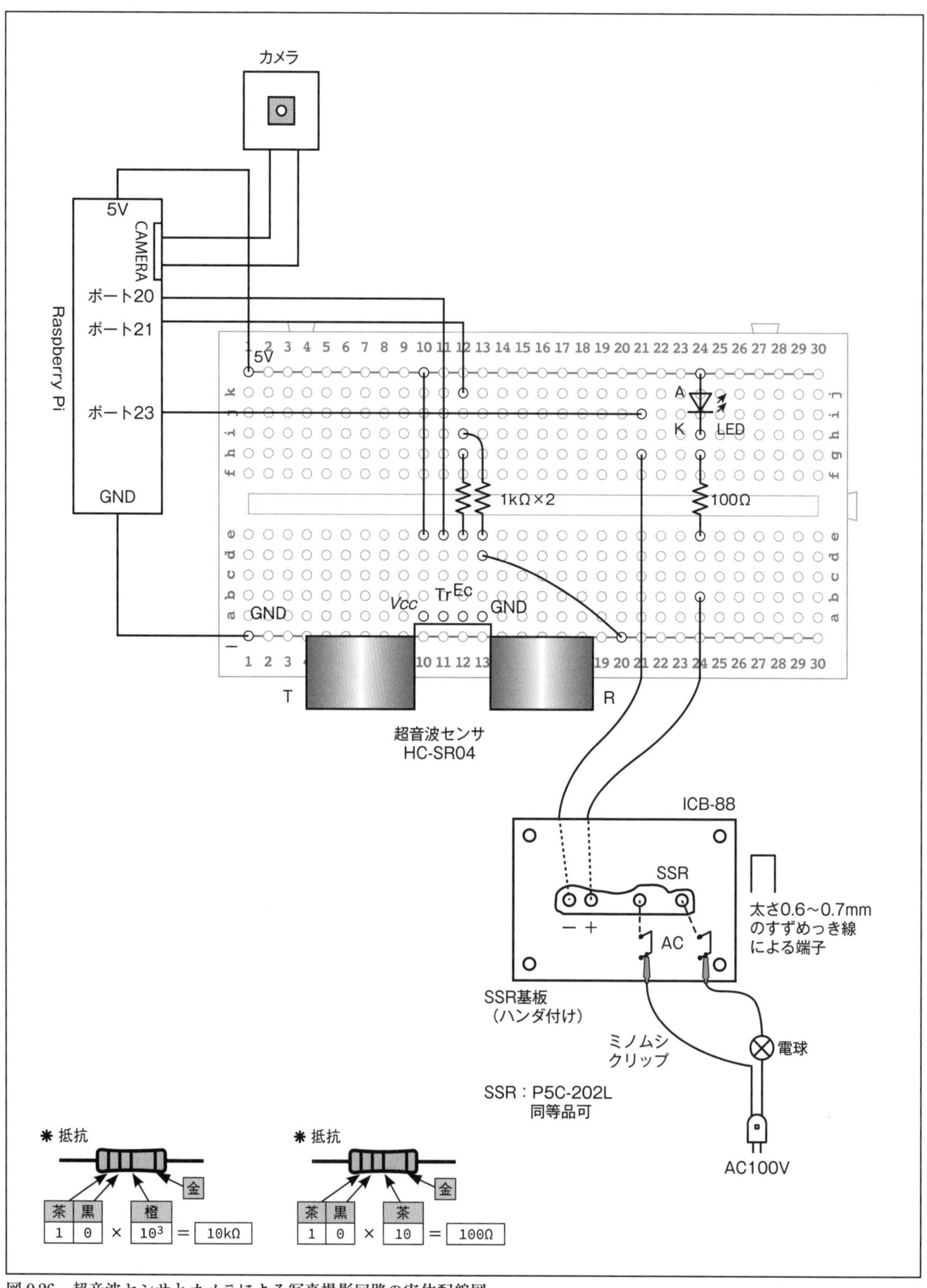

図9.26　超音波センサとカメラによる写真撮影回路の実体配線図

プログラム4 超音波センサとカメラによる写真撮影　　9-4.py

```
import wiringpi as pi                     wiringpi のライブラリを読み込み、wiringpi を pi に置き換える
import time                               time のライブラリを読み込む
import picamera                           picamera のライブラリを読み込む

def Dis(trig,echo):                       関数 Dis の定義。（ ）内の trig,echo は引数 1
    pi.digitalWrite(trig,pi.HIGH)         trig に HIGH を出力
    time.sleep(0.00001)                   タイマ（10 μ s）
    pi.digitalWrite(trig,pi.LOW)          trig に LOW を出力

    while pi.digitalRead(echo)==0:        white（条件式）。（条件式）は echo が 0 の間、次を繰り返す
        ta=time.time()                    現在の時間を取得し、ta に代入

    while pi.digitalRead(echo)==1:        white（条件式）。（条件式）は echo が 1 の間、次を繰り返す
        tb=time.time()                    現在の時間を取得し、tb に代入

    t=tb-ta                               超音波パルスの往復の時間を計算し、その値を t に代入
    d=t*17000                             物体までの距離［cm］を計算し、その値を a に代入
    dis=int(d)                            d の値を整数になおし、dis に代入
    return dis                            dis は戻り値 2

def main():                               関数 main の定義
    trig=20                               ポート番号 20 を変数 trig に代入
    echo=21                               ポート番号 21 を変数 echo に代入

    pi.wiringPiSetupGpio()                GPIO の初期化
    pi.pinMode(23,pi.OUTPUT)              ポート 23 を出力モードに設定
    pi.digitalWrite(23,pi.HIGH)           ポート 23 に HIGH（1）を出力
    pi.pinMode(trig,pi.OUTPUT)            trig を出力モードに設定
    pi.pinMode(echo,pi.INPUT)             echo を入力モードに設定
    pi.digitalWrite(trig,pi.LOW)          trig に LOW（0）を出力

    cam=picamera.PiCamera()               picamera ライブラリの PiCamera（ ）関数を使い、カメラを操作するいろ
                                          いろな機能を変数 cam に代入する
    cam.resolution=(640,480)              カメラの解像度を設定
    cam.start_preview()                   カメラのプレビューを開始、カメラ画像をディスプレイに表示

    while True:                           繰り返しのループ
        dis=Dis(trig,echo)                関数 Dis を呼び出し、その戻り値を変数 dis に代入 3
        print("distance=" ,dis, "[cm]")   物体までの距離を表示
        time.sleep(0.5)                   タイマ（0.5s）

        if dis < 50:                      if 文。d < 50 ならば、次へ行く
```

第9章

```
            pi.digitalWrite(23,pi.LOW)  ポート23にLOW(0)を出力
            time.sleep(1)               タイマ(1s)
            print("capture")            captureと表示
            cam.capture("my_pic3.jpg")  ここで、カメラのシャッタを切り、my_pic3.jpgという
                                        画像ファイルに画像を保存
            pi.digitalWrite(23,pi.HIGH) ポート23にHIGH(1)を出力
            break                       braeak文でwhile文のループを脱出
    cam.stop_preview()                  カメラのプレビューを止める

main()                                  関数mainを呼び出す
```

◆ プログラムの説明

1 def Dis (trig,echo):

関数Disの定義です。以下に続くインデントされた複数の処理が関数の本体です。

書式　基本的な関数の定義

def 関数名 (引数1,引数2,引数3,・・・):

　　複数の処理　　# ここはインデントが必要

　　return　戻り値

() の中の引数とは、関数を処理するときに使う値のことで、複数を指定することもあれば、1つもないこともあります。ここでは、trigとechoが引数です。引数を書いておくことで、関数の呼び出し元から数字や文字列を関数本体に渡すことができます。

このプログラムでは、関数の呼び出し元の関数mainの中に、trig=20、echo=21があります。この20や21が関数本体のDisに渡され、Disの中で使うことができます。

関数mainの中でtrigやechoを使っているので、def Dis (trig,echo):のように、() の中に引数としてtrigやechoが必要になります。

2 return dis

disは戻り値です。このプログラムでのdisの値は物体までの距離[cm]になります。
戻り値とは、関数を使ったときに生じた結果をreturnで関数に渡す値のことです。
戻り値disをreturnすることで、disは**1**の関数の中だけではなく、関数の呼び出し元でも使えるようになります。

3 dis=Dis (trig,echo)

関数Disを呼び出し、その戻り値disの値(物体までの距離)を同じ名前のdisに代入します。

第10章
尺取虫ロボットの製作

10.1　尺取虫ロボットの制御回路

図10.1は、駆動源としてサーボモータを3つ使用した3軸尺取虫ロボットの制御回路です。3つの押しボタンスイッチのPBS_1、PBS_2は、Raspberry Piの基板回路上のプルアップ抵抗、PBS_3は内蔵プルアップ抵抗につながれています。

PBS_1を押すと、尺取虫ロボットは、尺取虫のように体を上下にくねらせながら前方に進みます。このとき、前方に壁のような障害物があると、尺取虫ロボットは後方に2回でんぐり返しのように回転して行きます。これは、尺取虫ロボットの先端に設置した測距モジュール（距離センサ）が働き、オペアンプ(コンパレータ)の出力電圧がHIGHになり、プログラムに従って尺取虫ロボッ

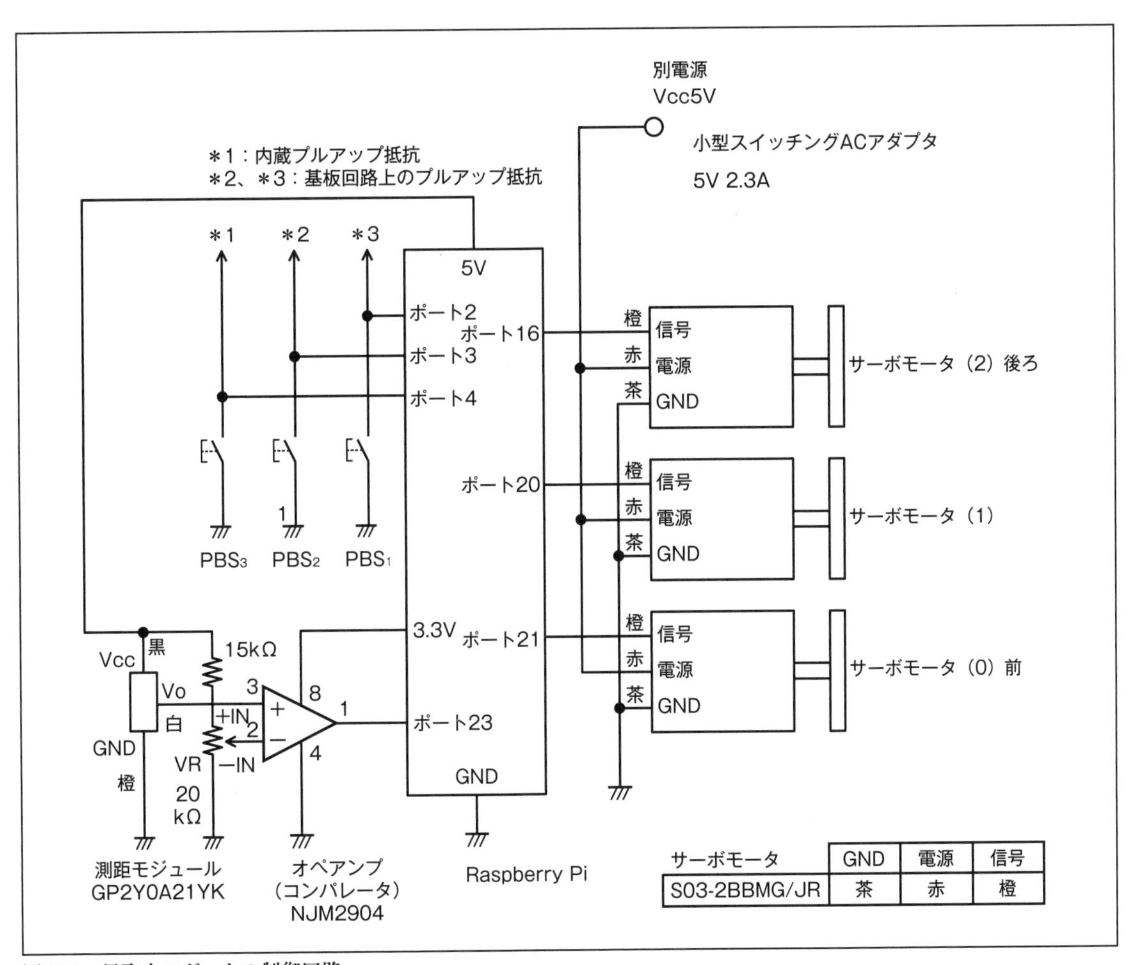

サーボモータ	GND	電源	信号
S03-2BBMG/JR	茶	赤	橙

図10.1　尺取虫ロボットの制御回路

トは動きます。2回でんぐり返しをすると、尺取虫ロボットは再度、前方に進みます。

尺取虫ロボットが前方に歩いているとき、PBS_3を長押しするとロボットは停止します。PBS_2を押すと、尺取虫ロボットは、体を上下にくねらせながら後方に進みます。PBS_3を長押しするとロボットは停止します。

図10.2は、測距モジュール（距離センサ）GP2Y0A21YKのピン配置と距離L-出力電圧Vo特性です。GP2Y0A21YKは、赤外線LEDと光位置センサPSD（Position Sensitive Detector）および信号処理回路で構成され、赤外線LEDから発射した赤外線が物体で反射され、その反射光をPSDで捉え、距離に応じた出力電圧を発生します。物体までの距離は10～80cm程度になっています。

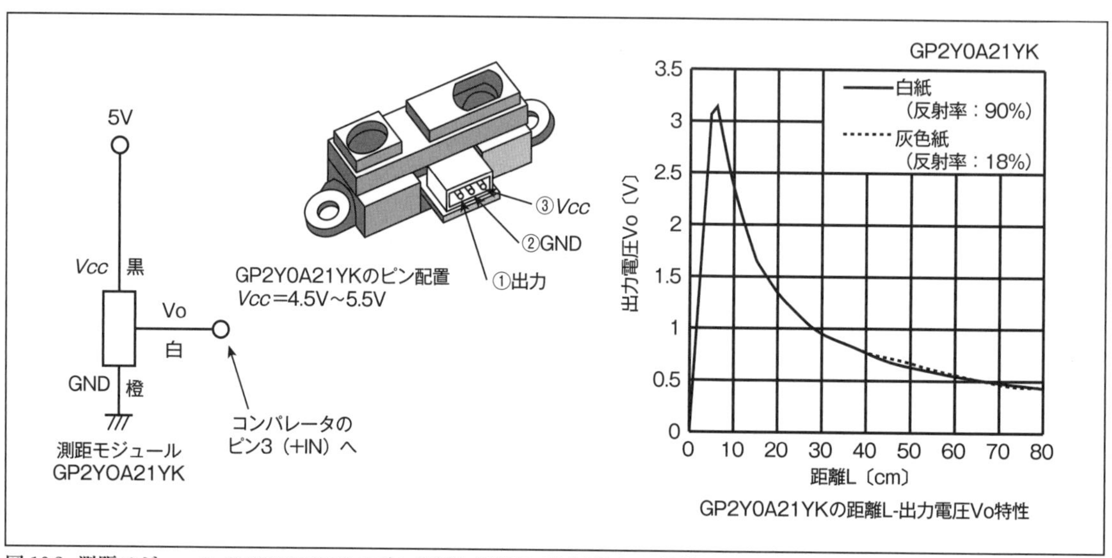

図10.2 測距モジュールGP2Y0A21YKのピン配置と距離L-出力電圧Vo特性

図10.3は、コンパレータの動作です。コンパレータは電圧比較器とも言われ、オペアンプの2つの入力端子の電圧を比較し、どちらの電圧が相対的に高いか、あるいは低いかを検出する回路です。図は単一電源方式のコンパレータの基本回路です。NJM2904のようなオペアンプの場合、+INの電圧＞-INの電圧では、出力は“H”、-INの電圧＞+INの電圧では、出力は“L”になります。図10.1において、比較基準電圧VsはVRの調整により1.0Vにしておきます。また図10.1では、オペアンプの電源電圧が3.3Vなので、出力が“H”のときの出力電圧Voは約2.1Vになります。

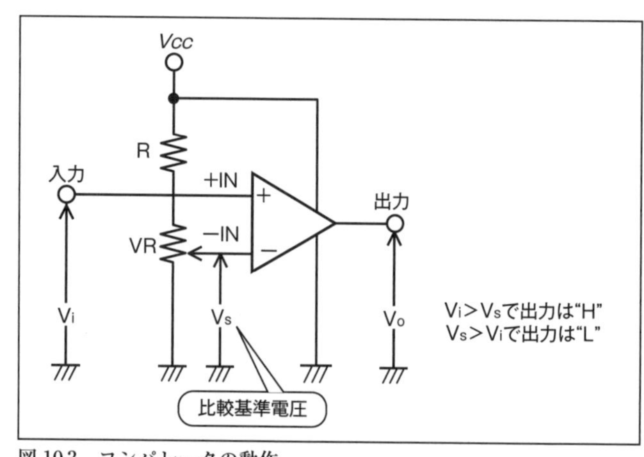

図10.3 コンパレータの動作

10.2　尺取虫ロボットと制御回路基板の見た目

図 10.4 は、尺取虫ロボットと制御回路基板の見た目です。尺取虫ロボットを組み立てた後、3 つのサーボモータのサーボホーンの位置は、中心位置（90°）近くにします。プログラムを走らせた後、ロボットがまっすぐ（水平）になる位置が各サーボモータの 90° の位置（図 a）です。

第 11 章ページ 224 のプログラム 1 を参考にして、各サーボモータを 90° の位置にすることもできます。

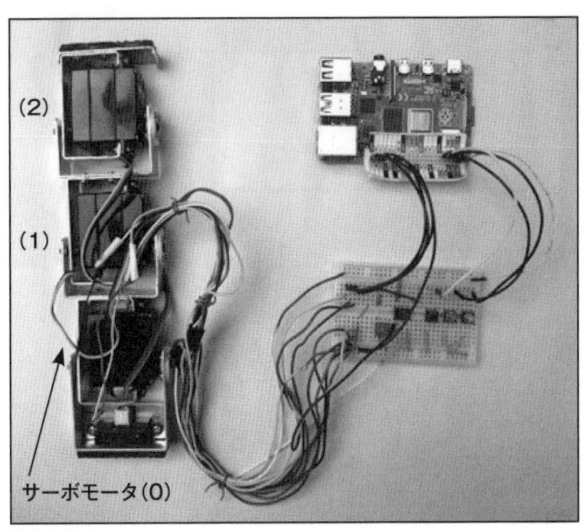

(a)全体図

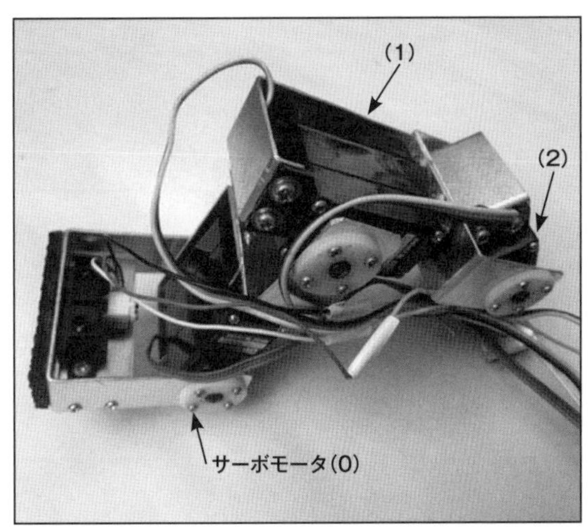

(b)側面図 1

(c)側面図 2

図 10.4　尺取虫ロボットと制御回路基板の見た目

10.3　尺取虫ロボットのフレーム加工と組立て

図 10.5 は、尺取虫ロボットのフレーム A、B、C、D、の加工と測距モジュール GP2Y0A21YK の取り付けを示します。図 10.6 は、フレーム B とサーボホーンの結合で、図 10.7 は、尺取虫ロボットの組立てを示します。

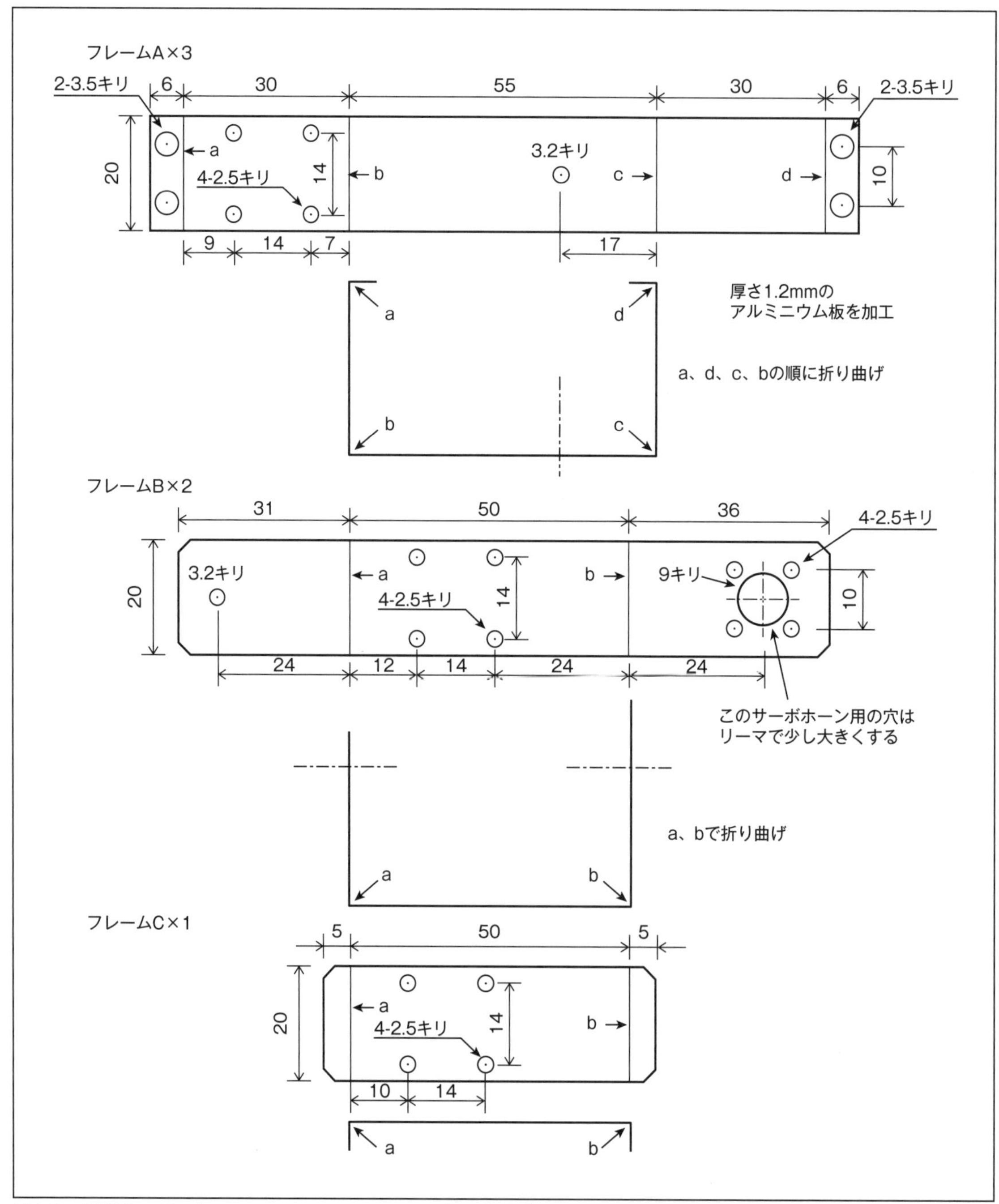

図 10.5　尺取虫ロボットのフレーム A、B、C、D、の加工と測距モジュール GP2Y0A21Y の取り付け

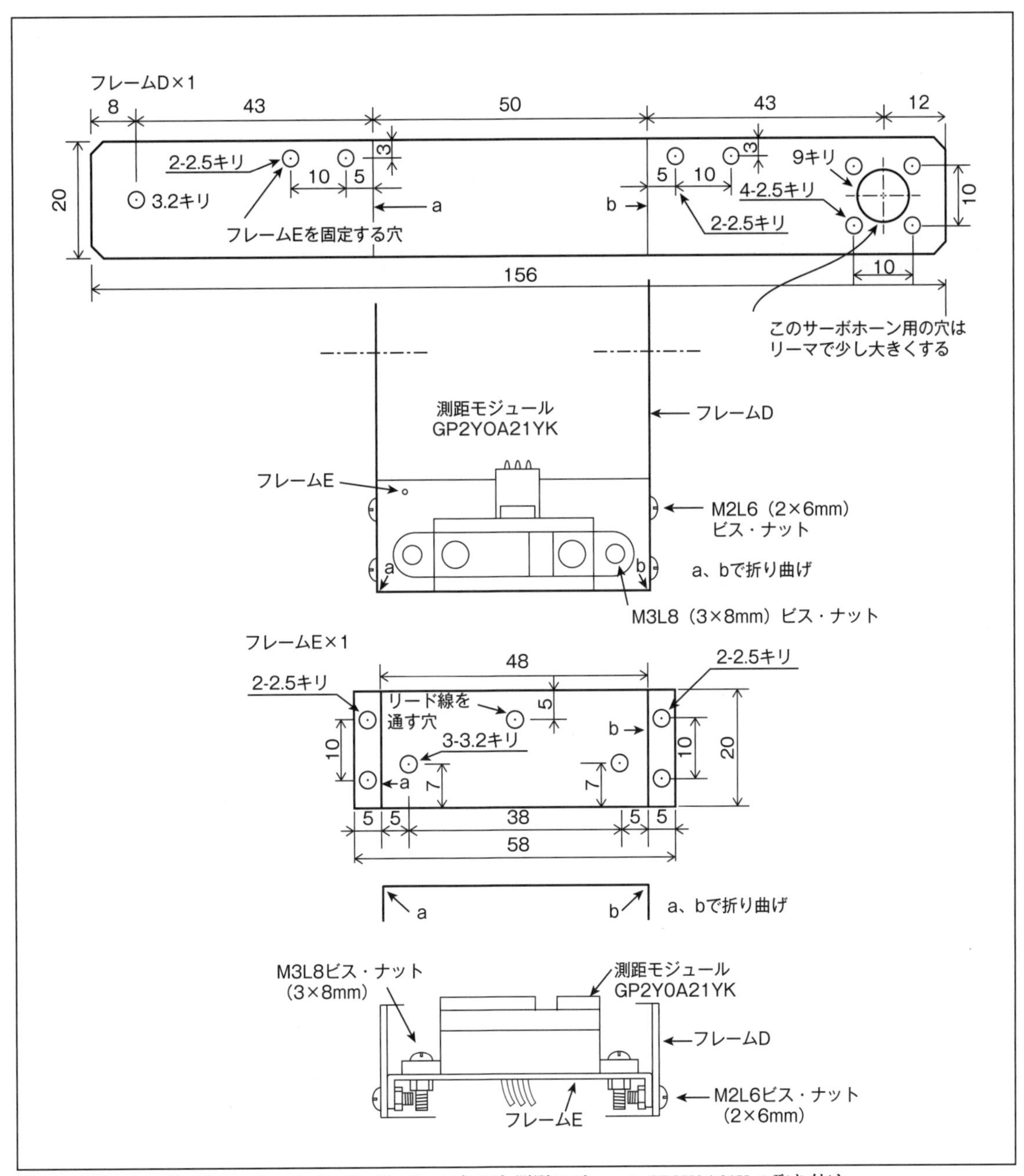

図 10.5　尺取虫ロボットのフレーム A、B、C、D、の加工と測距モジュール GP2Y0A21Y の取り付け

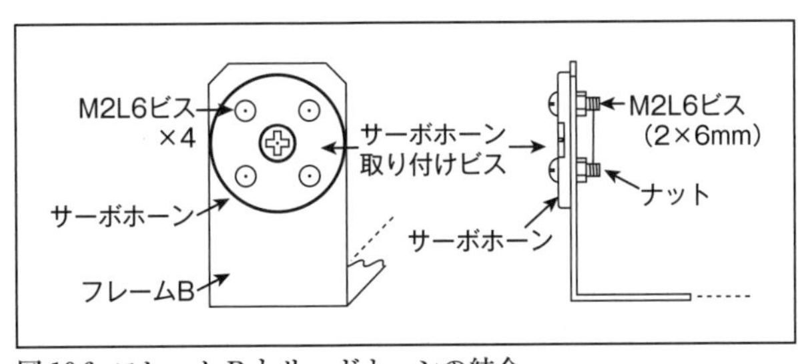

図 10.6　フレーム B とサーボホーンの結合

第
10
章

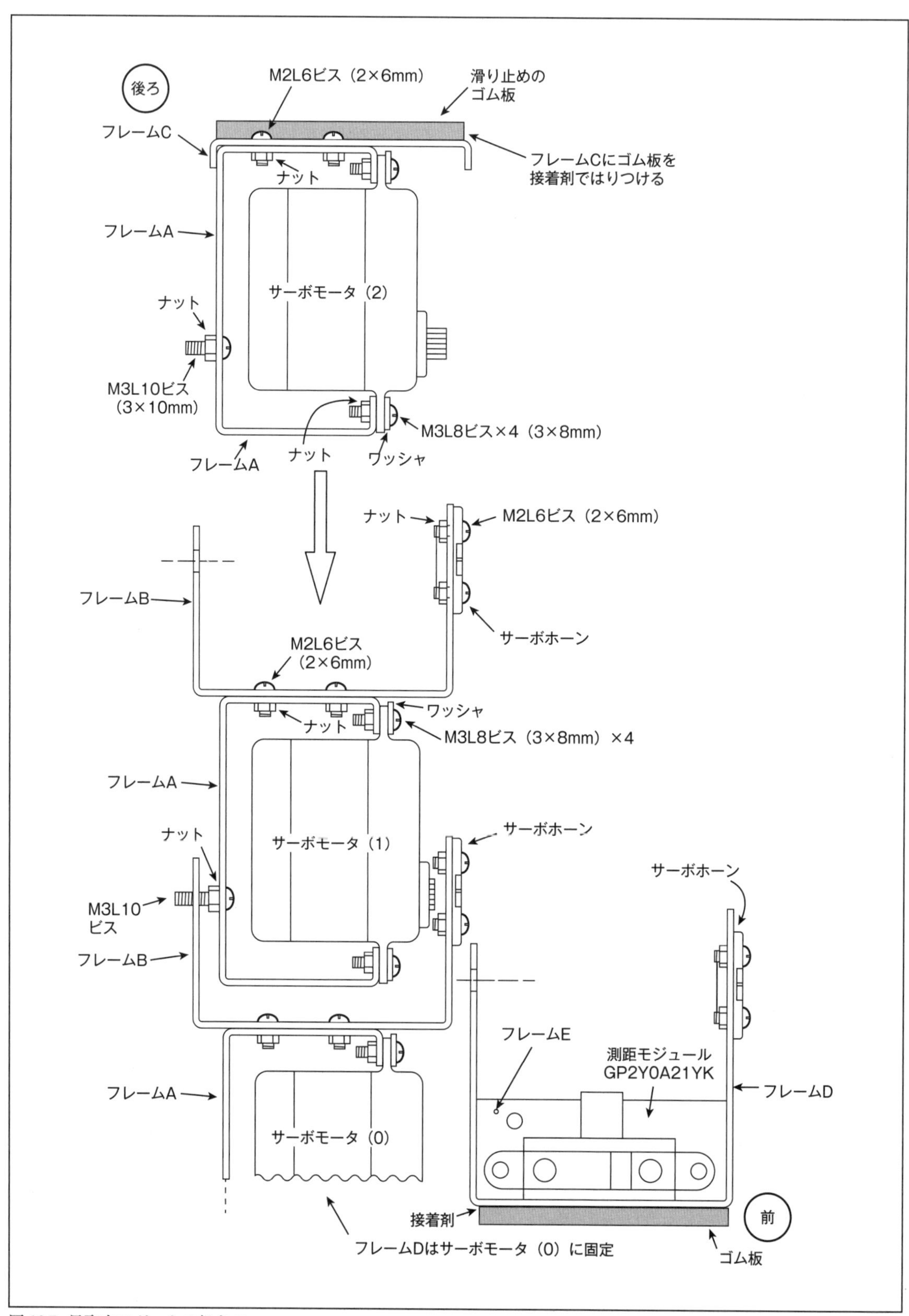

図 10.7 尺取虫ロボットの組立て

10.4　制御回路基板の製作

図 10.8 は、制御回路基板の実体配線図です。

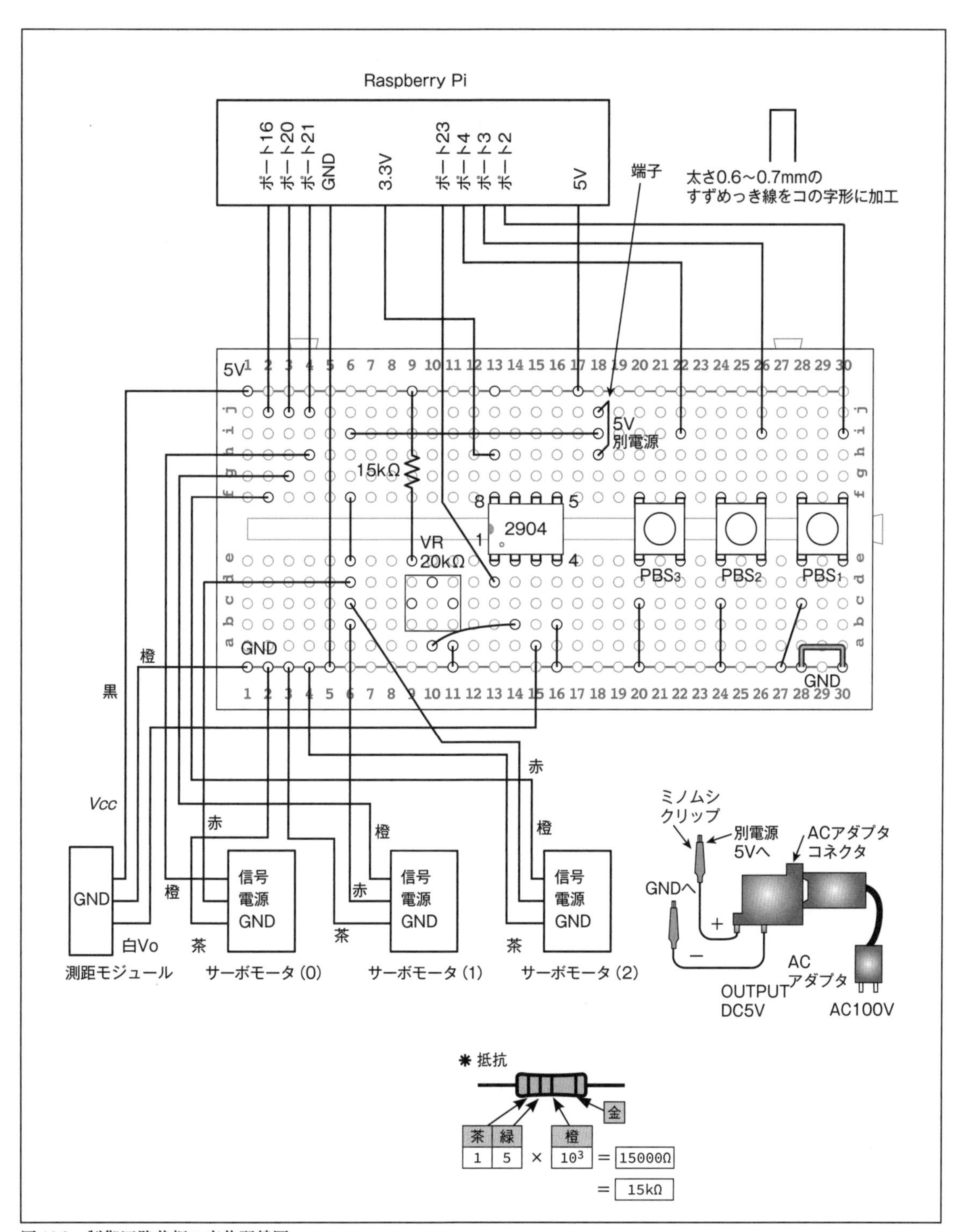

図 10.8　制御回路基板の実体配線図

10.5　pigpio のインストール

Raspberry Pi の Python による GPIO 制御には、本書で使用している WiringPi や他に RPi.GPIO や pigpio があります。この 3 つの GPIO 制御の特徴は、高精度 PWM(ハードウエア PWM) が使えるピンの数に大きな違いがあります。

	WirinPi	RPi.GPIO	pigpio
高精度 PWM	独立して使えるのは 2 本	0 本	26 本

pigpio の 26 本は、電源、GND、ID_SD、ID_SC ピンを除いた GPIO ピンで使えます。

尺取虫ロボットは 3 つのサーボモータを使います。このため、WiringPi では独立して使える高精度 PWM が 2 本なので、多くの PWM を有する pigpio を利用します。

インターネットにつなぎ、ターミナルから pigpio のインストールをします。

$ sudo apt-get update

$ sudo apt-get install pigpio

pigpio を使う場合は、事前に daemon(デーモン) というバックグラウンドで各種サービスを提供するプログラムを立ち上げる必要があります。

pigpiod デーモンを立ち上げます。

$ sudo pigpiod

pigpio の後に d が付きます。

pigpiod の自動起動を有効にします。

$ sudo systemctl enable pigpiod

pigpiod の起動状態を確認します。

$ sudo systemctl status pigpiod

緑色で active(running)　と出れば起動中です。

次にタスクバー左端のメニューアイコン（ラズパイマーク）から

「設定」→「Raspberry Pi の設定」をクリックし、現れた画面の「インターフェイス」をクリックします。一番下の「リモート GPIO」の「有効」にチェックを入れ、「OK」ボタン押します。再起動 Reboot をします。

10.6　PWM 発生関数　servo_pulsewidth

pigpio にはサーボモータ制御用 PWM 発生関数 servo_pulsewidth があります。プログラムでは　pg.set_servo_pulsewidth(16,1450)　のように使います。

ここで、16 はサーボモータの信号ピンにつながるポート 16 です。1450 は、パルス幅を決めるデータで、サーボホーンの角度 90° に対応しています。

図 10.9 は、サーボモータのサーボホーンの角度とパルス幅を決めるデータです。また、表 10.1 にサーボホーンの角度とパルス幅を決めるデータの値を示します。

第 7 章　図 7.4 の PWM 信号波形のパルス幅は、[ms] の単位で示されているが、ここでのパルス幅データは、[μs] 単位になっています。図 10.9 では、回転角度 0° のとき 0.5ms=500 μs、90° のとき 1.45ms=1450 μs、180° のとき 2.4ms=2400 μs とします。ここでは 0° のとき、パルス幅を 0.6ms=600 μs ではなく、500 μs としました。

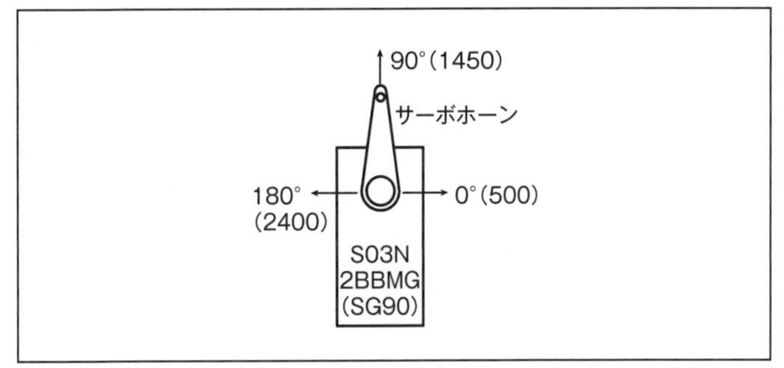

図 10.9　サーボモータのサーボホーンの角度とパルス幅を決めるデータ

＊表 10.1　サーボホーンの角度とパルス幅を決めるデータの値

サーボホーンの角度	パルス幅データ［μs］	サーボホーンの角度	パルス幅データ［μs］
0°	500	100°	1556
10°	605	110°	1661
20°	711	120°	1767
30°	817	130°	1872
40°	922	140°	1978
50°	1028	150°	2083
60°	1133	160°	2189
70°	1239	170°	2295
80°	1344	180°	2400
90°	1450		

プログラムの実行は、メニューから「Run > Run Module」で行います。

プログラムを走らせ、オシロスコープで PWM 信号の波形を観測すると、第 7 章　図 7.4 のようにパルス周期 T=20ms の PWM 信号を確認することができます。

プログラム1　尺取り虫ロボットの制御　　　10-1.py

```
import wiringpi as pi                    wiringpiのライブラリを読み込み、wiringpiをpiに置き換える
import pigpio                            pigpioのライブラリを読み込む
import time                              timeのライブラリを読み込む

pi.wiringPiSetupGpio()                   GPIOの初期化
ports=[2,3,4,23]                         portsはリストの変数、4つのデータは入力のポート番号
for port in ports:                       for文による繰り返しで、変数portには4つのデータが順次に入る
    pi.pinMode(port,0)                   ポート2～ポート23を入力モードに設定
pg=pigpio.pi()                           pigpioに接続するための実体（インスタンス）を作る
pg.set_servo_pulsewidth(16,1450)         ポート16に接続しているサーボモータ(2)の回転角度をおよそ90°にする
pg.set_servo_pulsewidth(20,1450)         サーボモータ(1)は90°
pg.set_servo_pulsewidth(21,1450)         サーボモータ(0)は90°
time.sleep(0.8)                          タイマ(0.8秒)

while True:                              繰り返しのループ
  if(pi.digitalRead(2)==0):              if文。PBS1 ON。ポート2の状態を読み取り、その値がLOW(0)ならば、次へ行く
    while(1):                            繰り返しのループ。ここから尺取虫ロボットは前進動作
      pg.set_servo_pulsewidth(16,2400)   サーボモータ(2)は180°
      time.sleep(0.3)                    タイマ(0.3秒)
      pg.set_servo_pulsewidth(20,2083)   サーボモータ(1)は150°
      time.sleep(0.3)
      pg.set_servo_pulsewidth(21,605)    サーボモータ(0)は10°
      time.sleep(0.3)

      pg.set_servo_pulsewidth(16,1767)   サーボモータ(2)は120°
      time.sleep(0.3)
      pg.set_servo_pulsewidth(20,1450)   サーボモータ(1)は90°
      time.sleep(0.3)
      pg.set_servo_pulsewidth(21,1133)   サーボモータ(0)は60°
      time.sleep(0.3)

      pg.set_servo_pulsewidth(16,1133)   サーボモータ(2)は60°
      time.sleep(0.3)
      pg.set_servo_pulsewidth(20,1450)   サーボモータ(1)は90°
      time.sleep(0.3)
      pg.set_servo_pulsewidth(21,1978)   サーボモータ(0)は140°
      time.sleep(0.5)                    タイマ(0.5秒)

      if(pi.digitalRead(4)==0):          if文。PBS3 ON長押し。ポート4の状態を読み取り、その値がLOW(0)ならば、次へ行く
        break                            braeak文でwhile(1)のループを脱出

      if(pi.digitalRead(23)==1):         if文。測距モジュールON。ポート23の状態を読み取り、その値がHIGH(1)ならば、次へ行く
```

```
                                        ここから尺取虫ロボットは 1 回、後方にでんぐり返る
            pg.set_servo_pulsewidth(16,2400)   サーボモータ (2) は 180°
            time.sleep(0.3)                    タイマ (0.3 秒)
            pg.set_servo_pulsewidth(20,2400)   サーボモータ (1) は 180°
            time.sleep(0.3)
            pg.set_servo_pulsewidth(21,1978)   サーボモータ (0) は 140°
            time.sleep(0.3)

            pg.set_servo_pulsewidth(16,1450)   サーボモータ (2) は 90°
            time.sleep(0.3)
            pg.set_servo_pulsewidth(20,500)    サーボモータ (1) は 0°
            time.sleep(0.3)
            pg.set_servo_pulsewidth(21,605)    サーボモータ (0) は 10°
            time.sleep(0.3)
                                        ここから尺取虫ロボットは 1 回、再度後方にでんぐり返る
            pg.set_servo_pulsewidth(21,500)    サーボモータ (0) は 0°
            time.sleep(0.3)
            pg.set_servo_pulsewidth(20,500)    サーボモータ (1) は 0°
            time.sleep(0.3)
            pg.set_servo_pulsewidth(16,922)    サーボモータ (2) は 40°
            time.sleep(0.3)

            pg.set_servo_pulsewidth(21,1450)   サーボモータ (0) は 90°
            time.sleep(0.3)
            pg.set_servo_pulsewidth(20,2400)   サーボモータ (1) は 180°
            time.sleep(0.3)
            pg.set_servo_pulsewidth(16,2295)   サーボモータ (2) は 170°
            time.sleep(0.3)        タイマ (0.3 秒)。尺取虫ロボットは前進動作に戻る

    if(pi.digitalRead(3)==0):       if 文。PBS2 ON。ポート 3 の状態を読み取り、その値が LOW (0) ならば、次へ行く
        while(1):                   繰り返しのループ。ここから尺取虫ロボットは後進動作
            pg.set_servo_pulsewidth(21,2400)   サーボモータ (0) は 180°
            time.sleep(0.3)        タイマ (0.3 秒)
            pg.set_servo_pulsewidth(20,2083)   サーボモータ (1) は 150°
            time.sleep(0.3)
            pg.set_servo_pulsewidth(16,605)    サーボモータ (2) は 10°
            time.sleep(0.3)

            pg.set_servo_pulsewidth(21,1767)   サーボモータ (0) は 120°
            time.sleep(0.3)
            pg.set_servo_pulsewidth(20,1450)   サーボモータ (1) は 90°
            time.sleep(0.3)
            pg.set_servo_pulsewidth(16,1133)   サーボモータ (2) は 60°
```

```
        time.sleep(0.3)

        pg.set_servo_pulsewidth(21,1133)    サーボモータ(0)は60°
        time.sleep(0.3)
        pg.set_servo_pulsewidth(20,1450)    サーボモータ(1)は90°
        time.sleep(0.3)
        pg.set_servo_pulsewidth(16,1978)    サーボモータ(2)は140°
        time.sleep(0.3)        タイマ(0.3秒)

        if(pi.digitalRead(4)==0):    if文。PBS3 ON長押し。ポート4の状態を読み取り、その値がLOW(0)ならば、次へ行く
            break              braeak文でwhile(1)のループを脱出
```

第 11 章
サーボモータ 2 つで作る歩行ロボット

11.1　歩行ロボットの概要

図 11.1 は、駆動源としてサーボモータを 2 つ使った 2 軸歩行ロボットの見た目です。2 つのサーボモータで前脚を動かします。後ろ脚に可動部分はないが、前脚と同期し、後ろ脚を交互に持ち上げて 4 つ脚で歩きます。ロボットの頭の位置にあるサーボモータに超音波距離センサを取り付け、前方にある障害物を検知することができます。回路基板の押しボタンスイッチ PBS_1 を押すと、歩行ロボットは前に歩きだします。前方 30 cm ほどの所に障害物があると、ロボットは超音波距離センサで障害物を検知し、しばらく後ろに後退し、左方向または右方向に徐々に歩いて行きます。向きが変わると、ロボットは再び前進します。前進しているとき、押しボタンスイッチ PBS_3 を長押しすると、ロボットの動きは止まります。次は人の手の動きを追随します。始め、もしくは PBS_3 で停止後、押しボタンスイッチ PBS_2 を押します。超音波距離センサの手前 10 cm 以内に手をかざすと、ロボットは前進し、手の動きを追いかけて行きます。手がなくなると停止します。

(a) 上面図

(b) 裏面図

(c) 正面図

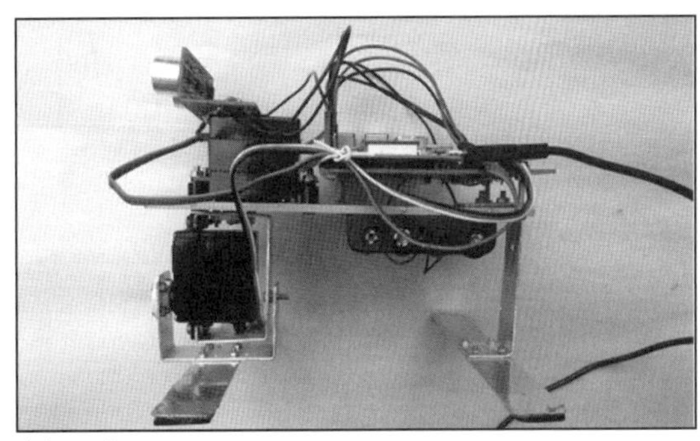

(d) 側面図

図 11.1　歩行ロボットの見た目

第 11 章

11.2　歩行ロボットの制御回路

図11.2は、歩行ロボットの制御回路です。プログラムに従い、サーボモータ(1)とサーボモータ(0)を動かすことによって、歩行ロボットの前進、後進、左右への方向転換の動作を決めます。超音波距離センサは、超音波送波器Tから発信された周波数40kHzのパルスが、距離を測定したい物体で反射され、超音波受波器Rに戻ることによって距離を測定します。

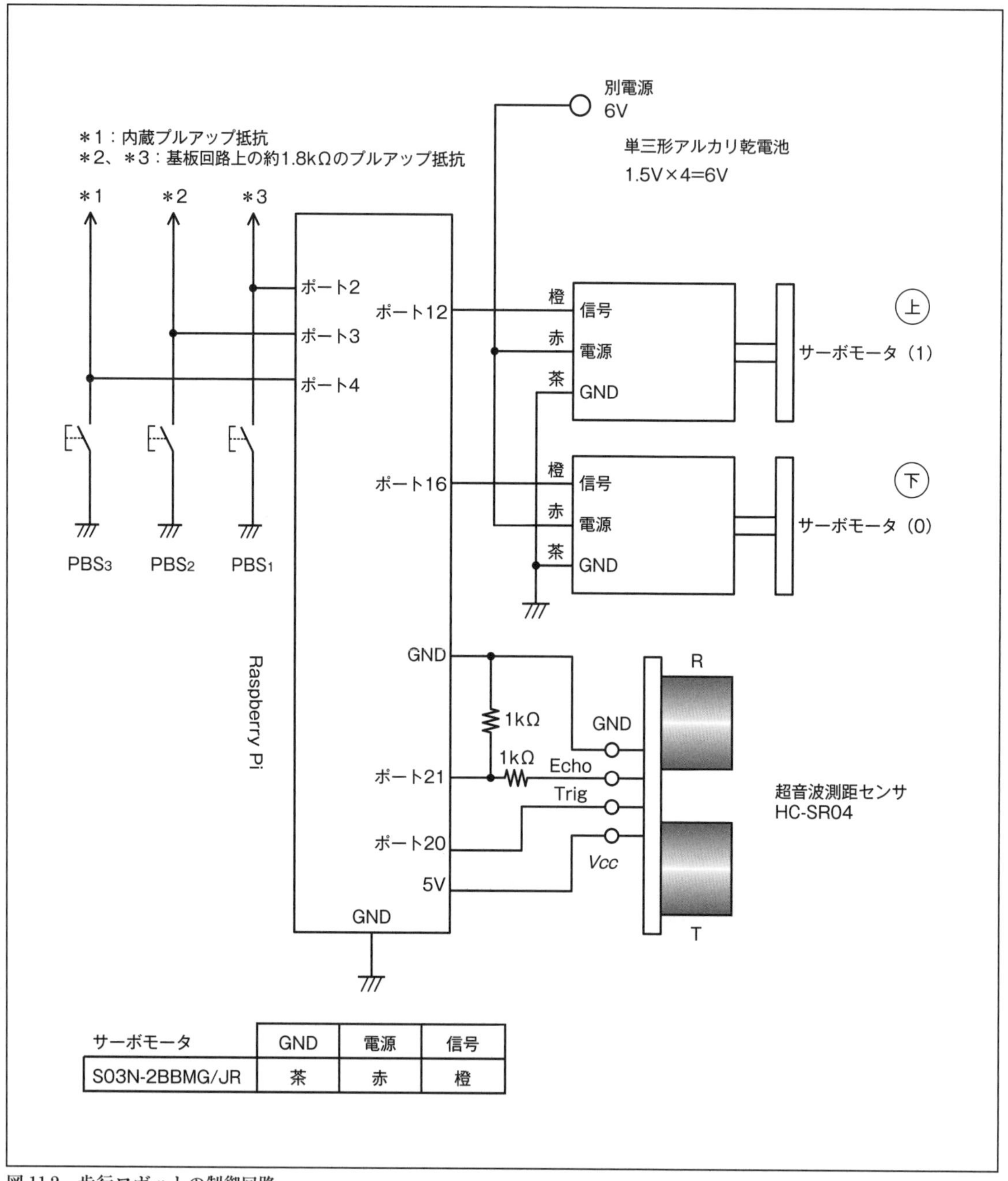

サーボモータ	GND	電源	信号
S03N-2BBMG/JR	茶	赤	橙

図11.2　歩行ロボットの制御回路

11.3　制御回路基板の製作

図 11.3 は、ユニバーサル基板 ICB-93S を使った制御回路基板の実体配線図です。裏面でハンダ付けによる配線をします。

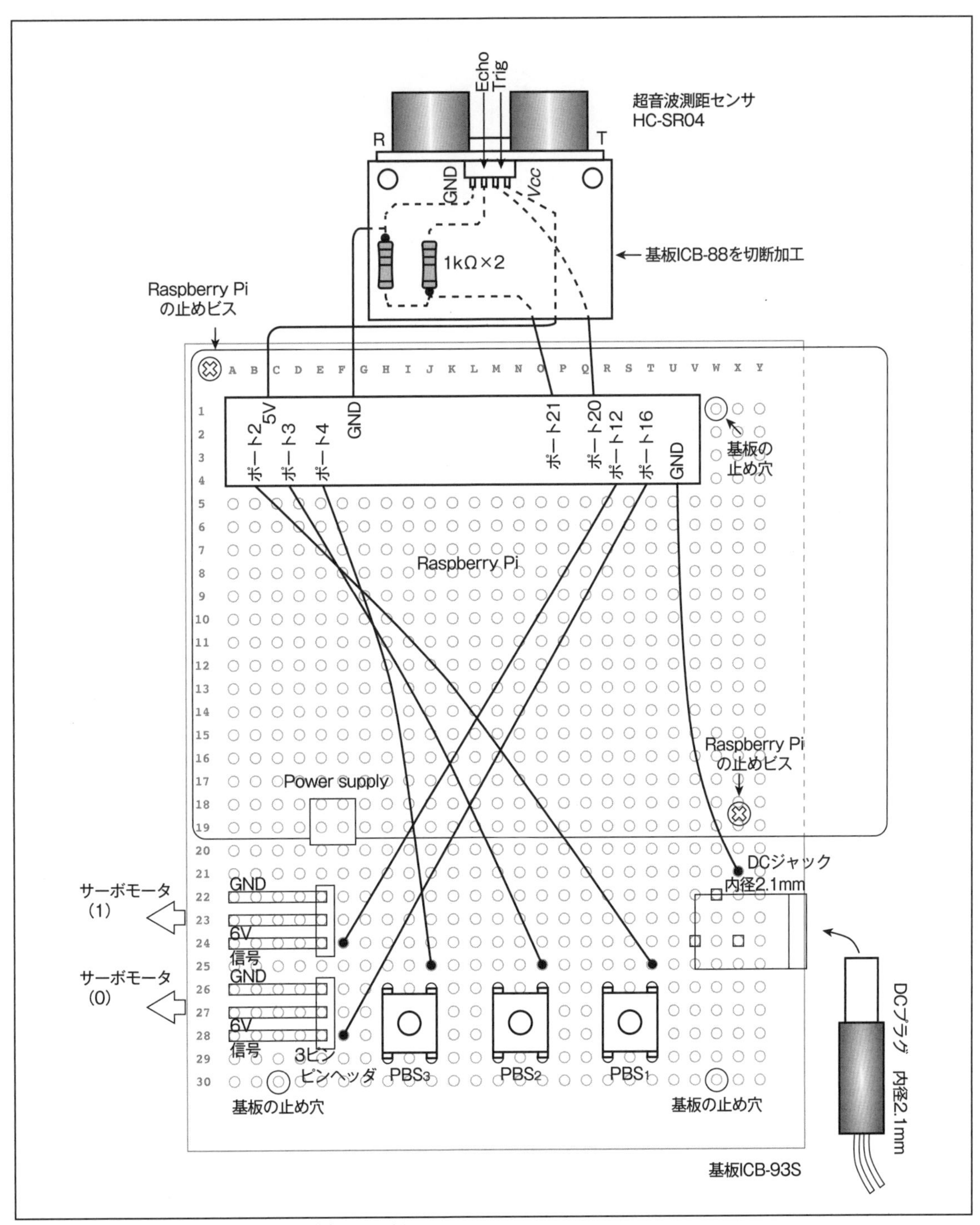

図 11.3　制御回路基板の実体配線図　(a) 部品配置

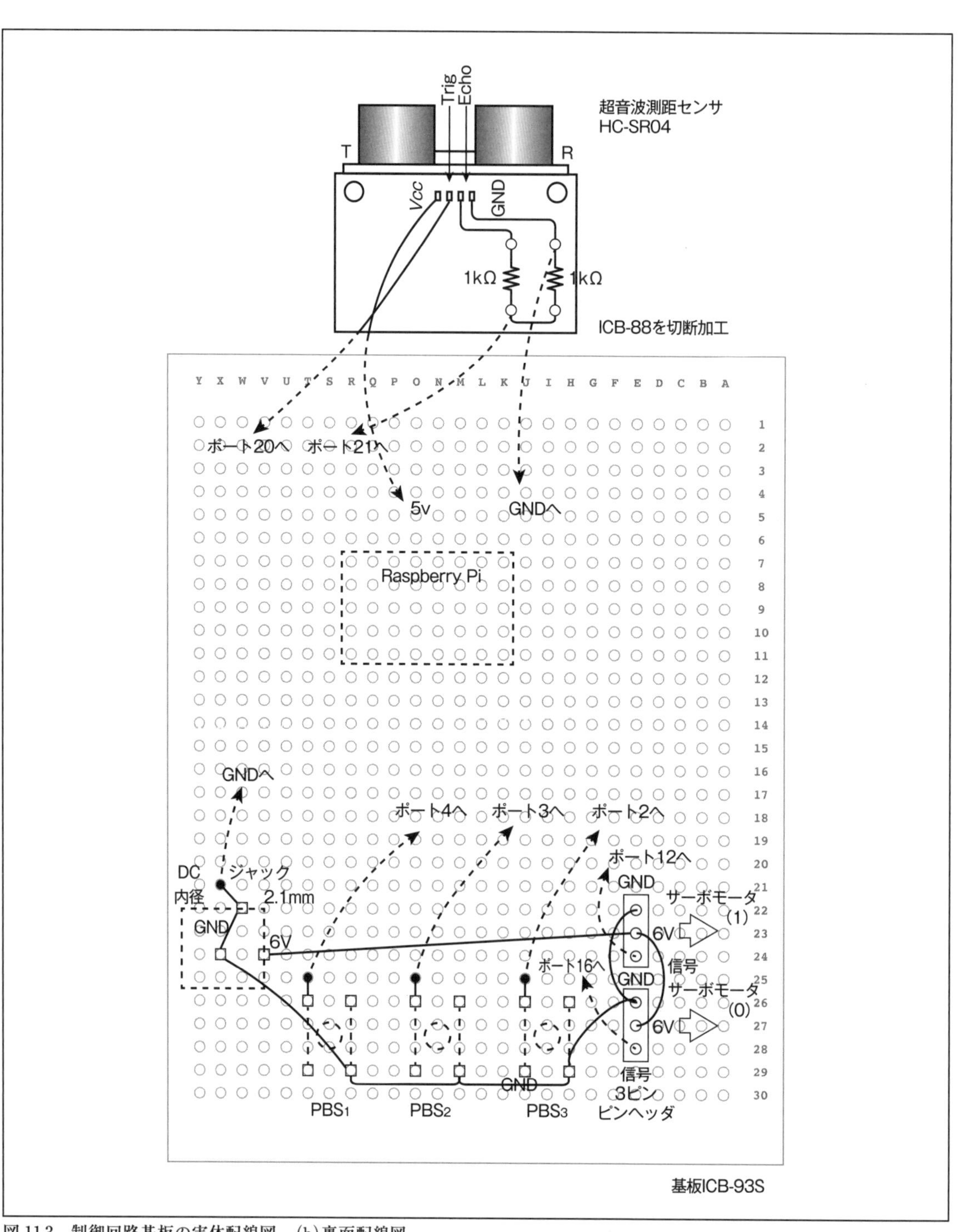

図 11.3　制御回路基板の実体配線図　(b)裏面配線図

11.4　フレームの加工とサーボホーンの取り付け

図 11.4 は、歩行ロボットのフレーム A、B、C、D の加工です。図 11.5 にフレーム B とサーボホーンの結合を示します。

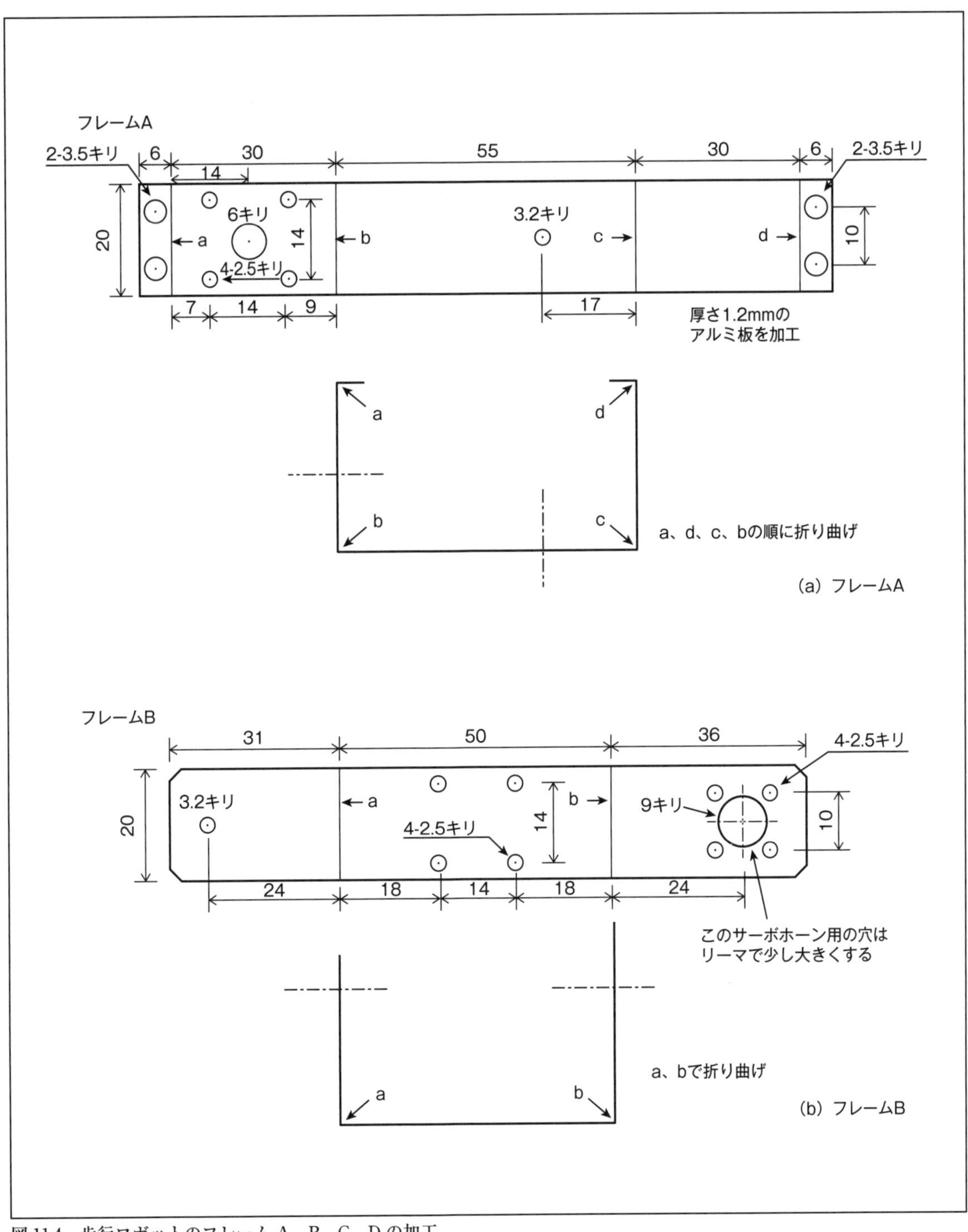

図 11.4　歩行ロボットのフレーム A、B、C、D の加工

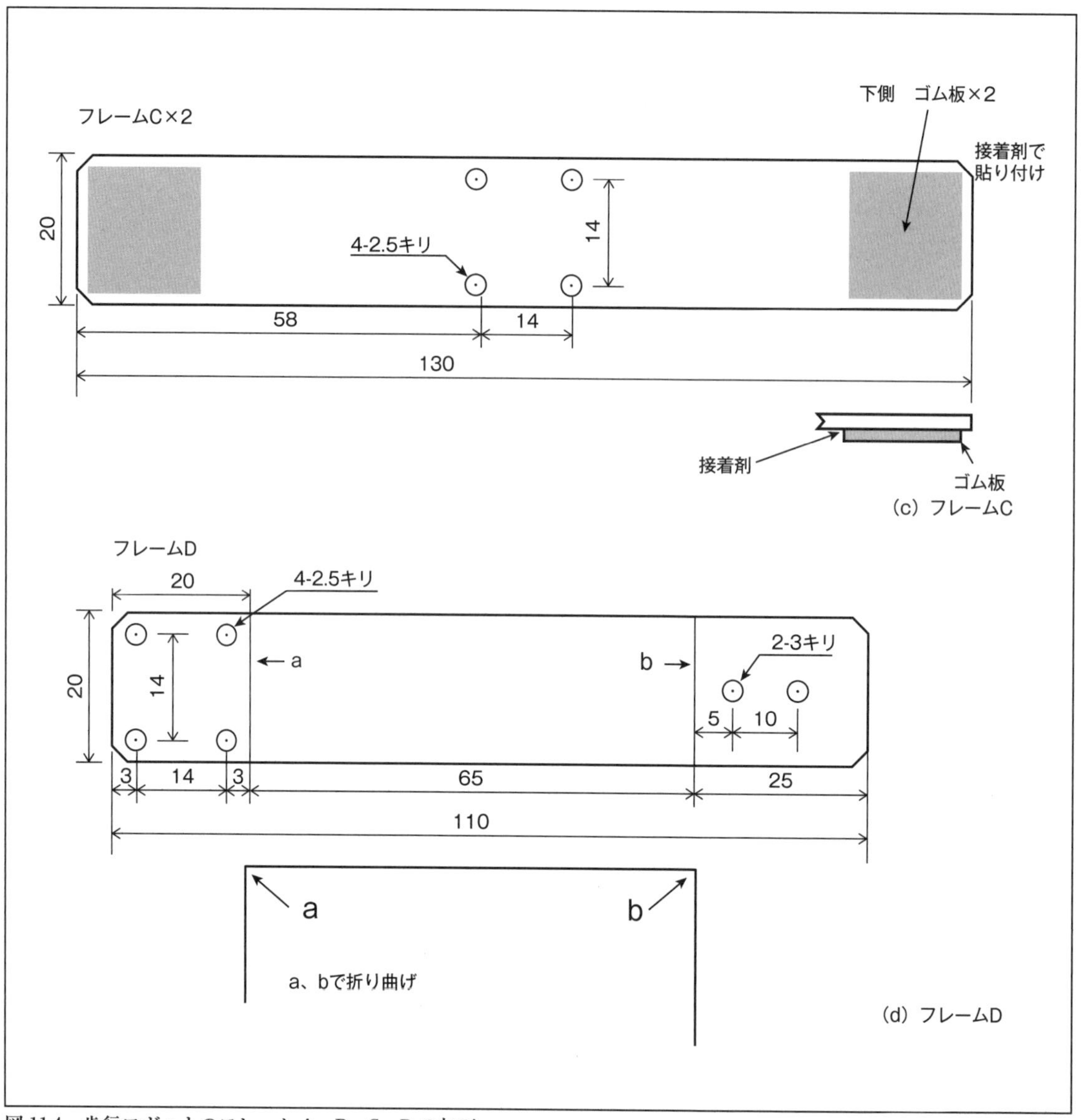

図 11.4　歩行ロボットのフレーム A、B、C、D の加工

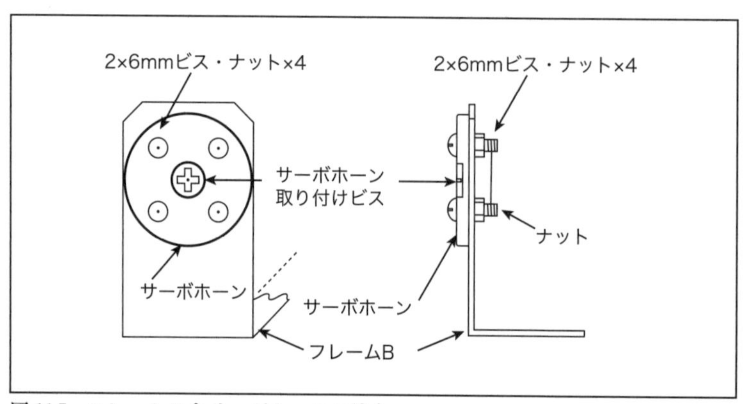

図 11.5　フレーム B とサーボホーンの結合

11.5　歩行ロボットの組立て

図 11.6 は、タミヤのユニバーサルプレートの穴あけ個所です。図 11.7 に、歩行ロボットの組立てを示します。

組立ての注意点や特徴を述べます。

① サーボモータ (1) とサーボモータ (0) のサーボホーンの角度は 90° にします。プログラム 1 を参照。

② サーボモータ (1) をユニバーサルプレートに固定するには 3 × 20 mm のビス・ナットを使うが、前方の 2 本のビスはサラビスにします。これは通常のナベビスだと、サーボモータ (0) を取り付けたフレーム A がナベビスにぶつかってしまいます。このため、頭が平らなサラビスを使います。

③ サーボモータ (1) を固定する際に高さ 7 mm のスペーサを使うが、高さ 10 mm のスペーサを 7 mm に加工します。

④ サーボモータ (1) の固定に強力両面テープの使用も考えられるが、強力両面テープの厚み分だけサーボホーンの取り付け軸が引っ込むので、フレーム A がユニバーサルプレートにぶつかります。このため、強力両面テープの使用は避けます。

⑤ 回路基板 ICB-93S は、3 本のビス・ナットでユニバーサルプレートに取り付けます。これは、単三形 4 本入り電池ボックスの設置の都合で、4 本のビス・ナットにできないからです。

⑥ 単三形 4 本入り電池ボックスは、強力両面テープでユニバーサルプレートに貼り付けます。この際に、電池ボックスは Raspberry Pi との左右の重さのバランスをとり、前方向に対し、左側に設置します。

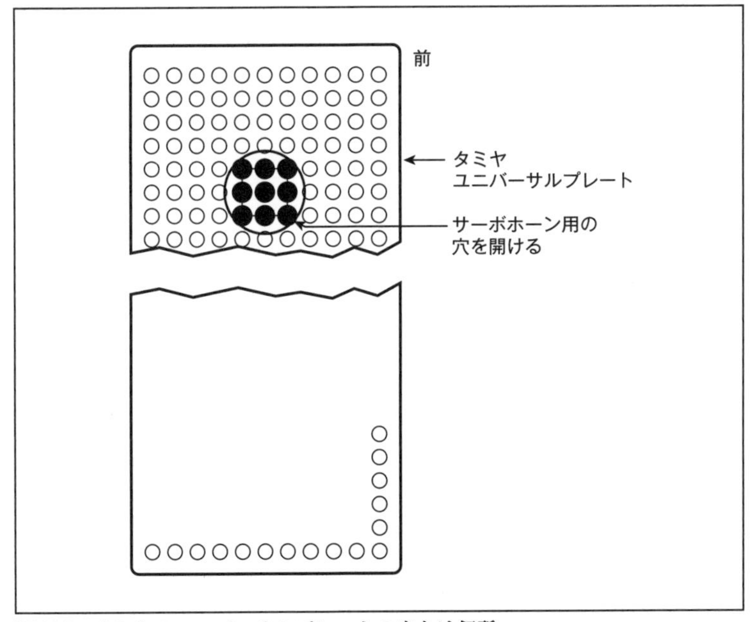

図 11.6　タミヤのユニバーサルプレートの穴あけ個所

第11章

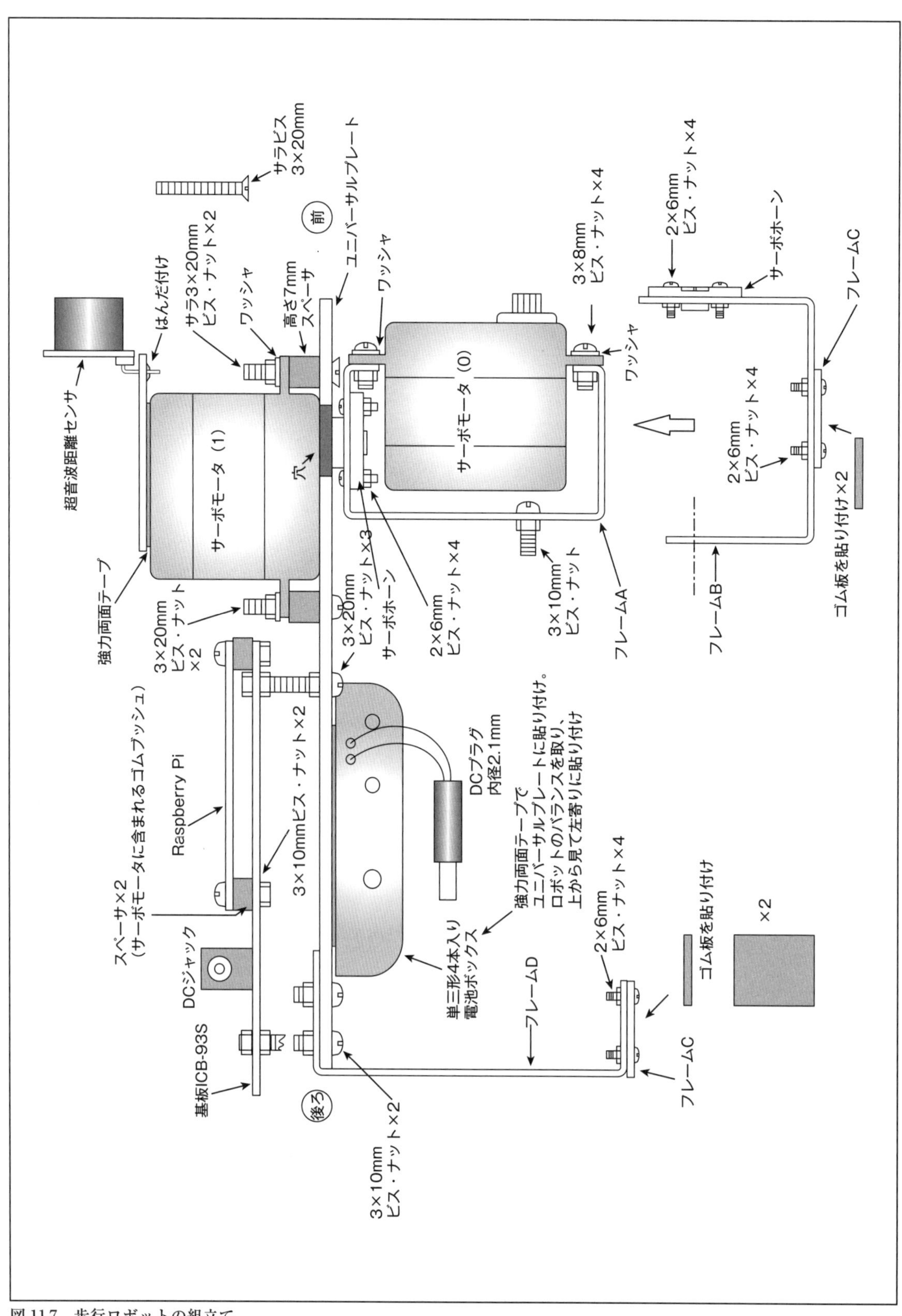

図 11.7　歩行ロボットの組立て

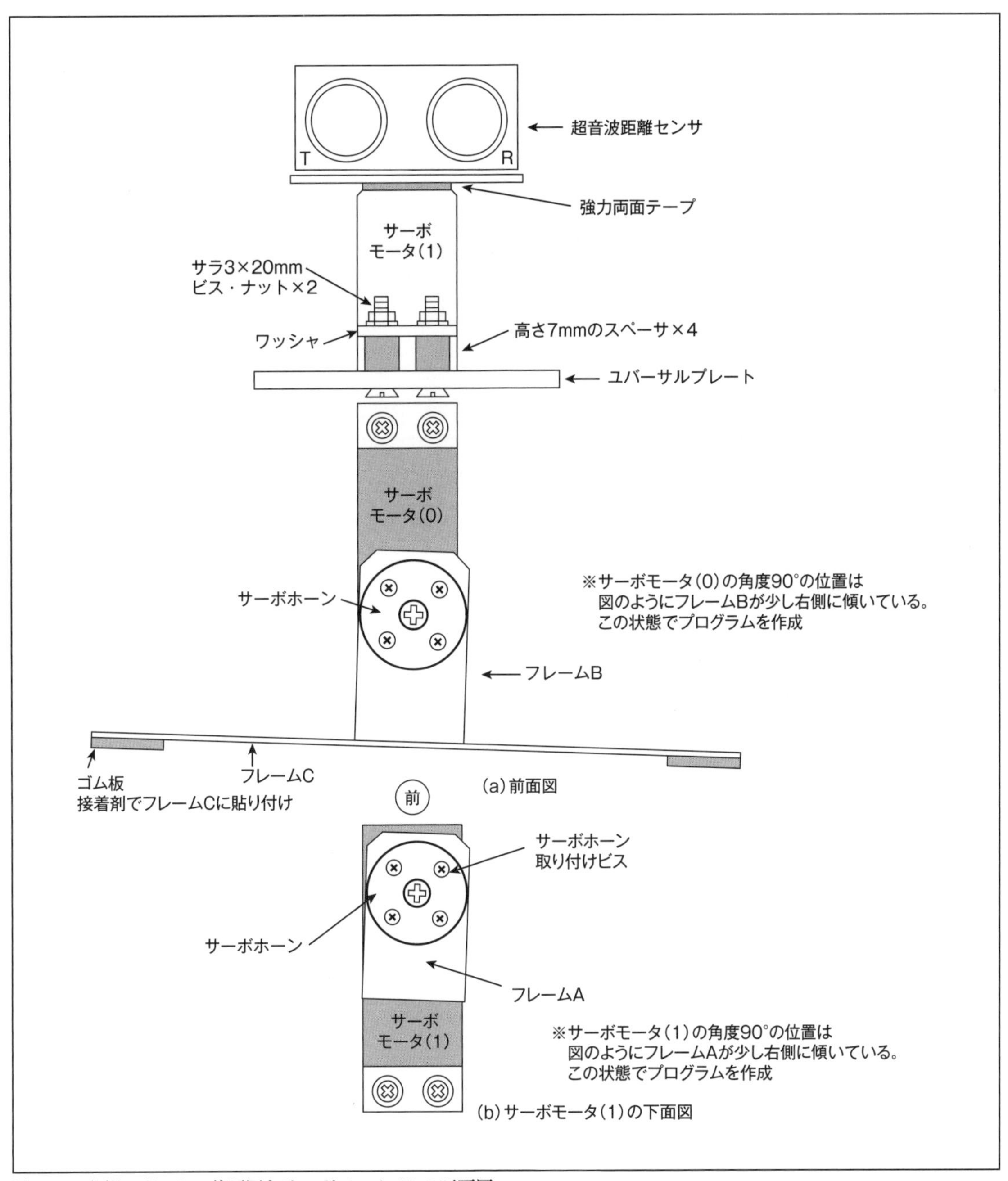

図 11.8　歩行ロボットの前面図とサーボモータ (1) の下面図

図 11.8 は、歩行ロボットの前面図とサーボモータ (1) の下面図です。サーボモータ (0) とサーボモータ (1) のサーボホーンの角度は、プログラムによって 90° にします。この位置にサーボホーンを取り付けるが、フレーム B やフレーム A が少し右側や左側に傾いてしまいます。この少しのずれがロボットの歩き方に影響します。本章のプログラムの角度データは、図のように少し右側に傾いた状態で作成したものです。製作された個々のロボットによって、うまく歩く角度データは異なります。

11.6　歩行ロボットを動かす電源

① サーボモータを動かす電源は、単三形アルカリ乾電池 1.5V × 4 本で 6V を使うが、電池の電流容量が減少すると、ロボットの動きに誤作動が発生することがあります。この場合、新しい乾電池に交換します。

② Raspberry Pi の電源は、第 0 章で述べたように、Raspberry Pi 3 Model B　と Raspberry Pi 4 Model B　では異なります。どちらも Raspberry Pi 用の小型スイッチング AC アダプタ DC5V を使います。

11.7　プログラムの作成

プログラムを書き込み、走らせるには VNC Viewer を使います。基板上の DC ジャックに別電源の DC プラグを入れ、あとは、Raspberry Pi にスイッチング AC アダプタ DC5V 電源を差し込めばいいです。

第 10 章　尺取虫ロボットの製作と同様に、高精度 PWM は pigpio を使います。このため、pigpio のインストールをしておきます。サーボホーンの角度とパルス幅を決めるデータの値も第 10 章の表 10.1 を利用します。また、パルス幅を決めるデータは、製作したロボットにより、多少の調整が必要になることもあります。

プログラム 1　2 つのサーボモータの角度は 90°　　　11-1.py

```
import wiringpi as pi                    wiringpi のライブラリを読み込み、wiringpi を pi に置き換える
import pigpio                            pigpio のライブラリを読み込む
import time                              time のライブラリを読み込む

pi.wiringPiSetupGpio()                   GPIO の初期化
pg=pigpio.pi()                           pigpio に接続するための実体（インスタンス）を作る
pg.set_servo_pulsewidth(12,1450)  ポート 12 に接続しているサーボモータ（1）の回転角度をおよそ 90° にする
pg.set_servo_pulsewidth(16,1450)  サーボモータ（0）は 90°
time.sleep(0.8)                          タイマ（0.8 秒）
```

プログラム2　歩行ロボットの制御　　　11-2.py

```
import wiringpi as pi                  wiringpiのライブラリを読み込み、wiringpiをpiに置き換える
import pigpio                          pigpioのライブラリを読み込む
import time                            timeのライブラリを読み込む
pg=pigpio.pi()                         pigpioに接続するための実体（インスタンス）を作る
trig=20                                ポート番号20を変数trigに代入
echo=21                                ポート番号21を変数echoに代入
pi.wiringPiSetupGpio()                 GPIOの初期化
ports=[2,3,4,echo]                     portsはリスト変数、4つのデータは入力のポート番号、echoは21
for port in ports:                     for文による繰り返しで、変数portには4つのデータが順次に入る
     pi.pinMode(port,0)                ポート2～echoを入力モードに設定
pi.pinMode(trig,pi.OUTPUT)             trigを出力モードに設定
pg.set_servo_pulsewidth(12,1450) ポート12に接続しているサーボモータ（1）の回転角度をおよそ90°にする
pg.set_servo_pulsewidth(16,1450) サーボモータ（0）は90°
time.sleep(0.6)                        タイマ（0.6秒）

def Dis(trig,echo):                    関数Disの定義。（　）内のtrig,echoは引数
    pi.digitalWrite(trig,pi.HIGH)      trigにHIGHを出力
    time.sleep(0.00001)                タイマ（10μs）
    pi.digitalWrite(trig,pi.LOW)       trigにLOWを出力
    while pi.digitalRead(echo)==0: white（条件式）。（条件式）はechoが0の間、次を繰り返す
        ta=time.time()                 現在の時間を取得し、taに代入
    while pi.digitalRead(echo)==1: white（条件式）。（条件式）はechoが1の間、次を繰り返す
        tb=time.time()                 現在の時間を取得し、tbに代入
    t=tb-ta                            超音波パルスの往復の時間を計算し、その値をtに代入
    d=t*17000                          物体までの距離［cm］を計算し、その値をdに代入
    dis=int(d)                         dの値を整数になおし、disに代入
    return dis                         disは戻り値

def  back():                           関数backの定義
    pg.set_servo_pulsewidth(12,1767)   サーボモータ（1）は120°
    pg.set_servo_pulsewidth(16,1344)   サーボモータ（0）は80°
    time.sleep(0.6)                    タイマ（0.6s）
    pg.set_servo_pulsewidth(12,1239)   サーボモータ（1）は70°
    pg.set_servo_pulsewidth(16,1661)   サーボモータ（0）は110°
    time.sleep(0.6)                    タイマ（0.6s）

def  left():                           関数leftの定義
    pg.set_servo_pulsewidth(12,1081)   サーボモータ（1）は55°
    pg.set_servo_pulsewidth(16,1239)   サーボモータ（0）は70°
    time.sleep(0.6)                    タイマ（0.6s）
    pg.set_servo_pulsewidth(12,1450)   サーボモータ（1）は90°
    pg.set_servo_pulsewidth(16,1609)   サーボモータ（0）は105°
```

```
    time.sleep(0.6)                 タイマ (0.6s)

def  right():                       関数 right の定義
    pg.set_servo_pulsewidth(12,2136)  サーボモータ (1) は 155°
    pg.set_servo_pulsewidth(16,1714)  サーボモータ (0) は 115°
    time.sleep(0.6)                 タイマ (0.6s)
    pg.set_servo_pulsewidth(12,1556)  サーボモータ (1) は 100°
    pg.set_servo_pulsewidth(16,1450)  サーボモータ (0) は 90°
    time.sleep(0.6)                 タイマ (0.6s)

def main():                         関数 main の定義
    while True:                     繰り返しのループ
        if(pi.digitalRead(2)==0):   if 文。PBS1 ON。ポート 2 の状態を読み取り、
                                    その値が LOW (0) ならば、次へ行く
            while(1):               繰り返しのループ
                pg.set_servo_pulsewidth(12,1186)  サーボモータ (1) は 65°
                pg.set_servo_pulsewidth(16,1292)  サーボモータ (0) は 75°
                time.sleep(0.6)  タイマ (0.6s)
                if(pi.digitalRead(4)==0):  if 文。PBS3 ON。ポート 4 の状態を読み取り、
                                           その値が LOW (0) ならば、次へ行く
                    break       braeak 文で while (1) のループを脱出
                dis=Dis(trig,echo)  関数 Dis を呼び出し、その戻り値を変数 dis に代入
                if dis < 30:  dis < 30 ならば、次へ行く
                      for i in range(8):  if 文による繰り返し、8 回
                          back()  関数 back を呼び出す
                      for i in range(12):  for 文による繰り返し、12 回
                          left()  関数 left を呼び出す
                pg.set_servo_pulsewidth(12,1925)  サーボモータ (1) は 135°
                pg.set_servo_pulsewidth(16,1714)  サーボモータ (0) は 115°
                time.sleep(0.6)  タイマ (0.6s)
                if(pi.digitalRead(4)==0):
                    break
                pg.set_servo_pulsewidth(12,1186)  サーボモータ (1) は 65°
                pg.set_servo_pulsewidth(16,1292)  サーボモータ (0) は 75°
                time.sleep(0.6)  タイマ (0.6s)
                if(pi.digitalRead(4)==0):
                    break
                dis=Dis(trig,echo)  関数 Dis を呼び出し、その戻り値を変数 dis に代入
                if dis < 30:  dis < 30 ならば、次へ行く
                      for i in range(8):  for 文による繰り返し、8 回
                          back()  関数 back を呼び出す
                      for i in range(12):  for 文による繰り返し、12 回
                          right()  関数 left を呼び出す
```

```
                pg.set_servo_pulsewidth(12,1925)  サーボモータ(1) は135°
                pg.set_servo_pulsewidth(16,1714)  サーボモータ(0) は115°
                time.sleep(0.6)  タイマ(0.6s)
                if(pi.digitalRead(4)==0):
                    break

        if(pi.digitalRead(3)==0):  if文。PBS2 ON。ポート3の状態を読み取り、
                                   その値がLOW(0) ならば、次へ行く
                while(1):        繰り返しのループ
                    while(1):  繰り返しのループ
                        dis=Dis(trig,echo)  関数Disを呼び出し、
                                            その戻り値を変数disに代入
                        time.sleep(0.3)  タイマ(0.3s)
                        if dis < 10:  dis<10ならば、次へ行く
                            pg.set_servo_pulsewidth(12,1186)
                                                    サーボモータ(1) は65°
                            pg.set_servo_pulsewidth(16,1292)
                                                    サーボモータ(0) は75°
                            time.sleep(0.6)

                            pg.set_servo_pulsewidth(12,1925)
                                                    サーボモータ(1) は135°
                            pg.set_servo_pulsewidth(16,1714)
                                                    サーボモータ(0) は115°
                            time.sleep(0.6)  タイマ(0.6s)

                            break   braeak文で内側のwhile(1) のループを脱出
main()                      関数mainを呼び出す
```

巻末付録

- 本書で製作する電子工作で必要な部品一覧
- Raspberry Pi GPIO 端子テンプレート
- Raspberry Pi GPIO ピンレイアウト（Alt0 ～ 5）
- 索引

本書で使用している電子部品（Raspberry Pi を除く）一覧

第1章　はじめての LED 点灯回路

● 1.1　LED 点灯回路

部品名	型番	規格など	個数	参考単価	合計	購入先例・備考
タクトスイッチ			1	10円	10円	秋月電子通商
LED		赤色φ5mm	2	20円	40円	秋月電子通商
LED		緑色φ5mm	2	20円	40円	秋月電子通商
抵抗	390Ω(橙白黒金)	1/4W	2	100円	100円	秋月電子通商(100個入りのもの)
抵抗	1kΩ(茶黒赤金)	1/4W	2	100円	100円	秋月電子通商(100個入りのもの)

● Raspberry Pi による LED 点灯回路

タクトスイッチ			2	10円	20円	秋月電子通商
LED		赤色φ5mm	4	20円	80円	秋月電子通商
抵抗	560Ω(緑青茶金)	1/4W	4	100円	100円	秋月電子通商(100個入りのもの)
抵抗	10kΩ(茶黒橙金)	1/4W	2	100円	100円	秋月電子通商(100個入りのもの)

第2章　トランジスタを使った回路

● 2.1　トランジスタを使ってみよう　水位警報器の製作

トランジスタ	2SC1815L-GR-T92-K	2SC1815GR	1	100円	100円	秋月電子通商(20個入り)
電子ブザー	HDB06LFPN		1	100円	100円	秋月電子通商
LED		赤色φ5mm	1	120円	120円	秋月電子通商(10個入り)
抵抗	390Ω(橙白茶金)	1/4W	1	100円	100円	秋月電子通商(100個入り)
抵抗	3kΩ(橙黒赤金)	1/4W	1	100円	100円	秋月電子通商(100個入り)

● 2.2　緊急警報回路

タクトスイッチ			2	10円	20円	秋月電子通商
トランジスタ	2SC1815L-GR-T92-K	2SC1815GR	1	100円	100円	秋月電子通商(20個入り)
電子ブザー	HDB06LFPN		1	100円	100円	秋月電子通商
高輝度白色LED	OSPW5111B		3	100円	100円	秋月電子通商(5個入り)
抵抗	560Ω(緑青茶金)		3	100円	100円	秋月電子通商(100個入り)
抵抗	1kΩ(茶黒赤金)		1	100円	100円	秋月電子通商(100個入り)
抵抗	10kΩ(茶黒橙金)		1	100円	100円	秋月電子通商(100個入り)

● 2.3　曲の演奏

タクトスイッチ			2	10円	20円	秋月電子通商
トランジスタ	2SC1815L-GR-T92-K	2SC1815GR	1	100円	100円	秋月電子通商(20個入り)
スピーカ		8Ω 0.4W	1	100円	100円	秋月電子通商
抵抗	1kΩ(茶黒赤金)	1/4W	1	100円	100円	秋月電子通商(100個入り)
抵抗	10kΩ(茶黒橙金)	1/4W	10	100円	100円	秋月電子通商(100個入り)

● 2.4 押しボタンスイッチによる　曲の演奏

タクトスイッチ			8	10円	80円	秋月電子通商
トランジスタ	2SC1815L-GR-T92-K	2SC1815GR	1	100円	100円	秋月電子通商(20個入り)
スピーカ		8Ω 0.4W	1	100円	100円	秋月電子通商
抵抗	1kΩ(茶黒赤金)	1/4W	1	100円	100円	秋月電子通商(100個入り)

第3章　A-D コンバータ無しのセンサ回路

● 3.1　静電容量センサ（タッチセンサ）回路

電子ブザー	HDB06LFPN		1	100円	100円	秋月電子通商
抵抗	1MΩ(茶黒緑金)	1/4W	1	100円	100円	秋月電子通商(100個入り)
アルミ板		他の金属板でも可				

●音センサ回路

低電圧オーディオパワーアンプ	LM386		1	40円	40円	秋月電子通商
コンデンサマイク			1	50円	50円	秋月電子通商
LED	赤色　φ5mm		2	20円	40円	秋月電子通商
抵抗	560Ω(緑青茶金)	1/4W	2	100円	100円	秋月電子通商(100個入)
抵抗	20kΩ(赤黒橙金)	1/4W	1	100円	100円	秋月電子通商(100個入)
抵抗	39kΩ(橙白橙金)	1/4W	1	100円	100円	秋月電子通商(100個入)
電解コンデンサ	33μF	50V	1	10円	10円	秋月電子通商
電解コンデンサ	100μF	35V	1	15円	15円	秋月電子通商

● 3.3 超音波センサ回路

超音波距離センサ	HC-SR04		1	450円	450円	秋月電子通商
抵抗	1kΩ(茶黒赤金)	1/4W	2	100円	100円	秋月電子通商(100個入)

※表中の参考単価は、原稿作成時のもので、ショップや時期によって異なります。

第4章　A-Dコンバータを使ったセンサ回路

● 4.1　照度センサを使用した高輝度白色LED点灯回路

部品名	型番	規格など	個数	参考単価	合計	購入先例・備考
タクトスイッチ			2	10円	20円	秋月電子通商
トランジスタ	2SC1815L-GR-T92-K	2SC1815GR	1	100円	100円	秋月電子通商(20個入り)
照度センサ	NJL7502L	フォトランジスタ	1	100円	100円	秋月電子通商(2個入り)
A-Dコンバータ	MCP3002	10bit 2ch	1	160円	160円	秋月電子通商
高輝度白色LED	OSPW5111B		3	100円	100円	秋月電子通商(5個入り)
抵抗	560Ω(緑青茶金)	1/4W	2	100円	100円	秋月電子通商(100個入り)
抵抗	1kΩ(茶黒赤金)	1/4W	1	100円	100円	秋月電子通商(100個入り)
抵抗	10kΩ(茶黒橙金)	1/4W	1	100円	100円	秋月電子通商(100個入り)
抵抗	680kΩ(青灰黄金)	1/4W	1	100円	100円	秋月電子通商(100個入り)

● 4.2　焦電型赤外線センサによる周囲が暗いときの人検知回路

トランジスタ	2SC1815L-GR-T92-K	2SC1815GR	1	100円	100円	秋月電子通商(20個入り)
照度センサ	NJL7502L	フォトトランジスタ	1	100円	100円	秋月電子通商(2個入り)
A-Dコンバータ	MCP3002	10bit 2ch	1	160円	160円	秋月電子通商
SSR	P5C-202L	ジェルシステム	1	520円	520円	秋月電子通商の同等品可
焦電型赤外線センサモジュール	SKU-20-019-157	5~20V	1	400円	400円	秋月電子通商　代替品SB612A
LED		赤色 φ5mm	1	20円	20円	秋月電子通商
抵抗	1kΩ(茶黒赤金)	1/4W	1	100円	100円	秋月電子通商(100個入り)
抵抗	680kΩ(青灰黄金)	1/4W	1	100円	100円	秋月電子通商(100個入り)

● 4.3　圧力センサや曲げセンサを使ったフルカラーLEDの点灯制御

フルカラーLED	OSTA5131A		1	50円	50円	秋月電子通商
圧力センサ	FSR402		1	500円	500円	秋月電子通商
曲げセンサ	FS-L-0055-253-ST	55cm	1	1100円	1100円	スイッチサイエンス
A-Dコンバータ	MCP3002	10bit 2ch	1	160円	160円	秋月電子通商
抵抗	560Ω(緑青茶金)	1/4W	1	100円	100円	秋月電子通商(100個入り)
抵抗	24kΩ(赤黄橙金)	1/4W	1	100円	100円	秋月電子通商(100個入り)
抵抗	51kΩ(緑茶橙金)	1/4W	1	100円	100円	秋月電子通商(100個入り)

● 4.4　IC温度センサによる温度測定

IC温度センサ	LM35DZ	秋月電子通商の同等品使用可	1	190円	190円	スイッチサイエンス
A-Dコンバータ	MCP3002	10bit 2ch	1	160円	160円	秋月電子通商

● 4.5　圧電振動ジャイロモジュールを使用した緊急電源停止回路

タクトスイッチ			2	10円	20円	秋月電子通商
A-Dコンバータ	MCP3002	10bit 2ch	1	160円	160円	秋月電子通商
圧電振動ジャイロモジュール		小型	1	400円	400円	秋月電子通商
SSR	P5C-202L	ジェルシステム	1	520円	520円	秋月電子通商の同等品可
LED		赤色 φ5mm	1	20円	20円	秋月電子通商
抵抗	100Ω(茶黒茶金)	1/4W	1	100円	100円	秋月電子通商(100個入り)
抵抗	10kΩ(茶黒橙金)	1/4W	2	100円	100円	秋月電子通商(100個入り)
ユニバーサル基板	ICB-88	サンハヤト	2	132円	264円	秋月電子通商の同当品可

第5章　DCモータ回路

● 5.2　DCモータの正転・逆転回路

6ピントグルスイッチ	基板用小型	2回路2接点	1	90円	90円	秋月電子通商
2ピントグルスイッチ	基板用小型	3ピントグルスイッチ代用	1	80円	80円	秋月電子通商
LED		赤色　φ5mm	1	20円	20円	秋月電子通商
LED		緑色　φ5mm	1	20円	20円	秋月電子通商
抵抗	180Ω(茶灰茶金)		2	100円	100円	秋月電子通商(100個入り)
ユニバーサル基板	ICB-88	サンハヤト	2	132円	264円	秋月電子通商の同等品可

● 5.3　DCモータの速度制御

タクトスイッチ			2	10円	20円	秋月電子通商
パワーMOS　FET	2SK4017	60V 5A	1	30円	30円	秋月電子通商
ダイオード	1N4007		1	100円	100円	秋月電子通商(20個入り)
A-Dコンバータ	MCP3002	10bit 2ch	1	160円	160円	秋月電子通商
可変抵抗器	VR20kΩ	半固定	1	40円	40円	秋月電子通商
セラミックコンデンサ	0.01μF(103)	50V	1	15円	15円	秋月電子通商
抵抗	10kΩ(茶黒橙金)	1/4W	3	100円	100円	秋月電子通商(100個入り)
DCモータ	FA-130RA	RE-140代用可	1	100円	100円	秋月電子通商

● 5.4　DCモータの正転・逆転・停止・速度制御回路

タクトスイッチ			3	10円	30円	秋月電子通商
DCモータドライバ	DRV8835		1	450円	450円	秋月電子通商(1セット)
A-Dコンバータ	MCP3002	10bit 2ch	1	160円	160円	秋月電子通商

※表中の参考単価は、原稿作成時のもので、ショップや時期によって異なります。

部品名	型番	規格など	個数	参考単価	合計	購入先例・備考
可変抵抗器	VR 20kΩ	半固定	1	40円	40円	秋月電子通商
LED		赤色 φ5mm	1	120円	120円	秋月電子通商(10個入り)
LED		緑色 φ5mm	1	120円	120円	秋月電子通商(10個入り)
セラミックコンデンサ	0.01μF(103)	DCモータ直付け	1	15円	15円	秋月電子通商
抵抗	560Ω(緑青茶金)	1/4W	1	100円	100円	秋月電子通商(100個入り)
抵抗	10kΩ(茶黒橙金)	1/4W	3	100円	100円	秋月電子通商(100個入り)
DCモータ	FA-130RA	RE-140でも可	1	100円	100円	秋月電子通商
ピンヘッダ		1×40(4P)	1	35円	35円	秋月電子通商

第6章　ステッピングモータの正転・逆転回路

●6.5　ユニポーラ型ステッピングモータの正転・逆転回路

タクトスイッチ			2	10円	20円	秋月電子通商
パワーMOS FET	2SK4017	60V 5A	4	30円	120円	秋月電子通商
ダイオード	1N4007	1000V 1A	4	100円	100円	秋月電子通商(20本入り)
抵抗	10kΩ(茶黒橙金)		6	100円	100円	秋月電子通商(100本入り)
ステッピングモータ	ST-42BYG0506H	ユニポーラ型5V	1	1380円	1380円	秋月電子通商

●6.6　バイポーラ型ステッピングモータの正転・逆転回路

タクトスイッチ			2	10円	20円	秋月電子通商
バイポーラステッピングモータドライバ	DRV8835		1	450円	450円	秋月電子通商(1セット)
抵抗	10kΩ(茶黒橙金)	1/4W	2	100円	100円	秋月電子通商(100本入り)
ステッピングモータ	SM-42BYG011	バイポーラ型12V	1	1380円	1380円	秋月電子通商

第7章　サーボモータの制御回路

●7.1　A-Dコンバータを利用した可変抵抗器によるサーボモータの制御回路

タクトスイッチ			1	10円	10円	秋月電子通商
A-Dコンバータ	MCP3002	10bit 2ch	1	160円	160円	秋月電子通商
可変抵抗器	VR 20kΩ	半固定	1	40円	40円	秋月電子通商
抵抗	10kΩ(茶黒橙金)		1	100円	100円	秋月電子通商(100本入り)
サーボモータ※	S03N 2BBMG/JR		1	1380円	1380円	秋月電子通商
サーボモータ※	SG90		1	400円	400円	秋月電子通商

※どちらでもよい

●7.4　手をかざすと箱のふたが開き、その後、閉じる回路

焦電型赤外線センサモジュール	SKU-20-019-157	焦電人感センサ	1	400円	400円	秋月電子通商代替品SB612A
サーボモータ	S03N 2BBMG/JR		1	1380円	1380円	秋月電子通商
空き箱			1	－円	－円	

第8章　I2C温度センサモジュールと液晶表示器による温度計測

●8.5　I2C温度センサモジュールとACM1602NIによる温度計測

タクトスイッチ			1	10円	10円	秋月電子通商
I2C温度センサモジュール	ADT7410使用モジュール		1	500円	500円	秋月電子通商(1パック)
可変抵抗器	VR 20kΩ	半固定	1	40円	40円	秋月電子通商
液晶表示器	ACM1602NI	I2C接続	1	1280円	1280円	秋月電子通商
抵抗	10kΩ(茶黒橙金)	1/4W	1	100円	100円	秋月電子通商(100本入り)

第9章　赤外線リモコンによるRaspberry Pi専用カメラとリバーシブルモータの使い方

●9.2　赤外線リモコンとカメラによる写真撮影

電解コンデンサ	33μF	50V	2	10円	20円	秋月電子通商
セラミックコンデンサ	0.01μF(103)	50V	1	15円	15円	秋月電子通商
赤外線リモコン受信モジュール	PL-IRM0101	38kHz	1	110円	110円	秋月電子通商
Raspberry Pi専用カメラ	通販などで各種あり		1	3850円	3850円	秋月電子通商

●赤外線リモコン送信回路

タクトスイッチ			1	10円	10円	秋月電子通商
デジタルIC	74HC04	6回路インバータ	1	30円	30円	秋月電子通商
抵抗	560Ω(緑青茶金)	1/4W	1	100円	100円	秋月電子通商(100個入り)
抵抗	1.5kΩ(茶緑赤金)	1/4W	1	100円	100円	秋月電子通商(100個入り)
セラミックコンデンサ	0.01μF(103)	50V	1	15円	15円	秋月電子通商
赤外線LED※	OSI5FU5111C-40	940nm	1	100円	100円	秋月電子通商(5個入り)
赤外線LED※	OSI5LA5113A	940nm	1	100円	100円	秋月電子通商(10個入り)
※どちらでも良い						

●9.3　赤外線リモコンによるリバーシブルモーターの正転・逆転制御

赤外線リモコンによるLED点滅回路						
LED		赤色　φ5mm	1	20円	20円	秋月電子通商

※表中の参考単価は、原稿作成時のもので、ショップや時期によって異なります。

部品名	型番	規格など	個数	参考単価	合計	購入先例・備考
LED		緑色　φ5mm	1	20円	20円	秋月電子通商
抵抗	390Ω(橙白茶金)		2	100円	100円	秋月電子通商(100個入り)
電解コンデンサ	33μF	50V	2	10円	20円	秋月電子通商
セラミックコンデンサ	0.01μF(103)	50V	1	15円	15円	秋月電子通商
赤外線リモコン受信モジュール	PL-IRM0101	38kHz	1	110円	110円	秋月電子通商

●赤外線リモコンによるリバーシブルモーターの正転・逆転回路

LED		赤色 φ5mm	2	20円	40円	秋月電子通商
抵抗	1kΩ(茶黒赤金)		2	100円	100円	秋月電子通商(100個入り)
電解コンデンサ	33μF	50V	2	10円	20円	秋月電子通商
セラミックコンデンサ	0.01μF(103)	50V	1	15円	15円	秋月電子通商
SSR	P5C-2026	ジェルシステム	2	520円	1040円	秋月電子通商の同等品可
トランジスタ	2SC1815GR	2SC1815L-GR-T92-K	2	100円	100円	秋月電子通商(20個入り)
赤外線リモコン受信モジュール	PL-IRM0101	38kHz	1	110円	110円	秋月電子通商
単相誘導モータ	IH6PF6N	同等品可	1	5990円	5990円	日本電産サーボ

● 9.4　赤外線リモコンによる AC100V 回路の ON-OFF 制御（Raspberry Pi なし）

LED		赤色 φ5mm	1	20円	20円	秋月電子通商
抵抗	100Ω(茶黒茶金)	1/4W	1	100円	100円	秋月電子通商(100個入り)
抵抗	3kΩ(橙黒赤金)	1/4W	1	100円	100円	秋月電子通商(100個入り)
抵抗	4.7kΩ(黄紫赤金)	1/4W	1	100円	100円	秋月電子通商(100個入り)
タクトスイッチ			1	10円	10円	秋月電子通商
電解コンデンサ	33μF	50V	2	10円	20円	秋月電子通商
セラミックコンデンサ	0.01μF(103)	50V	1	15円	15円	秋月電子通商
デジタルIC	TC4584	シュミット・トリガー	1	63円	63円	千石電商
	TC4027	J-Kフリップ・フロップ	1	84円	84円	千石電商
トランジスタ	2SC1815GR	2SC1815L-GR-T92-K	1	100円	100円	秋月電子通商(20個入り)
ICソケット		14ピン	1	100円	100円	秋月電子通商(20個入り)
ICソケット		16ピン	1	100円	100円	秋月電子通商(10個入り)
SSR	P5C-202L	ジェルシステム	1	520円	520円	秋月電子通商の同等品可
赤外線リモコン受信モジュール	PL-IRM0101	38kHz	1	110円	110円	秋月電子通商
ユニバーサル基板	ICB-88(72mm×47mm)	サンハヤト	1	132円	132円	サンハヤト(秋月電子通商同等品あり)

● 9.5　超音波センサとカメラによる写真撮影

LED		赤色 φ5mm	1	20円	20円	秋月電子通商
抵抗	100Ω(茶黒茶金)	1/4W	1	100円	100円	秋月電子通商(100個入り)
抵抗	1kΩ(茶黒赤金)	1/4W	2	100円	100円	秋月電子通商(100個入り)
SSR	P5C-202L	ジェルシステム	1	520円	520円	秋月電子通商の同等品可
超音波距離センサ	HC-SR04		1	450円	450円	秋月電子通商
Raspberry Pi専用カメラ		Web販売多数あり	1	3850円	3850円	秋月電子通商

第10章　尺取り虫ロボット

● 10.1　尺取虫ロボットの制御回路

タクトスイッチ			3	10円	30円	秋月電子通商
オペアンプ	NJM2904		1	40円	40円	秋月電子通商
測距モジュール	GP2Y0A21YK		1	450円	450円	秋月電子通商
可変抵抗器	VR 20kΩ	半固定	1	40円	40円	秋月電子通商
抵抗	15kΩ(茶緑橙金)	1/4W	1	100円	100円	秋月電子通商(100個入り)
サーボモータ	S03-2BBMG/JR		3	1380円	4140円	秋月電子通商
アルミ板		厚さ1.2mm		ー円	ー円	フレーム用
その他(ビス、ナット、リード線など)			適宜	ー円	ー円	西川電子部品、秋月電子通商ほか

第11章　サーボモータ２つで作る歩行ロボット

● 11.2　歩行ロボットの制御回路

タクトスイッチ			3	10円	30円	秋月電子通商
抵抗	1kΩ(茶黒赤金)	1/4W	2	100円	100円	秋月電子通商(100個入り)
超音波距離センサ	HC-SR04		1	450円	450円	秋月電子通商
サーボモータ	S03-2BBMG/JR		2	1380円	2760円	秋月電子通商
ユニバーサル基板	ICB-93S	サンハヤト	1	396円	396円	秋月電子通商(同等品可)
ユニバーサル基板	ICB-88	サンハヤト	1	132円	132円	秋月電子通商(同等品可)
ユニバーサルプレート			1	330円	330円	秋月電子通商
DCジャック		内径2.1mm	1	40円	40円	秋月電子通商
DCプラグ		内径2.1mm	1	60円	60円	秋月電子通商
3ピンヘッダ		L型(6P)	1	10円	10円	秋月電子通商
アルミ板	厚さ1.2mm		1	ー円	ー円	
電池ボックス		単3型4本用	1	70円	70円	秋月電子通商
その他(ビス、ナット、スペーサ、リード線、ゴム板など			適宜			西川電子部品など

※表中の参考単価は、原稿作成時のもので、ショップや時期によって異なります。

巻末付録

●コネクタテンプレート（実寸）

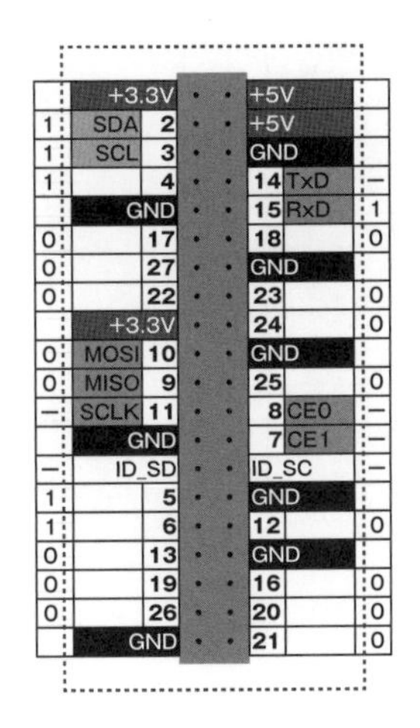

ピンそばの数字はGPIOピンを示します。GPIOピンに併記されている名前は、該当ピンが持つ特殊機能を示します。

※中央の灰色の四角部分にコネクタ端子を通します。

※この図は拡大縮小せずコピーすると、実際のコネクタ部分にはめ込むことができます。

● GPIOの代替機能一覧（WiringPi、Alt0～5）

Raspberry Piの全てのGPIOピンはHIGH(1)／LOW(0)の信号を入出力でき、プログラムから制御できます。

いくつかのGPIOピンは、特殊な機能を併せ持っていて、プログラムから切り替えて使用できます。以下の表はその切り替え可能な機能の一覧表です。Alt0～5までの6通りの切り替えが可能です。またPin#で表現される表の「WiringPi」は、RaspberryPiからGPIOに簡単にアクセスするためのプログラムライブラリ「WiringPi」での名前です。このライブラリはRaspberry Pi上のCとRTB (BASIC)から利用できます。

詳細は公式ページ「http://wiringpi.com/」をご参照ください。

（編集部追記）

Raspberry Pi GPIO Layout(Pin#)

3.3V Power +	1	2	5V Power +
WiringPi 8 BCM 2	3	4	5V Power +
WiringPi 9 BCM 3	5	6	Ground
WiringPi 7 BCM 4	7	8	BCM 14 WiringPi 15
Ground	9	10	BCM 15 WiringPi 16
WiringPi 0 BCM 17	11	12	BCM 18 WiringPi 1
WiringPi 2 BCM 27	13	14	Ground
WiringPi 3 BCM 22	15	16	BCM 23 WiringPi 4
3.3V Power +	17	18	BCM 24 WiringPi 5
WiringPi 12 BCM 10	19	20	Ground
WiringPi 13 BCM 9	21	22	BCM 25 WiringPi 6
WiringPi 14 BCM 11	23	24	BCM 8 WiringPi 10
Ground	25	26	BCM 7 WiringPi 11
WiringPi 30 BCM 0	27	28	BCM 1 WiringPi 31
WiringPi 21 BCM 5	29	30	Ground
WiringPi 22 BCM 6	31	32	BCM 12 WiringPi 26
WiringPi 23 BCM 13	33	34	Ground
WiringPi 24 BCM 19	35	36	BCM 16 WiringPi 27
WiringPi 25 BCM 26	37	38	BCM 20 WiringPi 28
Ground	39	40	BCM 21 WiringPi 29

Raspberry Pi GPIO Layout(Alt0)

3.3V Power +	1	2	5V Power +
BSC1 SDA(I2C data) BCM 2	3	4	5V Power +
BSC1 SCL(I2C clock) BCM 3	5	6	Ground
GPCLK0(General Purpose clock) BCM 4	7	8	BCM 14 UART0 TXD(UART transmit data)
Ground	9	10	BCM 15 UART0 RXD(UART receive data)
Reserved BCM 17	11	12	BCM 18 PCM CLK(PCM clock)
SD0 DAT3(SDIO data for SD) BCM 27	13	14	Ground
SD0 CLK(SDIO clock for SD) BCM 22	15	16	BCM 23 SD0 CMD(SDIO command for SD)
3.3V Power +	17	18	BCM 24 SD0 DAT0(SDIO data for SD)
SPI0 MOSI BCM 10	19	20	Ground
SPI0 MISO BCM 9	21	22	BCM 25 SD0 DAT1(SDIO data for SD)
SPI0 SCLK(SPI Serial clock) BCM 11	23	24	BCM 8 SPI0 CE0(SPI chip select)
Ground	25	26	BCM 7 SPI0 CE1(SPI chip select)
BSC0 SDA(I2C data) BCM 0	27	28	BCM 1 BSC0 SCL(I2C clock)
GPCLK1 (General purpose clock) BCM 5	29	30	Ground
GPCLK2 (General purpose clock) BCM 6	31	32	BCM 12 PWM0(Pluse width modulator)
PWM1(Pulse width modulator) BCM 13	33	34	Ground
PCM FS(PCM frame sync) BCM 19	35	36	BCM 16 Reserved
SD0 DAT2(SDIO data for SD) BCM 26	37	38	BCM 20 PCM DIN(PCM data in)
Ground	39	40	BCM 21 PCM DOUT(PCM data out)

Raspberry Pi GPIO Layout(Alt1)

3.3V Power +	1	2	5V Power +
SMI SA3(2nd mem. address bus) BCM 2	3	4	5V Power +
SMI SA2(2nd mem. address bus) BCM 3	5	6	Ground
SMI SA1(2nd mem. address bus) BCM 4	7	8	BCM 14 SMI SD6(2nd mem. data bus)
Ground	9	10	BCM 15 SMI SD7(2nd mem. data bus)
SMI SD9(2nd mem. data bus) BCM 17	11	12	BCM 18 SMI SD10(2nd mem. data bus)
Reserved BCM 27	13	14	Ground
SMI SD14(2nd mem. data bus) BCM 22	15	16	BCM 23 SMI SD15(2nd mem. data bus)
3.3V Power +	17	18	BCM 24 SMI SD16(2nd mem. data bus)
SMI SD2(2nd mem. data bus) BCM 10	19	20	Ground
SMI SD1(2nd mem. data bus) BCM 9	21	22	BCM 25 SMI SD17(2nd mem. data bus)
SMI SD3(2nd mem. data bus) BCM 11	23	24	BCM 8 SMI SD0(2nd mem. data bus)
Ground	25	26	BCM 7 SMI SWE/SRW(2nd mem. controls)
SMI SA5(2nd mem. address bus) BCM 0	27	28	BCM 1 SMI SA4(2nd mem. address bus)
SMI SA0(2nd mem. address bus) BCM 5	29	30	Ground
SMI SOE/SE (2nd mem. Controls) BCM 6	31	32	BCM 12 SMI SD4(2nd mem. data bus)
SMI SD5 (2nd mem. data bus) BCM 13	33	34	Ground
SMI SD11 (2nd mem. data bus) BCM 19	35	36	BCM 16 SMI SD8(2nd mem. data bus)
Reserved BCM 26	37	38	BCM 20 SMI SD12(2nd mem. data bus)
Ground	39	40	BCM 21 SMI SD13(2nd mem. data bus)

Raspberry Pi GPIO Layout(Alt2)

3.3V Power +	1	2	5V Power +
DPI V-Sync BCM 2	3	4	5V Power +
DPI H-Sync BCM 3	5	6	Ground
DPI D0(DPI data) BCM 4	7	8	BCM 14 DPI D10(DPI data)
Ground	9	10	BCM 15 DPI D11(DPI data)
DPI D13(DPI data) BCM 17	11	12	BCM 18 DPI D14(DPI data)
DPI D23(DPI data) BCM 27	13	14	Ground
DPI D18(DPI data) BCM 22	15	16	BCM 23 DPI D19(DPI data)
3.3V Power +	17	18	BCM 24 DPI D20(DPI data)
DPI D6(DPI data) BCM 10	19	20	Ground
DPI D5(DPI data) BCM 9	21	22	BCM 25 DPI D21(DPI data)
DPI D7(DPI data) BCM 11	23	24	BCM 8 DPI D4(DPI data)
Ground	25	26	BCM 7 DPI D3(DPI data)
DPI CLK(DPI clock) BCM 0	27	28	BCM 1 DPI EN(DPI enable)
DPI D1(DPI data) BCM 5	29	30	Ground
DPI D2(DPI data) BCM 6	31	32	BCM 12 DPI D8(DPI data)
DPI D9(DPI data) BCM 13	33	34	Ground
DPI D15(DPI data) BCM 19	35	36	BCM 16 DPI D12(DPI data)
DPI D22(DPI data) BCM 26	37	38	BCM 20 DPI D16(DPI data)
Ground	39	40	BCM 21 DPI D17(DPI data)

Raspberry Pi GPIO Layout(Alt3)

Function	Pin	Pin	Function
3.3V Power +	1	2	5V Power +
BCM 2	3	4	5V Power +
BCM 3	5	6	Ground
BCM 4	7	8	BCM 14
Ground	9	10	BCM 15
UART0 RTS(UART req. to send) BCM 17	11	12	BCM 18 BSCSL SDA/MOSI(I2C/SPI slave)
SD1 DAT3(SDIO data for eMMC) BCM 27	13	14	Ground
SD1 CLK(SDIO clock for eMMC) BCM 22	15	16	BCM 23 SD1 CMD(SDIO command for eMMC)
3.3V Power +	17	18	BCM 24 SD1 DAT0(SDIO data for eMMC)
BCM 10	19	20	Ground
BCM 9	21	22	BCM 25 SD1 DAT1(SDIO data for eMMC)
BCM 11	23	24	BCM 8
Ground	25	26	BCM 7
BCM 0	27	28	BCM 1
BCM 5	29	30	Ground
BCM 6	31	32	BCM 12
BCM 13	33	34	Ground
BSCSL SCL/SCK(I2C/SPI slave) BCM 19	35	36	BCM 16 UART0 CTS(UART clear to send)
SD1 DAT2(SDIO data for eMM) BCM 26	37	38	BCM 20 BSCSL -/MISO(SPI MISO)
Ground	39	40	BCM 21 BSCSL -/CE(SPI chip select)

Raspberry Pi GPIO Layout(Alt4)

Function	Pin	Pin	Function
3.3V Power +	1	2	5V Power +
BCM 2	3	4	5V Power +
BCM 3	5	6	Ground
BCM 4	7	8	BCM 14
Ground	9	10	BCM 15
SPI1 CE1(SPI chip select) BCM 17	11	12	BCM 18 SPT1 CE0(SPI chip select)
ARM TMS(JTAG mode select) BCM 27	13	14	Ground
ARM TRST(JTAG reset) BCM 22	15	16	BCM 23 ARM RTCK(JTAG return clock)
3.3V Power +	17	18	BCM 24 ARM TD0(JTAG data out)
BCM 10	19	20	Ground
BCM 9	21	22	BCM 25 ARM TCK(JTAG clock)
BCM 11	23	24	BCM 8
Ground	25	26	BCM 7
BCM 0	27	28	BCM 1
BCM 5	29	30	Ground
BCM 6	31	32	BCM 12
BCM 13	33	34	Ground
SPI MISO BCM 19	35	36	BCM 16 SPI1 CE2(SPI chip select)
ARM TDI(JTAG data in) BCM 26	37	38	BCM 20 SPI1 MOSI
Ground	39	40	BCM 21 SPI1 SCLK(SPI Serial clock)

Raspberry Pi GPIO Layout(Alt5)

Function	Pin	Pin	Function
3.3V Power +	1	2	5V Power +
BCM 2	3	4	5V Power +
BCM 3	5	6	Ground
ARM TDI(JTAG data in) BCM 4	7	8	BCM 14 UART1 TXD(UART transmit data)
Ground	9	10	BCM 15 UART1 RXD(UART receive data)
UART1 RTS(UART req. to send) BCM 17	11	12	BCM 18 PWM0(Pulse width modulator)
BCM 27	13	14	Ground
BCM 22	15	16	BCM 23
3.3V Power +	17	18	BCM 24
BCM 10	19	20	Ground
BCM 9	21	22	BCM 25
BCM 11	23	24	BCM 8
Ground	25	26	BCM 7
BCM 0	27	28	BCM 1
ARM TDO(JTAG data out) BCM 5	29	30	Ground
ARM RTCK(JTAG return clock) BCM 6	31	32	BCM 12 ARM TMS(JTAG mode select)
ARM TCK(JTAG clock) BCM 13	33	34	Ground
PWM1(Pulse width modulator) BCM 19	35	36	BCM 16 UART1 CTS(UART clear to send)
BCM 26	37	38	BCM 20 GPCLK0(General purpose clock)
Ground	39	40	BCM 21 GPCLK1(General purpose clock)

索引

数字

A

C

D

F

G

H

I

J

L

M

N

O

P

R

S

T

U

V

W

あ

え

お

て

と

に

は

ひ

ふ

へ

ほ

ま

ゆ

り

ろ

Raspberry Pi と Python で基礎から学ぶ
電子工作と電子デバイス

2021 年 11 月 25 日　第 1 版第 1 刷　発行

著　者：鈴木　美朗志
編集・発行人：平山　勉
発行所：株式会社電波新聞社
〒 141-8715　東京都品川区東五反田 1-11-15
電話：03-3445-8201（販売管理部）
URL：www.dempa.co.jp

表紙・カバー：クリエイティブ・コンセプト
印刷・製本：株式会社平版印刷
本文 DTP：山本直人、株式会社コイグラフィー

Printed in Japan ISBN978-4-86406-043-1

落丁・乱丁はお取替えいたします
定価はカバーに表示してあります